# 光电信息专业实验教程

王　艳　袁素真　罗　元　编著

科学出版社

北京

# 内 容 简 介

本书是针对光电信息科学与工程专业的人才培养要求而编写的专业实验课程教材。全书共 6 章，分别是光学综合实验、光电子技术综合实验、光信息技术综合实验、光纤技术综合实验、激光原理综合实验、显示与照明技术综合实验，包括基础性、设计性、综合性三个层次共计 69 个实验项目。每个实验项目包括实验名称、实验目的、实验原理、实验器材、实验内容，最后还附有与实验相关的思考题，以便学生学习。

本书可作为高等院校光电信息科学与工程专业的本科实验教材，也可作为电子信息工程、应用物理学、测控技术与仪器等相关专业的本科生及研究生的实验教学参考用书。

**图书在版编目 (CIP) 数据**

光电信息专业实验教程/王艳，袁素真，罗元编著. —北京：科学出版社，2020.5

ISBN 978-7-03-065025-2

Ⅰ. ①光⋯  Ⅱ. ①王⋯②袁⋯③罗⋯  Ⅲ. ①光电子技术-信息技术-实验-高等学校-教材  Ⅳ. ①TN2-33

中国版本图书馆 CIP 数据核字 (2020) 第 074608 号

责任编辑：杨慎欣 / 责任校对：樊雅琼
责任印制：吴兆东 / 封面设计：无极书装

科 学 出 版 社 出版
北京东黄城根北街 16 号
邮政编码：100717
http://www.sciencep.com

北京凌奇印刷有限责任公司 印刷
科学出版社发行　各地新华书店经销
*
2020 年 5 月第 一 版　　开本：787×1092　1/16
2023 年 2 月第三次印刷　　印张：13 1/2
字数：320 000

定价：55.00 元
(如有印装质量问题，我社负责调换)

# 前　言

面向当代信息化社会快速发展的光电产业需求，光电信息类专业实验旨在培养学生掌握专业基础知识、基本实验技能、分析问题与解决问题的综合能力，使其具有运用光学、机械、电子和计算机等技术进行研究开发、工程应用的创新思维和创新能力。作者在长期实践教学、研究和积累的基础上完成了本书的编写。

全书共 6 章：第 1 章是光学综合实验，主要介绍几何光学和物理光学方面的相关实验；第 2 章是光电子技术综合实验，主要介绍光调制技术、光电器件及应用等方面的相关实验；第 3 章是光信息技术综合实验，主要介绍光学信息的提取、存储和处理等方面的实验；第 4 章是光纤技术综合实验，主要介绍光纤特性测量、光纤应用等方面的实验；第 5 章是激光原理综合实验，主要介绍半导体激光器、气体激光器的输出特性测量，以及固体激光器的装调和输出控制技术等方面的相关实验；第 6 章是显示与照明技术综合实验，主要介绍各种光源和显示设备特性测量的相关实验。

本书由王艳、袁素真和罗元共同编写，其中第 1、2、4、5、6 章由王艳编写，3.1～3.5 节、3.7～3.8 节由罗元编写，其他节由袁素真编写。全书由王艳负责统稿及最后审校、定稿。本书的编写工作得到重庆邮电大学的大力支持，被列为"重庆邮电大学 2018 年规划教材立项项目"，在此深表感谢。此外，还要感谢北京杏林睿光科技有限公司、上海采慧电子有限公司、武汉光驰科技有限公司等公司提供相关的实验仪器和技术指导。

由于编者水平有限，书中难免存在不足之处，敬请广大读者批评指正。

编　者

2019 年 6 月

# 目　　录

# 第1章 光学综合实验

## 1.1 薄透镜焦距测量实验

### 1.1.1 实验目的

（1）掌握凸透镜焦距的五种测量方法；

（2）掌握凹透镜焦距的两种测量方法。

### 1.1.2 实验原理

焦距是透镜重要的参数之一，透镜的成像位置及性质均与焦距有关。测量透镜的焦距是最基本的光学实验。

**1. 凸透镜焦距的测量方法**

1）粗略估测法

以太阳光或较远的灯光为光源，用凸透镜将其发出的光线聚成一个光点（像），此时物距 $l$ 可以视为无穷远，像距 $l'$ 近似为像方焦距 $f'$，也就是说像点可认为是焦点，而光点到透镜中心的距离即为凸透镜的焦距，这种方法只能粗略估计透镜的焦距，测量误差在 10% 左右。由于这种测量方法的误差较大，主要用于透镜的初步挑选。

2）成像法

如图 1-1 所示，以物屏为物，用光源照射，通过物屏的光经凸透镜，在一定条件下成实像，可用像屏接收并加以观察，通过测量物距 $l$ 和像距 $l'$，利用透镜成像公式即可算出物方焦距 $f$。

$$f' = -f = \frac{l'l}{l - l'} \tag{1-1}$$

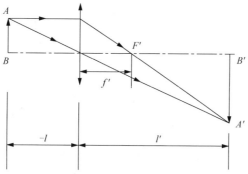

图 1-1 成像法测量凸透镜焦距原理图

需要注意的是，实验中所测得的量应该添加符号，而求得的量也要根据结果中的符号判断其物理意义。公式（1-1）中的各线距均从透镜中心量起，与光线行进方向一致为正，反之为负。

3）自准直法

如图 1-2 所示，若物体 $AB$ 正好处在待测透镜 L 的前焦面处，那么物体上各点发出的光经过透镜后，变成不同方向的平行光，经透镜后方的反射镜 M 把平行光反射回来，反射光经过透镜后，成一倒立的与原物大小相同的实像 $A'B'$，像 $A'B'$ 位于原物平面处，即成像于该透镜的前焦面上。此时，物与透镜之间的距离就是透镜的焦距 $f$，它的大小可用刻度尺直接测量出来。

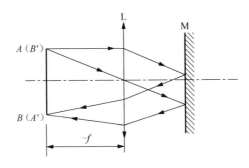

图 1-2  自准直法测量凸透镜焦距原理图

由于这种方法是利用调节实验装置本身使之产生平行光以达到聚焦的目的，所以称为自准直法，这种方法测得的透镜焦距误差在 1%~5%。它不仅可以用于透镜焦距的测量，还常常用于光学仪器的调节，如平行光管的调节和分光计中望远镜的调节等。

4）二次成像法

在以上三种测量凸透镜焦距的方法中，都存在着因透镜中心位置不易确定而在测量中引入误差的问题。为了避免这一缺点，可取物屏和像屏之间的距离 $L$ 大于 4 倍焦距，且保持不变，然后沿光轴方向移动透镜，可以在像屏上观察到二次成像，如图 1-3 所示，可得

$$f' = \frac{L^2 - d^2}{4L} \tag{1-2}$$

式中，$d$ 为透镜移动的距离。可见，只要测出 $L$ 和 $d$ 就可以计算出 $f'$。利用这种方法测量凸透镜的焦距，避免了确定光心位置的困难和误差，测量误差为1% 左右。这种测量凸透镜焦距的方法也称为位移法、共轭法或贝塞尔物像交换法。

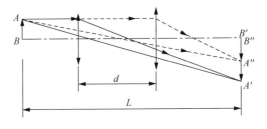

图 1-3  二次成像法测量凸透镜焦距原理图

5）平行光管法

用平行光管法测量凸透镜焦距的光路图如图 1-4 所示，从图中可以看出

$$\tan\varphi = \frac{y}{f_1'}, \quad \tan\varphi_1' = \frac{y'}{f_2'}$$

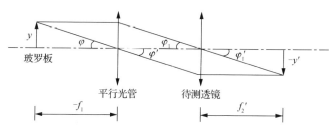

图 1-4　平行光管法测量凸透镜焦距光路图

平行光管射出的是平行光，且通过透镜光心的光线不改变方向，因此

$$\varphi = \varphi' = \varphi_1 = \varphi_1'$$

$$\frac{y}{f_1'} = \frac{y'}{f_2'}$$

$$f_2' = \frac{y'}{y} f_1' \tag{1-3}$$

式中，$f_1'$ 为平行光管物镜焦距；$f_2'$ 为待测透镜像方焦距；$y$ 为玻罗板上选择的线对的长度；$y'$ 为用显微目镜读出的玻罗板上线对像的距离。用这种方法测量凸透镜焦距比较简单，关键是要保证各光学元件等高共轴，平行光管出射平行光。

**2. 凹透镜焦距的测量方法**

因为实物经凹透镜后，不能在像屏上生成实像，因此在测量凹透镜焦距时，必须借助一个凸透镜来实现。

1）成像法

如图 1-5 所示，物体 $O$ 发出的光经过凸透镜 $L_1$ 后成像于 $O_1$，然后在 $L_1$ 和 $O_1$ 之间放入待测凹透镜 $L_2$，$O_1$ 便成了凹透镜 $L_2$ 的虚物。对 $L_2$ 而言，物距 $l = BO_1$，该虚物经凹透镜 $L_2$ 再成实像于 $O_2$，像距 $l' = BO_2$。根据式（1-1）就可以计算出凹透镜的像方焦距 $f_2'$。

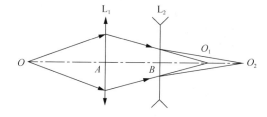

图 1-5　成像法测量凹透镜焦距原理图

2）自准直法

如图 1-6 所示，物体 $O$ 发出的光经过凸透镜 $L_1$ 后成像于 $O_1$，然后在 $L_1$ 和 $O_1$ 之间放入待测凹透镜 $L_2$ 及平面镜 $M$。当 $O_1$ 位于 $L_2$ 的物方焦平面时，$L_2$ 出射的光线为平行光。

根据光路可逆原理，该平行光经平面反射镜反射后必定在 $O$ 点形成一个与原物等高、倒立的实像，这时 $f_2' = -BO_1$。

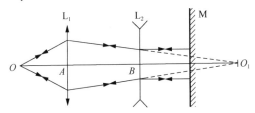

图 1-6  自准直法测量凹透镜焦距原理图

## 1.1.3  实验器材

凸透镜、凹透镜、平面反射镜、光源、物屏、像屏、平行光管、目镜、支架、导轨等。

## 1.1.4  实验内容

1）用成像法测量凸透镜焦距

取物距 $>f'$、$=2f'$、$>2f'$ 各测一次，求其平均值。

2）用自准直法测量凸透镜焦距

测量五次求其平均值。

3）用二次成像法测量凸透镜焦距

在 $L$ 不变的条件下，测量 $d$ 值三次求其平均值，代入公式（1-2）计算焦距。

4）用平行光管法测量凸透镜焦距

（1）根据图 1-7 安装实验器件。安装平行光管的过程中，需要调节平行光管，使得分划板保持水平分布，还需要调节光源强度，即在保证眼睛舒适度的前提下尽可能保证视场照明。

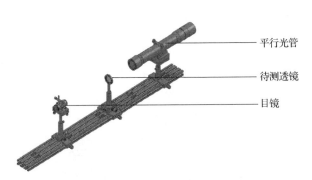

平行光管

待测透镜

目镜

图 1-7  平行光管法测量凸透镜焦距实验装置图

（2）平行光管调整后，将被测凸透镜组置于平行光管后，在凸透镜的后方放上测微目镜，调节平行光管、被测凸透镜和测微目镜，使它们在同一光轴上。

（3）前后移动凸透镜，使被测凸透镜在平行光管中的玻罗板成像于测微目镜的标尺和叉丝上，表明凸透镜的焦平面与测微目镜的焦平面重合。如背景光过强，可在被测透镜与平行光管之间加入可变光阑调整光强。此外，加入可变光阑还可减少杂散光以提高成像质量，方便读取像的大小。

（4）用测微目镜测出玻罗板中两任意对称刻度线之间的距离 $y'$。同时，需要对测量值除以目镜的放大倍率 10 以得到真实的像大小。再根据玻罗板读出刻度线的实际大小 $y$ 和平行光管的焦距实测值 $f_1'$，根据公式（1-3）计算透镜的焦距。

（5）重复五次，取其平均值。

5）用成像法测量凹透镜焦距

取三个不同位置进行测量，将求得的焦距取平均值。

6）用自准直法测量凹透镜焦距

测量五次求其平均值。

## 1.1.5　思考题

（1）用二次成像法测量凸透镜焦距时，为什么物屏和像屏之间的距离要大于 $4f$？

（2）测量凹透镜焦距时，在光路中放入凹透镜，一定可以得到实像吗？为什么？

# 1.2　光学系统基点测量实验

## 1.2.1　实验目的

（1）理解光学系统的基本特性、基点和基面；

（2）掌握光学系统基点的测量方法。

## 1.2.2　实验原理

图 1-8 为一理想光学系统，$O_1$ 和 $O_k$ 是其第一面和最后一面的顶点，$FF'$ 为光轴。如果在物空间有一条平行于光轴的光线 $AE_1$ 经镜组各面折射后，其折射光线 $G_kF'$ 交光轴于 $F'$ 点。另一条物方光线 $FO_1$ 与光轴重合，其折射光线 $O_kF'$ 仍沿光轴方向射出。由于物方两平行入射线 $AE_1$ 和 $FO_1$ 的交点（于左方无穷远的光轴上）与像方共轭光线 $G_kF'$ 和 $O_kF'$ 的交点 $F'$ 共轭，所以 $F'$ 是物方无穷远轴上点的像，$F'$ 点称为理想光学系统的像方焦点（或后焦点、第二焦点）。由此，任一条平行于光轴的入射线经理想光学系统后，出射线必过 $F'$ 点。

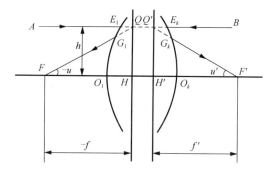

图 1-8　理想光学系统

同理，有一物方焦点 $F$（或前焦点、第一焦点），它与像方无穷远轴上点共轭，任一条过 $F$ 的入射线经理想光学系统后，出射线必平行于光轴。

通过物方焦点 $F$ 且垂直于光轴的平面称为物方焦平面。通过像方焦点 $F'$ 且垂直于光轴的平面称为像方焦平面。显然，物方焦平面的共轭像面在无穷远处，物方焦平面上任何一点发出的光束，经理想光学系统后必为一平行光束。同样，像方焦平面的共轭物面也在无穷远处，任何一束入射的平行光，经理想光学系统后必会聚于像方焦平面的某一点。

必须指出，焦点和焦平面是理想光学系统的一对特殊的点和面。焦点 $F$ 和 $F'$ 彼此之间不共轭，两焦平面彼此之间也不共轭。

延长入射光线 $AE_1$ 和出射光线 $G_kF'$ 得到交点 $Q'$；同样延长光线 $BE_k$ 和 $G_1F$，可得交点 $Q$。若设光线 $AE_1$ 和 $BE_k$ 入射高度相同，且都在子午面内，则由于光线 $AE_1$ 与 $G_kF'$ 共轭，$BE_k$ 与 $G_1F$ 共轭，共轭线的交点 $Q'$ 与 $Q$ 必共轭。并由此推得，过 $Q$ 点与 $Q'$ 点作垂直于光轴的平面 $QH$ 和 $Q'H'$ 也互相共轭。位于这两个平面内的共轭线段 $QH$ 和 $Q'H'$ 具有同样的高度 $h$，且位于光轴的同一侧，故这两面的垂轴放大率 $\beta = +1$，称这对垂轴放大率为 +1 的共轭面为主平面。其中，$QH$ 称为物方主平面，$Q'H'$ 称为像方主平面。物方主平面与光轴的交点 $H$ 称为物方主点，像方主平面与光轴的交点 $H'$ 称为像方主点。主点和主平面也是理想光学系统的一对特殊的点和面。

根据主平面的定义可知，当物空间任意一条光线和物方主平面的交点为 $Q$ 时，它的共轭光线和像方主平面的交点为 $Q'$，$Q$ 点和 $Q'$ 点与光轴的距离相等。

自物方主点 $H$ 到物方焦点 $F$ 的距离称为物方焦距（或前焦距、第一焦距），以 $f$ 表示。自像方主点 $H'$ 到像方焦点 $F'$ 的距离称为像方焦距（或后焦距、第二焦距），以 $f'$ 表示。焦距的正负是以相应的主点为原点来确定的，如果由主点到相应的焦点的方向与光线传播方向一致，则焦距为正，反之为负。图 1-8 中，$f < 0$，$f' > 0$。由 $\triangle Q'H'F'$ 可以得到像方焦距 $f'$ 的表达式：

$$f' = \frac{h}{\tan u'} \tag{1-4}$$

同理，物方焦距表达式为

$$f = \frac{h}{\tan u} \tag{1-5}$$

在理想光学系统中有一对角放大率 $\gamma = +1$ 的共轭点，称为节点。在物空间的节点称为物方节点，像空间的称为像方节点，分别用字母 $J$ 和 $J'$ 表示。过物方节点并垂直于光轴的平面称为物方节平面，过像方节点并垂直于光轴的平面称为像方节平面，如图 1-9 所示。节点和节平面是理想光学系统的又一对特殊的点和面，与焦点和焦平面、主点和主平面统称为理想光学系统的基点和基面。

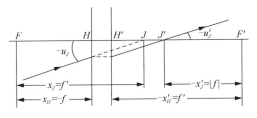

图 1-9　节点与节平面示意图

　　节点相对于相应焦点的位置 $x_J = f'$，$-x'_J = |f|$。如果光学系统处于同一介质中，由于 $f = -f'$，因而 $x_J = x_H$，$x'_J = x'_H$，即节点与主点重合。

　　由于节点具有入射和出射光线彼此平行的特性，即 $u_J = u'_J$，时常用它来测定光学系统的基点位置。如图 1-10 所示，将一束平行光入射于光学系统，并使光学系统绕通过像方节点 $J'$ 的轴线左右摆动，由于入射光线方向不变，而且彼此平行，根据节点的性质，通过像方节点 $J'$ 的出射光线一定平行于入射光线。同时由于转轴通过 $J'$，所以出射光线 $J'P'$ 的方向和位置都不会因光学系统的摆动而发生改变。与入射平行光束相对应的像点，一定位于 $J'P'$ 上，因此，像点也不会因光学系统的摆动而产生左右移动。如果转轴不通过 $J'$，则光学系统摆动时，$J'$ 及 $J'P'$ 光线的位置也发生摆动，因而像点位置就发生摆动。利用这种性质，一边摆动光学系统，同时连续改变转轴位置，并观察像点，当像点不动时，转轴的位置便是像方节点的位置。颠倒光学系统，重复上述操作，便可得到物方节点位置。绝大多数光学系统都放在空气中，节点的位置就是主点的位置[1]。

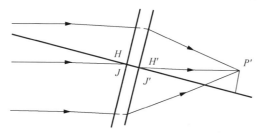

图 1-10　节点位置测定原理

　　本实验以两个薄透镜组合为例，主要讨论如何测定透镜组的节点，并验证节点跟主点重合。双光组组合是光组组合中最常遇到的组合，也是最基本的组合，如图 1-11 所示。L-S 为待测透镜组，它们的焦距分别为 $f_1$、$f'_1$ 和 $f_2$、$f'_2$。透镜 L 主点为 $H_1$、$H'_1$，像方焦点为 $F'_1$；透镜 S 主点为 $H_2$、$H'_2$，像方焦点为 $F'_2$；组合光组的主点为 $H$、$H'$，像方焦点为 $F'$。两光组间的相对位置由第一光组的像方焦点 $F'_1$ 与第二光组的物方焦点 $F_2$ 的距离 $\Delta$ 表示，$\Delta$ 称为该系统的光学间隔。$\Delta$ 以 $F'_1$ 为起点，计算到 $F_2$，由左向右为正，反之为负。$d$ 为两光组间的距离，等于 $H'_1 H_2$。

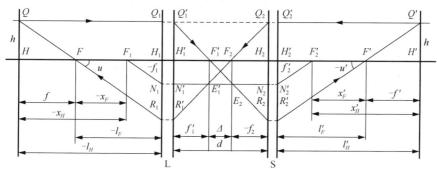

图 1-11　双光组组合光路示意图

　　从图 1-11 可以看出，组合光组的像方焦点 $F'$ 和第一光组的像方焦点 $F'_1$ 对第二光组来说是一对共轭点。$F'$ 的位置 $x'_F = F'_2 F'$ 可以用牛顿公式求得。公式中，$x = -\Delta$，$x' = x'_F$，

即

$$x'_F = -\frac{f_2 f'_2}{\Delta} \qquad (1\text{-}6)$$

式中，

$$\Delta = d - f'_1 + f_2 \qquad (1\text{-}7)$$

由于 $\triangle Q'H'F'$ 与 $\triangle N'_2 H'_2 F'_2$ 相似，$\triangle Q'_1 H'_1 F'_1$ 与 $\triangle F'_1 F_2 E_2$ 相似，所以有

$$-\frac{f'}{f'_2} = \frac{Q'H'}{H'_2 N'_2} , \quad \frac{f'_1}{\Delta} = \frac{Q'_1 H'_1}{F_2 E_2}$$

因为 $Q'H' = Q'_1 H'_1$，$N'_2 H'_2 = F_2 E_2$，故得

$$f' = -\frac{f'_1 f'_2}{\Delta} \qquad (1\text{-}8)$$

由图 1-11 可以看出，$x'_H = x'_F - f'$，根据公式（1-6）和公式（1-8）可以得到

$$x'_H = \frac{f'_2 (f'_1 - f_2)}{\Delta} \qquad (1\text{-}9)$$

根据在节点镜头中读出的两透镜的距离 $d$，由公式（1-7）和公式（1-9）可以计算出 $x'_H$，从而可知组合光组像方主点的位置。

## 1.2.3　实验器材

白色发光二极管（light emitting diode，LED）光源、目标板、凸透镜（$f = 150\text{mm}$、$\phi = 40\text{mm}$）、节点镜头、分划板、支架、导轨等。

## 1.2.4　实验内容

（1）按照图 1-12 所示结构，安装实验器件，保证所有实验仪器都同轴等高。

（2）调节目标板与标准透镜之间的距离，使目标板位于标准透镜的前焦面。

（3）借助分划板找到节点器后方清晰像，然后以节点器的支杆为轴旋转节点器，观察分划板上的成像位置是否发生变化。若发生变化，则旋转节点器上的调节旋钮，改变节点器的位置，直至旋转节点器时，分划板上的成像位置不会发生改变，此时支杆的位置就是节点器节点所在的位置。记录节点器支杆与其后透镜之间的距离 $L$ 和节点器两透镜距离 $d$。

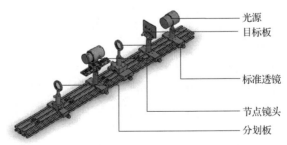

图 1-12　光学系统基点测量实验系统装置图

（4）利用公式 $|x'_H| = |f'_2 + L|$，验证节点位置是否正确。

（5）移动分划板，找到此时清晰成像的位置，记录清晰成像的位置。

（6）根据公式（1-7）、公式（1-8）计算出系统焦距 $f'$，此时与该光学系统后焦面相距 $f$ 的位置为主面，与光轴相交的点为主点。比较主点与节点位置。

### 1.2.5　思考题

（1）实验系统中，标准透镜的作用是什么？

（2）如果节点器的转轴没有通过其像方节点，如何根据像的相对移动判断偏离的方位？

# 1.3　光学系统景深测量实验

## 1.3.1　实验目的

（1）掌握光学系统景深的测量方法；

（2）研究孔径光阑、透镜焦距对景深的影响。

## 1.3.2　实验原理

光学系统中除了要研究垂直于光轴的平面上点的成像问题，还要求对整个空间或部分空间的物点成像在一个像平面上，如照相机物镜和望远镜等。对一定深度的空间在同一像平面上要求所成的像足够清晰，这就是光学系统的景深问题。能够在像平面上获得足够清晰像的空间深度，称为成像空间的深度，或称景深。

位于空间中的物点 $B_1$、$B_2$ 分别在距光学系统入射光瞳不同的距离处，如图 1-13 所示，$P$ 为入射光瞳中心，$P'$ 为出射光瞳中心，$A'$ 为像平面，称为景像平面。在物空间与景像平面共轭的平面 $A$ 称为对准平面。

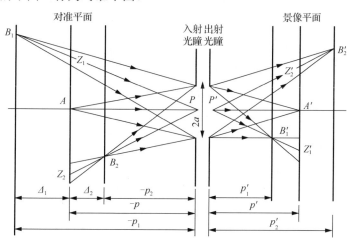

图 1-13　光学系统景深

当入射光瞳有一定大小时，由不在对准平面上的空间物点 $B_1$ 和 $B_2$ 发出并充满入射光瞳的光束将与对准平面相交为弥散斑 $z_1$ 和 $z_2$，它们在景像平面上的共轭像为弥散斑 $z_1'$ 和

$z_2'$。显然像平面上的弥散斑的大小与光学系统入射光瞳的大小和空间点与对准平面的距离有关。如果弥散斑足够小，例如，它对人眼的张角小于眼睛的最小分辨角（约为1′），那么眼睛看起来并无不清晰的感觉，这时，弥散斑可认为是空间点在平面上成的像。何况任何光能接收器都不是完善的，并不要求像平面上所有像点均为一几何点，只要光能接收器所接收的影像是清晰的就可以了。

这样能成足够清晰像的最远平面（如物点 $B_1$ 所在的平面）称为远景，能成清晰像的最近平面（如物点 $B_2$ 所在的平面）称为近景。它们离对准平面的距离以 $\Delta_1$ 和 $\Delta_2$ 表示，称为远景深度和近景深度。显然景深就是远景深度与近景深度之和 $\Delta = \Delta_1 + \Delta_2$。

设对准平面、远景和近景离入射光瞳的距离分别以 $p$、$p_1$ 和 $p_2$ 表示，并以入射光瞳中心为坐标原点，则上述各量为负值，在像空间对应的共轭面离出射光瞳距离以 $p'$、$p_1'$ 和 $p_2'$ 表示，并以出射光瞳中心为坐标原点，所以这些量是正值。设入射光瞳和出射光瞳的直径分别为 $2a$ 和 $2a'$[1]。

因为景像平面上的弥散斑 $z_1'$ 和 $z_2'$ 与对准平面上的弥散斑 $z_1$ 和 $z_2$ 是物像关系，所以
$$z_1' = \beta z_1, \quad z_2' = \beta z_2 \tag{1-10}$$
式中，$\beta$ 为景像平面和对准平面之间的垂轴放大率。由图 1-13 中相似三角形关系可得
$$\frac{z_1}{2a} = \frac{p_1 - p}{p_1}, \quad \frac{z_2}{2a} = \frac{p - p_2}{p_2} \tag{1-11}$$
由此得
$$z_1 = 2a\frac{p_1 - p}{p_1}, \quad z_2 = 2a\frac{p - p_2}{p_2} \tag{1-12}$$
则
$$z_1' = 2\beta a\frac{p_1 - p}{p_1}, \quad z_2' = 2\beta a\frac{p - p_2}{p_2} \tag{1-13}$$

可见，景像平面上的弥散斑大小除与入射光瞳有关外，还与距离 $p$、$p_1$ 和 $p_2$ 有关。为了获得正确的空间感觉而不发生景像弯曲，必须要以适当的距离来观察，即应使像上的各点对眼睛的张角与直接观察空间时各对应点对眼睛的张角相等。符合这一条件的距离被称为正确透视距离，以 $D$ 表示，如图 1-14 所示。

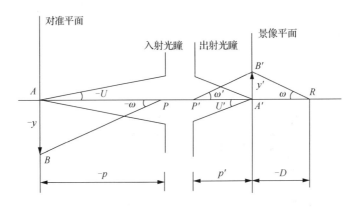

图 1-14　正确透视距离

　　为方便起见，以下公式推导不考虑正负号。眼睛在 $R$ 处，为了得到正确的透视，景像平面上像 $A'B'$（即 $y'$）对 $R$ 的张角 $\omega'$ 应与物空间的共轭物 $AB$（即 $y$）对入射光瞳中心 $P$ 的张角 $\omega$ 相等，即

$$\tan\omega = \frac{y}{p} = \tan\omega' = \frac{y'}{D} \tag{1-14}$$

则得

$$D = \frac{y'}{y}p = \beta p \tag{1-15}$$

所以景像面上弥散斑直径的允许值为

$$z' = z_1' = z_2' = D\varepsilon = \beta p\varepsilon \tag{1-16}$$

对应于对准平面上弥散斑的允许值为

$$z = z_1 = z_2 = \frac{z'}{\beta} = p\varepsilon \tag{1-17}$$

即当从入射光瞳中心来观察对准平面时，其弥散斑直径 $z_1$ 和 $z_2$ 对眼睛的张角也不应超过眼睛的极限分辨角 $\varepsilon$。

　　确定对准平面上弥散斑允许直径以后，由公式（1-12）可求得远景和近景到入射光瞳的距离 $p_1$ 和 $p_2$ 为

$$p_1 = \frac{2ap}{2a - z_1}, \quad p_2 = \frac{2ap}{2a + z_2} \tag{1-18}$$

由此可得远景和近景到对准平面的距离，即远景深度 $\varDelta_1$ 和近景深度 $\varDelta_2$ 分别为

$$\varDelta_1 = p_1 - p = \frac{pz_1}{2a - z_1}, \quad \varDelta_2 = p - p_2 = \frac{pz_2}{2a + z_2} \tag{1-19}$$

将 $z_1 = z_2 = p\varepsilon$ 代入公式（1-19），得

$$\varDelta_1 = \frac{p^2\varepsilon}{2a - p\varepsilon}, \quad \varDelta_2 = \frac{p^2\varepsilon}{2a + p\varepsilon} \tag{1-20}$$

　　由此可知，当光学系统的入射光瞳直径 $2a$ 和对准平面的位置以及极限分辨角确定后，远景深度 $\varDelta_1$ 大于近景深度 $\varDelta_2$。

　　总的成像深度，即景深 $\varDelta$ 为

$$\varDelta = \varDelta_1 + \varDelta_2 = \frac{4ap^2\varepsilon}{4a^2 - p^2\varepsilon^2} \tag{1-21}$$

　　若用孔径角 $U$ 取代入射光瞳直径，由图 1-14 可知它们之间有如下关系：

$$2a = 2p\tan U \tag{1-22}$$

代入公式（1-21）得

$$\varDelta = \frac{4p\varepsilon\tan U}{4\tan^2 U - \varepsilon^2} \tag{1-23}$$

　　由此可知，入射光瞳的直径越小，即孔径角越小，景深越大。在拍照片时，把光圈缩小可以获得大的空间深度的清晰像就是这个道理[2]。

　　影响景深的因素主要有以下三个方面：

（1）对像的清晰度要求越低，景深越大；要求越高，景深越小。

（2）物体的物距越大，景深越大；物距越小，景深也越小。

（3）焦距越短，景深越大；焦距越长，景深越小。

实验中，用于成像的物体是平行光管里的多缝板，多缝板是固定不动的，且采用平行光束，所以物空间的深度我们无法直接测量。由于对准平面与景像平面是共轭的，我们可以间接计算像空间的深度。通过改变孔径光阑大小、透镜组的焦距大小，从而可以研究光学系统孔径光阑、系统焦距与景深的关系。

### 1.3.3　实验器材

平行光管、多缝板（玻罗板）、可变光阑、节点镜头、分划板、支架、导轨等。

### 1.3.4　实验内容

（1）选取多缝板（玻罗板）作为目标物对成像进行评价，按照图 1-15 所示结构，安装实验器件，保证所有实验仪器都同轴等高。

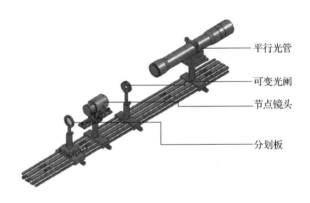

图 1-15　光学系统景深测量装置图

（2）将可变光阑贴近节点镜头并将光阑调至最大，调整分划板至清晰成像。

（3）前后移动分划板并分别记录前后移动至成像模糊位置处。通过分划板下的侧推平移台记录成像模糊的前后两个位置 $a_1$、$a_2$。

（4）缩小光阑，重复步骤（3），并记录此时成像模糊的位置 $b_1$、$b_2$。

（5）计算两次的景深，$A = a_1 - a_2$，$B = b_1 - b_2$。继续改变可变光阑大小（光阑不可大于 25.4mm），记录不同光圈大小时的景深，并分析孔径光阑与景深的关系。

（6）固定可变光阑孔径大小不变，调节使节点镜头两透镜之间的距离最小，重复步骤（3），记下此时成像模糊的位置 $c_1$、$c_2$，计算此时该系统的焦距与景深 $C = c_1 - c_2$。

（7）调节使节点镜头两透镜之间的光学间距改变，重复步骤（6），分析该光学系统焦距与景深的关系。

### 1.3.5　思考题

（1）物体成像的亮暗程度和光阑有何关系？

（2）两透镜之间的光学间距与光学系统的焦距有何关系？

# 1.4　显微镜系统的组装及参数测量实验

## 1.4.1　实验目的

（1）了解显微镜的基本光学系统及放大原理；
（2）掌握显微系统放大率和线视场的测量方法。

## 1.4.2　实验原理

　　为了观察近处物体的微小细节，用20×的放大镜也是远远不够的。而放大镜的放大倍数越大，其焦距应越短，20×的放大镜，其焦距为12.5mm左右，这样短的距离对许多工作是不方便的，甚至在实际上是不允许的。为了在提高放大率的同时，也能获得合适的工作条件，必须采用组合放大镜，即采用两个光学系统组成的复合光学系统来代替单一的放大镜。这种组合的放大镜，称为显微镜。

　　显微镜的光学系统由物镜和目镜两个部分组成。显微镜成像的原理如图 1-16 所示。为方便起见，图中把物镜 $L_1$ 和目镜 $L_2$ 均以单块透镜表示。人眼在目镜后面的一定位置上，物体 $AB$ 位于物镜前方、离开物镜的距离大于物镜的焦距但小于两倍物镜焦距处。所以，它经物镜以后，形成一个放大的倒立实像 $A'B'$。使 $A'B'$ 恰位于目镜的物方焦点 $F_2$ 上，或者在靠近 $F_2$ 的位置上，再经过目镜放大为虚像 $A''B''$ 供眼睛观察。虚像 $A''B''$ 的位置取决于 $F_2$ 和 $A'B'$ 之间的距离，可以在无限处，也可以在观察者的明视距离处。目镜的作用和放大镜一样，所不同的只是眼睛通过目镜看到的不是物体本身，而是物体被物镜所成的、已经放大了一次的像。

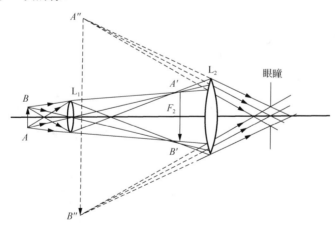

图 1-16　显微镜成像原理

　　物体经过两次放大，所以显微镜总的放大率 $\Gamma$ 应该是物镜放大率 $\beta$ 和目镜视放大率 $\Gamma_2$ 的乘积。和放大镜相比，显然，显微镜可以具有高得多的放大率，并且通过调换不同放大率的物镜和目镜，能够方便地改变显微镜的放大率。由于显微镜中存在着中间实像，故可以在物镜的实像平面上放置分划板，从而可以对被观察物体进行测量，并且在该处还可以设置视场光阑，消除渐晕现象。

因为物体被物镜成的像 $A'B'$ 位于目镜的物方焦点上或者附近，所以此像相对于物镜像方焦点的距离 $x' = \Delta$。这里，$\Delta$ 为物镜和目镜的焦点间隔，在显微镜中称它为光学筒长。

设物镜的焦距为 $f_1'$，则物镜的放大率为

$$\beta = -\frac{x'}{f_1'} = -\frac{\Delta}{f_1'} \tag{1-24}$$

物镜的像再被目镜放大，其放大率为

$$\Gamma_2 = \frac{250}{f_2'} \tag{1-25}$$

式中，$f_2'$ 为目镜的焦距；250 的单位为 mm，这是国际上规定的明视距离。由此，显微镜总的放大率为

$$\Gamma = \beta\Gamma_2 = -\frac{\Delta}{f_1'}\frac{250}{f_2'} \tag{1-26}$$

由此可见，显微镜的放大率和光学筒长 $\Delta$ 成正比，和物镜及目镜的焦距成反比。负号表示当显微镜具有正物镜和正目镜时（一般如此），则整个显微镜给出倒像。

根据几何光学中合成光组的焦距公式可知，整个显微镜的总焦距 $f'$ 和物镜及目镜焦距之间有如下关系：

$$f' = -\frac{f_1'f_2'}{\Delta} \tag{1-27}$$

代入公式（1-26）中可得

$$\Gamma = \frac{250}{f'} \tag{1-28}$$

它与放大镜的放大率公式具有完全相同的形式。可见，显微镜实质上就是一个比放大镜具有更高放大率的复杂化了的放大镜。当物镜和目镜都是组合系统时，在放大率很高的情况下，仍能获得清晰的像。

由于放大的目的最终还是分辨物体的细节，所以显微镜除应有足够的放大率外，还要有相应的分辨本领。显微镜的分辨率以它所能分辨的两点间最小距离来表示。由光的衍射的讨论可知，两个自发光亮点的分辨率表达式为

$$\sigma_1 = \frac{0.61\lambda}{NA} \tag{1-29}$$

式中，$\lambda$ 为测量时所用光线的波长；NA 为物镜的数值孔径。

当被观察物体不发光，而被其他光源照明时，分辨率为

$$\sigma_0 = \frac{\lambda}{NA} \tag{1-30}$$

在斜照明时，分辨率为

$$\sigma_0 = \frac{0.5\lambda}{NA} \tag{1-31}$$

由此可见，显微镜对于一定波长的光线的分辨率，在像差校正良好时，完全由物镜的数值孔径所决定，数值孔径越大，分辨细节的能力越强。这就是希望显微镜要有尽可能大的数值孔径的原因。通常在显微镜的物镜上除刻有表示放大率的数字外，还刻有表示数值孔径的数字。例如物镜上刻有 N.A.0.65 字样，即表示该物镜的数值孔径为 0.65。

为了充分利用物镜的分辨率，使已被显微镜物镜分辨出来的细节能同时被眼睛看清，显微镜必须有恰当的放大率，以便把它放大到足以被人眼所分辨的程度。便于人眼分辨的角距离为 2′～4′，显微镜的有效放大率为

$$500NA < \Gamma < 1000NA$$

当使用比有效放大率下限更小的放大率时，不能看清物镜已经分辨出的某些细节。如果盲目取用高倍目镜得到比有效放大率上限更大的放大率，是无效的[1]。

分辨力板是广泛用于光学系统的分辨率、景深、畸变的测量及机器视觉系统的标定，并具有特定图案的光学元件。一套 A 型分辨力板由图形尺寸按一定倍数关系递减的 7 块分辨力板组成，其编号为 A1～A7。每块分辨力板上有 25 个组合单元，每一线条组合单元由相邻互成 45°、宽等长的 4 组明暗相间的平行线条组成，线条间隔宽度等于线条宽度。分辨力板相邻两单元的线条宽度的公比为 $1/\sqrt[12]{2}$（近似等于 0.94）。本实验用到的是国标分辨力板 A3，图 1-17 为其中一个单元的放大图。分辨力板各单元中，每一组的明暗线条总数以及分辨力板 A3 的所有单元的线条宽度详见表 1-1。

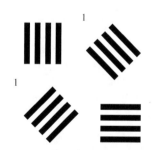

图 1-17　A3 国标板部分放大图

表 1-1　国标分辨率对照表

| 单元编号 | A3 国标板<br>线宽/μm | 单元编号 | A3 国标板<br>线宽/μm |
| --- | --- | --- | --- |
| 1 | 40 | 8 | 26.7 |
| 2 | 37.8 | 9 | 25.2 |
| 3 | 35.6 | 10 | 23.8 |
| 4 | 33.6 | 11 | 22.4 |
| 5 | 31.7 | 12 | 21.2 |
| 6 | 30 | 13 | 20 |
| 7 | 28.3 | 14 | 18.9 |

续表

| 单元编号 | A3 国标板<br>线宽/μm | 单元编号 | A3 国标板<br>线宽/μm |
|---|---|---|---|
| 15 | 17.8 | 21 | 12.6 |
| 16 | 16.8 | 22 | 11.9 |
| 17 | 15.9 | 23 | 11.2 |
| 18 | 15 | 24 | 10.6 |
| 19 | 14.1 | 25 | 10 |
| 20 | 13.3 | | |

### 1.4.3　实验器材

白色 LED 光源、A3 国标板、显微物镜、显微目镜、一维测微尺、支架、导轨等。

### 1.4.4　实验内容

（1）调整显微物镜。打开光源，依次放置 A3 国标板、显微物镜和白屏。调整显微物镜的高度，使得 A3 国标板中的图案能够清晰成像在白屏上。调整的过程中，可将白屏放置在 A3 国标板后观察。前后小心移动显微物镜，待白屏上的图案清晰可见，即物镜调整完毕。

（2）调整显微目镜。取下白屏，在显微物镜后加入目镜，如图 1-18 所示，调整目镜高度使之同轴。人眼通过目镜观察 A3 国标板的图案。前后移动目镜使成像最清晰即调整完毕。旋转 Y 向旋钮，让分辨力板上的一个或多个数字出现在视野中，直至可以分辨出所测量的是哪一个编号的图案，以便查出对应的线宽。

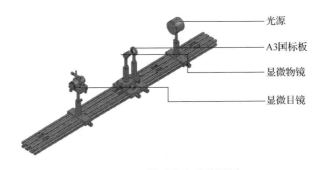

— 光源
— A3国标板
— 显微物镜
— 显微目镜

图 1-18　显微系统实验装置图

（3）旋转显微目镜，使叉丝其中一轴与待测图案的线条平行，另一轴穿过待测图案。记录像高。

（4）从目镜上可直接读出目镜的放大率。通过系统读取物体的像，利用像高比物高得到显微系统的视觉放大率（物体的实际尺寸可根据国标板的序号查表得到单个线宽）。根据公式（1-26）可以计算出物镜的放大率。

（5）用一维测微尺更换 A3 国标板。松开滑块旋钮，小心将夹持 A3 国标板的滑块移动到远离显微物镜的位置。然后将 A3 国标板取下，换上一维测微尺。该器件由干板夹夹持。夹好测微尺后，小心移动滑块到刚才放置 A3 国标板的位置附近。小心调整一维测微尺的高度，使之穿过显微物镜镜头的中心区域。再通过目镜观察并缓慢调整一维测微尺，得到清晰成像并且横穿视场的中心为止。读取视场两边刻度小格数（0.025mm/格）即可得到显微系统的线视场。为了保证系统的一致性，在更换一维测微尺的过程中，尽量避免碰触或调整显微物镜及目镜。

### 1.4.5　思考题

（1）改变目镜放大率时，物镜的位置是否需要调整？为什么？

（2）线视场与显微镜的放大率有关吗？

# 1.5　望远系统的组装及参数测量实验

## 1.5.1　实验目的

（1）了解望远镜的基本光学系统及放大原理；

（2）掌握望远系统放大率和视场角的测量方法。

## 1.5.2　实验原理

为了观察远处物体的细节，所用的光学仪器是望远镜。由于望远镜所成的像对眼睛张角大于物体本身对眼睛的直观张角，所以通过望远镜观察时，远处的物体似乎被移近了，使人们可以清楚地看清远处物体的细节，扩大了人眼观测远距离物体的能力。

望远镜的光学系统简称望远系统，由物镜和目镜组成。当用于观测无限远物体时，物镜的像方焦点和目镜的物方焦点重合，光学间隔 $\Delta = 0$。当用于观测有限距离的物体时，两系统的光学间隔是一个不为零的小数量。作为一般的研究，可以认为望远镜是由光学间隔为零的物镜和目镜组成的无焦系统。这样平行光射入望远系统后，仍以平行光射出。伽利略望远镜和开普勒望远镜是望远镜的两种基本类型。

伽利略望远镜是问世最早的一台望远镜，因伽利略曾用它发现了木星的卫星而得名。伽利略望远镜的物镜是一块正透镜，目镜是一块负透镜，如图 1-19 所示。

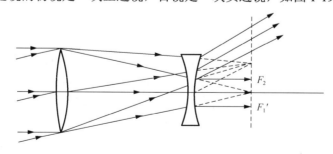

图 1-19　伽利略望远镜

伽利略望远镜的优点是结构简单，筒长短，较为轻便，光能损失少，并且使物体成正立的像，这是作为普通观察仪器时所必需的。但是伽利略望远镜没有中间实像平面，不能安装分划板，因而不能用来瞄准和定位。所以，问世不久即被开普勒望远镜所取代。

1611 年，开普勒首次论述了开普勒望远镜，并于 1615 年制造出来。开普勒望远镜的物镜和目镜都是正透镜，如图 1-20 所示。

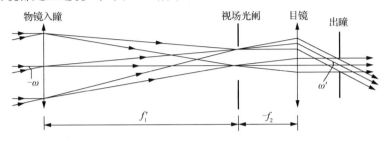

图 1-20　开普勒望远镜

由于开普勒望远镜在物镜和目镜中间构成物体的实像，可以在实像位置上安装一块分划板，它是一块平板玻璃，上面刻有瞄准丝或标尺，以作测量瞄准用。同时，在分划板边缘，镀成不透明的圆环形区域，以此兼作视场光阑。

在开普勒望远镜中，目镜的口径足够大时，光束没有渐晕现象。这是视场光阑与实像平面重合的缘故，系统的入射窗和物平面重合。开普勒望远镜成像为倒立的像，这在天文观察和远距离目标的观测中无关紧要，但在一般观察用望远镜中，总是希望出现正立的像。为此，应该在系统中加入转像系统。

为了方便，图 1-20 中的物镜和目镜均采用单透镜表示，这种望远系统没有专门设置孔径光阑，物镜框就是孔径光阑，也是入射光瞳，出射光瞳位于目镜像方焦点之外，观察者就在此处观察物体的成像情况。系统的视场光阑设在物镜的像平面处，入射窗和出射窗分别位于系统的物方和像方的无限远处，各与物平面和像平面重合。

望远系统的轴向放大率为

$$\alpha = \left( \frac{f_2'}{f_1'} \right)^2 \tag{1-32}$$

垂轴放大率为

$$\beta = -\frac{f_2'}{f_1'} \tag{1-33}$$

角放大率为

$$\gamma = -\frac{f_1'}{f_2'} \tag{1-34}$$

式中，$f_1'$、$f_2'$ 分别为物镜和目镜的焦距。由此可见，望远系统的放大率仅仅取决于望远系统的结构参数。

对目视光学仪器来说，更有意义的特性是它的视放大率。对无限远的物体来说，物体对人眼所张的角 $\overline{\omega}$ 和物体对望远系统的张角 $\omega$ 是相等的，因为仪器长度相对于无限大只是一个微小量。可得

$$\tan \overline{\omega} = \tan \omega = -\frac{\dfrac{D_0}{2}}{f_1'} = \frac{-D_0}{2f_1'} \tag{1-35}$$

以及

$$\tan\omega' = \frac{\dfrac{D_0}{2}}{f_2} = \frac{D_0}{2f_2'} \tag{1-36}$$

式中，$D_0$ 为视场光阑的孔径。这样，望远系统的视放大率 $\Gamma$ 为

$$\Gamma = \frac{\tan\omega'}{\tan\bar{\omega}} = \frac{\tan\omega'}{\tan\omega} = -\frac{f_1'}{f_2'} \tag{1-37}$$

且

$$\frac{D}{2f_1'} = \frac{D'}{2f_2'} \tag{1-38}$$

则

$$\Gamma = -\frac{f_1'}{f_2'} = -\frac{D}{D'} \tag{1-39}$$

式中，$D$ 为入瞳直径；$D'$ 为出瞳直径。

　　由望远镜视放大率公式可见，视放大率仅仅取决于望远系统的结构参数，其值等于物镜和目镜的焦距之比。确定望远镜的视放大率，需要考虑许多因素，如仪器的精度要求、目镜的结构型式、望远镜的视场角、仪器的结构尺寸等。

　　由于望远系统的物方视场角 $\omega$ 满足 $\tan\omega = \dfrac{D_0}{2f_1}$，所以只需要测量出视场光阑半径即可得到望远系统视场角。

　　由公式（1-37）可以看出，当目镜的类型确定时，它所对应的像方视场角 $\omega'$ 就一定，增大视放大率必然引起视场角 $\omega$ 的减小。因此，视放大率总是和望远镜的视场角一起考虑。例如军用望远镜，为易于找到目标，希望有尽可能大的视场角，这时望远镜倍率不宜过大。当目镜的焦距确定时，物镜的焦距随视放大率增大而加大。若望远镜镜筒长度以 $L = f_1' + f_2'$ 表示，则随 $f_1'$ 的增大镜筒变长。当目镜所要求的出射光瞳直径确定时，物镜的直径随视放大率增大而加大。

## 1.5.3　实验器材

　　平行光管、多缝板（玻罗板）、可变光阑、望远物镜（$\phi = 40\text{mm}$、$f = 150\text{mm}$）、望远目镜（$\phi = 25.4\text{mm}$、$f = 38.1\text{mm}$）、显微物镜、显微目镜、分划板、支架、导轨等。

## 1.5.4　实验内容

### 1. 开普勒望远系统光路搭建

　　按照图 1-21 所示结构，安装实验器件，保证所有实验仪器都同轴等高。两透镜之间的距离约为两个透镜的焦距之和。降低光源亮度，通过望远目镜用眼睛直接观察平行光管里的物体（多缝板），调整物镜与目镜的间距使成像清晰。在实验中，加入可变光阑作为系统的孔径光阑，能够增强成像质量，便于读数测量。

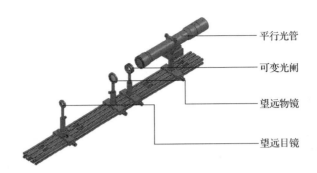

图 1-21　开普勒望远系统实验装置图

### 2. 望远系统放大率测量

在测量望远系统放大率之前，需要搭建观测显微系统，如图 1-22 所示。根据系统的光瞳衔接原则，观测显微系统的入射光瞳应与望远系统的出射光瞳重合。因此，观测显微系统的物镜应放置在望远系统出射光瞳位置。可变光阑应调到比较小的状态，此时可变光阑经其后面的镜组在系统像空间所成清晰像的位置就是望远系统出射光瞳的位置。如果不加可变光阑，望远系统出射光瞳的位置将与望远镜目镜重合。（可利用分划板在望远系统目镜后方寻找孔径光阑成像清晰的位置，然后改变可变光阑的大小，观察成像大小是否变化，若变化，该成像位置是可变光阑、目镜和物镜组成望远系统的出射光瞳位置。）

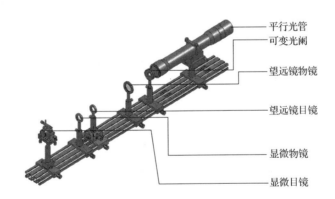

图 1-22　望远系统放大率测量实验装置图

然后加入显微目镜（观测目镜），通过显微目镜观察平行光管里的目标物（多缝板）来调整目镜位置，直到在目镜的标尺上清晰成像为止。像高的长度可通过观测目镜上的刻度测出，即平行光管内分划板两条缝之间的长度 $L'$，该长度需要除以目镜的放大倍数 10 以得到实际像的大小 $L'/10$。$L$ 为分划板上两条缝间的实际长度。由于加入观测系统，因此其放大率计算公式为

$$\varGamma = \frac{\text{平行光管焦距}}{\text{观测物镜焦距}} \cdot \frac{L'}{L \cdot 10} \tag{1-40}$$

如光线过强可在望远物镜前加入可变光阑提高成像质量，方便读取数据。计算完毕即可与系统的理论放大倍率公式（1-37）的计算结果进行比较，并计算相对误差。

3. 望远系统视场角测量

按照图 1-23 所示结构，安装实验器件，保证所有实验仪器都同轴等高。将分划板放置在望远系统物镜之后，前后移动分划板，寻找清晰成像处，即视场光阑所在的位置。根据分划板上的刻度读取像大小。注意，需要读取整个视场的成像，不是多缝板上刻画的最外线对。

最后，将得到的数值和物镜焦距（150mm）代入公式 $\tan \omega = \dfrac{D_0}{2f_1}$ 进行计算，即可得到望远系统视场角（约 1.33°，一般 1°～3°）。

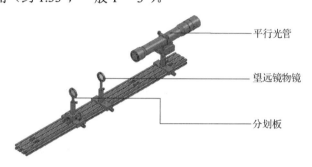

图 1-23　望远系统视场角测量

## 1.5.5　思考题

（1）望远镜和显微镜在结构和使用上有什么异同？
（2）测量望远系统放大率时，为什么要搭建观测显微系统？

# 1.6　光学系统位置色差测量实验

## 1.6.1　实验目的

（1）了解色差的产生原理；
（2）掌握利用平行光管测量光学系统位置色差的方法。

## 1.6.2　实验原理

像差的大小反映了光学系统成像质量的优劣。如果只考虑单色光成像，光学系统可能产生五种性质不同的像差，即球差、慧差、像散、场曲和畸变，统称为单色像差。但是，绝大多数光学系统用复色光成像。色散的存在会使其中不同的色光具有不同的传播光路，这种光路差别引起的像差称为色像差，包括位置色差（轴向色差）和倍率色差（垂轴色差）。实际上，用复色光成像时，由于其所包含的各种单色光有各自的传播光路，它们的单色像差也是各不相同的。

### 1. 位置色差

描述轴上物点用不同色光成像时，成像位置差异的像差称为轴向色差，也称为位置色差。光学材料对不同波长的色光折射率不同，波长愈短折射率愈高。因此，同一透镜对不同色光有不同焦距。按色光的波长由短到长，它们的像点离开透镜由近到远地排列在光轴上，如图 1-24 所示，这就是位置色差。

若轴上 A 点发出白光，经透镜后，不同色光在像方空间光轴上形成位置不同的像点，F 光（蓝光）、D 光（绿光）、C 光（红光）的像点位置分别为 $A'_\text{F}$、$A'_\text{D}$、$A'_\text{C}$，则位置色差可表示为

$$\Delta L'_\text{FC} = L'_\text{F} - L'_\text{C} \tag{1-41}$$

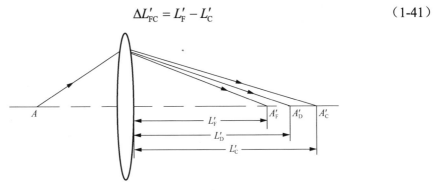

图 1-24　轴上点位置色差

红光因折射率低，其像点 $A'_\text{C}$ 离光学系统最后一面最远。同理，蓝光像点 $A'_\text{F}$ 最近，如果用一屏置于位置 $A'_\text{F}$ 处，将会在屏上看到红色在外、蓝色在内的弥散斑；如果屏置于 $A'_\text{C}$ 处，将会看到蓝色在外、红色在内的弥散斑。这样就使得轴上点物不能形成一白色点像，而成为彩色弥散斑。

色差的大小不仅与色差有关，还与系统的球差有关。不同的孔径有不同的位置色差，校正色差只能对个别孔径带进行，一般对 0.707 孔径带校正色差，这可使最大孔径的色差与近轴区域的色差绝对值相近、符号相反，整个孔径的色差获得最佳状态。

当 0.707 孔径带校正了位置色差后，F 光和 C 光的交点与 D 光像点位置不重合，其间距称为二级光谱。因此，以白光成像的物体即使在近轴区域也不能获得白光的清晰像。一般正透镜产生负色差，负透镜产生正色差，因此校正色差需要采用正负透镜组合。

### 2. 倍率色差

对轴外点来说，两种色光的垂轴放大率不一定相等。由 $\beta = -x'/f'$ 可知，不同色光的焦距不等时，放大率也不等，因而有不同像高。光学系统对不同色光的放大率的差异称为倍率色差，亦称放大率色差或垂轴色差。

如图 1-25 所示，轴外 B 点发出白光经透镜后，不同色光在像方空间有不同的像面位置。假设 F 光（蓝光）、D 光（绿光）、C 光（红光）分别落在接收像屏的 $B'_\text{F}$、$B'_\text{D}$、$B'_\text{C}$ 点，则倍率色差可表示为

$$\Delta Y'_\text{FC} = Y'_\text{F} - Y'_\text{C} \tag{1-42}$$

倍率色差严重时，物体像的边缘呈彩色，即各种色光的轴外点不重合。因此，倍率色差破坏轴外点成像的清晰度，必须进行校正。所谓倍率色差校正是指对所规定的两种色光在某一视场使倍率色差为零。

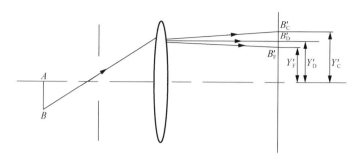

图 1-25　轴外点倍率色差

## 1.6.3　实验器材

平行光管、三色 LED 光源、色差镜头、互补金属氧化物半导体（complementary metal-oxide semiconductor，CMOS）相机、计算机、机械调整架、支架、导轨等。

## 1.6.4　实验内容

（1）如图 1-26 所示，安装所有的器件（平行光管里加入针孔），并调整至同轴等高。

（2）将平行光管接至 9V 电源，如果平行光管发出的光较弱，实验时请关闭室内照明，并使用遮光窗帘。

（3）打开 CMOS 相机的采集程序，使用连续采集模式。此时如果显示图像亮度过高，则适当减小 CMOS 相机的增益值和曝光时间。

（4）将 LED 亮度可调旋钮调至最大，并打开红色照明。

（5）调整 CMOS 相机沿导轨方向移动，将 CMOS 相机靶面调整到与待测镜头后焦点重合位置。此时可以在计算机屏幕上观察到待测镜头焦点亮斑。

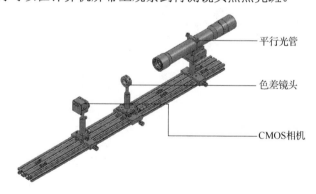

图 1-26　位置色差测量实验装置图

（6）调整平行光管照明亮度，使得显示亮斑亮度在饱和值以下。微调待测透镜下方的平移台，使得焦点亮斑最小且锐利。此时认为待测镜头后焦点与 CMOS 相机靶面重合。记录此时的平移台千分丝杆读数值 $L'_C$，并填入表 1-2。

（7）变换平行光管照明光源颜色至绿色、蓝色。使用千分丝杆调整待测镜头与 CMOS 相机之间的距离至焦点亮斑最小且锐利。分别记录此时的千分丝杆读数值 $L'_D$、$L'_F$，填入表 1-2。

（8）根据色差公式计算出待测镜头的位置色差值。

表 1-2　位置色差测量结果

| $L_{\mathrm{F}}'$ | $L_{\mathrm{C}}'$ | $L_{\mathrm{D}}'$ | $\Delta L_{\mathrm{FC}}'$ | $\Delta L_{\mathrm{FD}}'$ | $\Delta L_{\mathrm{DC}}'$ |
|---|---|---|---|---|---|
|  |  |  |  |  |  |

## 1.6.5　思考题

（1）根据 $L_{\mathrm{F}}'$、$L_{\mathrm{C}}'$ 和 $L_{\mathrm{D}}'$ 判断波长大小与折射率之间的关系。

（2）引起位置色差的根本原因是什么？

# 1.7　光学系统单色像差测量实验

## 1.7.1　实验目的

（1）了解单色像差的概念及产生原因；

（2）掌握利用星点法观测单色像差的方法。

## 1.7.2　实验原理

### 1. 轴上点球差

自光轴上一点发出与光轴成 $U$ 角的光线，经球面折射后所得的截距 $L'$ 是角 $U$（或入射高度 $h$）的函数。因此，轴上点发出的同心光束经光学系统各个球面折射以后，不再是同心光束，入射光线的孔径角 $U$ 不同，其出射光线与光轴交点的位置就不同，相对于理想像点有不同的偏离，这就是球差，如图 1-27 所示。球差 $\delta L'$ 的数值是由轴上点发出的不同孔径的光线经系统后的像方截距 $L'$ 和其近轴光的像方截距 $l'$ 之差来表示，即

$$\delta L' = L' - l' \tag{1-43}$$

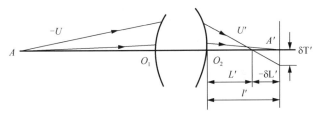

图 1-27　轴上点球差

由于球差的存在，使得在高斯像面（理想像面）上得到的不是点像，而是一个圆形弥散斑，其半径为

$$\delta T' = \delta L' \tan U' \tag{1-44}$$

可见，球差越大，像方孔径角越大，高斯像面上的弥散斑也越大。为使光学系统成像清晰，必须校正球差。利用正负透镜的组合，可以校正球差[1]。

## 2. 彗差

彗差是轴外点宽光束的像差，是孔径和视场的函数。为了解轴外物点所发出的光束结构，一般在整个光束中通过主光线取出两个互相垂直的截面。其中，一个是主光线和光轴决定的平面，称为子午面；另一个是通过主光线和子午面垂直的截面，称为弧矢面。

在轴外物点发出的光束中，对称于主光线的一对光线经光学系统后，失去对主光线的对称性，使交点不再位于主光线上。对整个光束而言，与理想像面相截，形成一彗星状光斑的一种非轴对称性像差。彗差通常用子午面和弧矢面上对称于主光线的各对光线经过系统后的交点相对于主光线的偏离来度量，分别称为子午彗差和弧矢彗差，用 $K_T'$ 和 $K_S'$ 来表示。

如图 1-28 所示，对于子午面上主光线 $z$ 和一对上下光线 $a$、$b$，折射前，上下光线与主光线对称，折射后，上下光线不再对称于主光线，它们的交点 $B_T'$ 既不在主光线上，也不在高斯像面上。

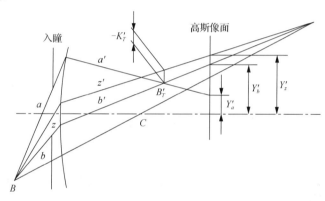

图 1-28　子午面上的彗差示意图

为此，作一条过 $B$ 点和球心 $C$ 的辅助轴，三条光线 $a$、$b$、$z$ 对辅助轴相当于三条不同孔径角的轴上入射光线，它们在辅助轴上存在球差且不相等。三条光线不能交于一点，这样使得出射光线 $a'$、$b'$ 不再关于主光线 $z'$ 对称，则上下光线对的交点到主光线的垂直距离称为子午彗差。如果以各光线在高斯像面上的交点高度来表示，则子午彗差为

$$K_T' = \frac{1}{2}\left(Y_a' + Y_b'\right) - Y_z' \tag{1-45}$$

如图 1-29 所示，对弧矢面来说，弧矢光束中的前后光线 $c$、$d$ 入射前对称于主光线 $z$。由于弧矢光线对称于子午面，它们折射后仍然交于子午面内的同一点 $B_S'$，但它们的折射情况与主光线不同，因此并没有交于主光线上。这样出射光线不再关于主光线对称，其交点到主光线的垂直距离称为弧矢彗差。如果以各光线在高斯像面上的交点高度来表示，则弧矢彗差为

$$K_S' = Y_c' - Y_z' = Y_d' - Y_z' \tag{1-46}$$

彗差随视场的增大而增大，随孔径的增大而增大。彗差使像点变形为一对称的弥散斑。主光线偏到弥散斑一边，在主光线与像面交点处积聚的能量最多，因此最亮。在主光线以外能量逐渐散开，慢慢变暗，因此弥散斑形成一个以主光线与像面焦点为顶点的

锥形斑，其形状似彗星，因此被称为彗差。

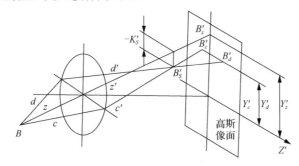

图 1-29  弧矢面上的彗差示意图

彗差影响轴外点成像的清晰度。由于彗差是垂轴像差，当系统结构完全对称且物像放大率为-1时，系统前半部分产生的彗差与后半部分产生的彗差数值相等，符号相反，可以完全自动消除[3]。

3. 像散

当轴外物点发出一束沿主光线周围的细光束成像时，由于细光束的光束轴与投射点法线不重合，其出射光束不再存在对称轴，而只存在一个对称面（子午面）。与此细光束所对应的微小波面并非旋转对称，在不同方向上有不同曲率，因此形成像散光束。当用垂直于光轴的屏沿轴移动时，就会发现屏在不同位置时，成像细光束的截面形状有很大变化，如图 1-30 所示。在子午像点 $T'$ 处得到的是一垂直于子午平面的短线（子午焦线），在弧矢像点 $S'$ 处得到的是一位于子午平面上的铅垂短线（弧矢焦线），两焦线互相垂直。在两条短线之间光束的截面形状由长轴与子午面垂直的椭圆变到圆，再变到长轴在子午面的椭圆。两条短线之间沿光束轴（主光线）方向的距离称为光学系统的像散。

图 1-30  像散的变化

存在像散的光学系统，不能使物面上的所有物点形成清晰的像点群。如图 1-31（a）所示，平面物由一组同心圆和沿半径的直线组成，圆心在主轴上，环面垂直于主光轴，则在子午焦线面上和弧矢焦线面上将分别得到如图 1-31（b）、（c）所示的图像。前者各圆环的像很清晰，但半径模糊；而后者半径的像清晰，圆环的像模糊。

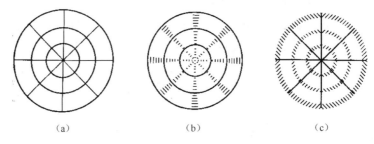

（a）　　　　　　　　　（b）　　　　　　　　　（c）

图 1-31  存在像散的光学系统的像

4. 场曲

场曲是指平面物体成弯曲像面的成像缺陷，如图 1-32 所示。场曲是轴外点光束像差，仅是视场的函数。当存在场曲时，在高斯像平面上超出近轴区的像点都会变得模糊。一平面物体的像变成一个回转的曲面，在任意像平面处都不会得到一个完善的物平面的像。

像散的存在必然引起场曲；反之，即便像散为零，子午像面和弧矢像面重合在一起，像面也不是平的，而是相切于高斯像面中心的二次抛物面。

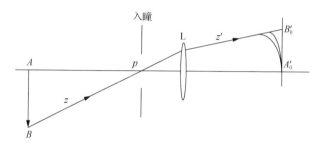

图 1-32　场曲

5. 畸变

畸变是主光线像差，不同视场的主光线通过光学系统后与高斯像面的交点高度并不等于理想像高，其差别就是系统的畸变。一垂直于光轴的平面物体，如图 1-33（a）所示，它由成像质量良好的光学系统所成的像应该是一个和原来物体完全相似的方格。但是在有些光学系统中，在一对物、像共轭平面上，垂轴放大率 $\beta$ 随视场角大小而改变，不再保持常数，使像相对于物失去了相似性，也会出现如图 1-33（b）或（c）所示的成像情况。图 1-33（b）表示枕形畸变（正畸变），其主光线和高斯像面交点的高度随视场增大而大于理想像高；图 1-33（c）表示桶形畸变（负畸变），其主光线和高斯像面交点的高度随视场增大而小于理想像高。

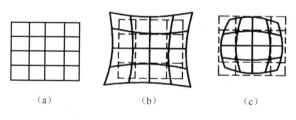

（a）　　　　　　　　（b）　　　　　　　　（c）

图 1-33　畸变

由此可见，畸变是垂轴像差，它只改变轴外物点在理想像面上的成像位置，使像的形状产生失真，但并不影响成像的清晰度[2]。

## 1.7.3　实验器材

平行光管、三色 LED 光源、球差镜头、彗差镜头、像散镜头、场曲镜头、CMOS 相机、计算机、机械调整架、支架、导轨等。

### 1.7.4　实验内容

（1）如图 1-34 所示安装实验器件，并调整至同轴等高。

（2）选取其中某一色 LED 作为平行光管光源并打开。打开 CMOS 相机采集程序，使用连续采集模式。

（3）沿光轴方向调整 CMOS 相机位置，使得待测镜头焦斑像最小且锐利。

（4）当观察球差现象时，沿光轴方向移动 CMOS 相机，观察焦斑前后的光束分布。此时如需微调，可将 $Y$ 向一维滑块更换成 $X$ 向平移台滑块或一维侧推平移台。

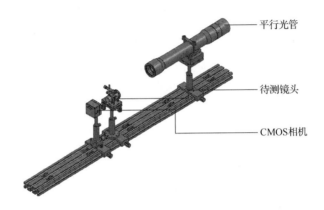

平行光管

待测镜头

CMOS相机

图 1-34　星点法观测单色像差实验装置图

（5）当观察其他像差时，松开转台锁紧旋钮，微微转动转台，依次观察像差现象，当转台锁紧旋钮妨碍滑块接近而不能成像时，须把滑块 180° 反向安装在导轨上。

注意：实验配备四种像差镜头，每种镜头的焦距不同，因此在更换像差镜头后，需要重新调节镜头与 CMOS 相机之间的距离，使得 CMOS 相机处于像差镜头的后焦面上，然后再次转动转台观察轴外像差。调节像差镜头时，可将 CMOS 相机向远离光源的方向移动，以留出足够大的空间用于调节像差镜头。在调节像差镜头之前，需要固定好 CMOS 相机下的滑块、支杆和套筒。

### 1.7.5　思考题

（1）焦斑的前后位置上，球差的分布有什么特点？

（2）场曲有什么特点，它与像散有什么关系？

# 1.8　线偏振光偏振方向的测定

### 1.8.1　实验目的

（1）理解线偏振光的概念及其产生方法；

（2）验证马吕斯定律，掌握线偏振光偏振方向的测定方法。

## 1.8.2　实验原理

光是一种电磁波，它有电矢量 $E$ 和磁矢量 $B$ 两个分量，并且光波中的电矢量与波的传播方向是垂直的，光的偏振现象证实了光的横波性。

就偏振性而言，光一般可分为偏振光、自然偏振光和部分偏振光。光矢量的大小和方向有规则变化的光称为偏振光。在传播过程中，光矢量的方向不变，其大小随相位变化的光是线偏振光，这时在垂直于传播方向的平面上，光矢量端点的轨迹是一直线。圆偏振光在传播过程中，光矢量的大小不变，方向呈规则变化，其端点的轨迹是一个圆。椭圆偏振光的光矢量的大小和方向在传播过程中均呈规则变化，光矢量的端点沿椭圆轨迹转动。任意偏振光都可以用两个振动方向互相垂直、相位有关联的线偏振光来表示。

从普通光源发出的光不是偏振光，而是自然光。自然光可以看成是在一切可能方位上振动的光波的总和，即在观察时间内，光矢量在各个方向上的振动概率和大小相同。自然光可以用两个光矢量互相垂直、大小相等、相位无关联的线偏振光来表示，但不能将这两个相位没有关联的光矢量合成一个稳定的偏振光。

自然光在传播过程中，由于外界的影响，各个振动方向上的强度不等，某一方向的振动比其他方向占优势，这种光称为部分偏振光。振动占优势的方向上光强用 $I_{\max}$ 表示，与其垂直方向上的光强用 $I_{\min}$ 表示，定义偏振度为

$$P = \frac{I_{\max} - I_{\min}}{I_{\max} + I_{\min}} \tag{1-47}$$

由此可见，自然光的 $P = 0$，线偏振光的 $P = 1$，部分偏振光 $0 < P < 1$。偏振度越大，其光束偏振光程度就越高。

### 1. 产生线偏振光的方法

在光电子技术应用中，经常需要偏振度很高的线偏振光。除了某些激光器本身可以产生线偏振光外，大部分应用中都是通过对入射光进行分解和选择获得线偏振光的。通常将能够产生线偏振光的元件称为偏振器。

根据偏振器的工作原理不同，偏振器可以分为双折射型、反射型、吸收型和散射型。后三种偏振器因其具有消光比差、抗损伤能力低、有选择性的吸收等缺点，应用受到限制。在光电子技术中，广泛地采用双折射型偏振器。

一块晶体本身就是一个偏振器，从晶体中射出的两束光都是线偏振光。但是，由于晶体出射的两束光通常靠得很近，不便于分离应用，所以实际的双折射偏振器，或者利用两束偏振光折射的差别，使其中一束在偏振器内发生全反射（或散射），而让另一束光顺利通过，如格兰-汤普森棱镜；或者利用某些各向异性介质的二向色性，吸收掉一束线偏振光，而使另一束线偏振光顺利通过，如二向色型偏光片。

### 2. 马吕斯定律

设两偏光片的透射方向之间的夹角为 $\alpha$，透过起偏器的线偏振光光强为 $I_0$，则透过检偏器后的偏振光光强为

$$I = I_0 \cos^2 \alpha \tag{1-48}$$

公式（1-48）表示的关系为马吕斯定律。由马吕斯定律可知，若待测光是线偏振光，当它通过透光轴方向已知的检偏器时，应该观察到透射光强随检偏器透光轴方向旋转而变化的现象。当起偏器与检偏器的透光轴平行时，透射光强最大；当起偏器与检偏器的透光轴垂直时，透射光强为零。利用这一规律，通过检测透射光强的最大值或零值，就可以测定待测线偏振光的偏振方向了。

## 1.8.3　实验器材

He-Ne（氦氖）激光器、激光电源、光具座、扩束镜、起偏器、检偏器、小孔屏、硅光电池探头、WJF 型数字式检流计等。

## 1.8.4　实验内容

（1）在光具座上依次放好激光器、扩束镜、起偏器、检偏器、小孔屏和硅光电池探头，并连接好激光电源和数字式检流计。

（2）打开检流计电源，预热并调零。

（3）打开激光电源，用小孔屏调整激光光路至同轴等高。

（4）转动连接在检偏器上的分度盘，每隔 6°转动分度盘（共计转一周），从数字检流计上读取一个数值，逐点记录。

（5）以检偏器光轴夹角 $\theta$ 为横轴，相对光强 $I/I_0$ 为纵轴（$I_0$ 为 $\theta$ 等于 0 时，透过检偏器的偏振光强度），将记录的数值绘出来就可得到透过检偏器的相对偏振光强度随 $\theta$ 的变化关系。

（6）找到透射光最小的 $\theta$ 角度后，在该角度周围再做一次微测，即缩小分度盘的转动间隔，寻找透射光强的零值，由此确定入射线偏振光的角度。

## 1.8.5　思考题

（1）两片正交偏光片之间再插入一偏光片，会观察到什么现象？试解释原因。

（2）设计一个实验方案将圆偏振光检验出来，简述其原理和实验过程。

# 1.9　光的色散研究

## 1.9.1　实验目的

（1）掌握分光计的使用和调节方法；

（2）观察棱镜色散光谱，绘制三棱镜的色散曲线。

## 1.9.2　实验原理

### 1. 光的色散

光的色散是指介质中的光速（或折射率）随光波波长变化的现象。色散率 $\nu$ 是用来表征介质色散程度的，是量度介质折射率随波长变化快慢的物理量，可用公式表示为

$$v = \frac{n_2 - n_1}{\lambda_2 - \lambda_1} = \frac{\Delta n}{\Delta \lambda} \tag{1-49}$$

对于透明区工作的介质，由于 $n$ 随波长 $\lambda$ 的变化很慢，可以用公式（1-49）表示。对于 $n$ 变化较快的区域，色散率定义为

$$v = \frac{\mathrm{d}n}{\mathrm{d}\lambda} \tag{1-50}$$

在实际工作中，选用光学材料时，应特别注意其色散的大小。例如，同样一块三棱镜，若用作分光元件，应采用色散大的材料（例如火石玻璃）；若用来改变光路方向，则需采用色散小的材料（例如冕玻璃）。

介质折射率 $n$ 随光的波长 $\lambda$ 而变化的关系曲线称为色散曲线。测量色散曲线的方法是把待测材料做成顶角为 $\alpha$ 的三棱镜，放在分光计上，对不同波长的单色光测出其相应的最小偏向角 $\theta_{\min}$，再根据

$$n = \frac{\sin[(\alpha + \theta_{\min})/2]}{\sin(\alpha/2)} \tag{1-51}$$

就可以计算出折射率 $n$，即可作出色散曲线 $n$-$\lambda$。

2. 分光计

分光计是一种能精确测量角度的光学仪器，也称为测角仪。它可用于测量光线的偏转角度，如反射角、折射角、衍射角等，还有一些光学中的参量，如光波波长、光栅常数、棱镜折射率和色散率等，也可以通过测量相关角度来确定。分光计主要由平行光管、望远镜、载物台和读数装置四部分组成。

（1）平行光管是用于产生平行光的装置，管的一端装有一个会聚透镜，另一端是带有狭缝的圆筒，狭缝宽度可以根据需要进行调节。

（2）望远镜用来观察和确定光线进行的方向，由物镜、目镜组、分划板、照明灯泡等组成。目镜组又由场镜和目镜组成。在场镜前有一刻有两条水平线（下面的一条水平线通过直径）和一条竖直线（与水平线正交并通过直径）的分划板。在分划板靠近场镜的一侧下方贴一全反射小棱镜，小棱镜紧贴分划板的一侧刻有一透光的"十"字窗（"十"字水平线与分划板上面的水平线对称），棱镜下方照明灯发出的光线照亮"十"字窗，从目镜中观察到一个明亮的"十"字，如图 1-35（a）所示。

若在物镜前放一平面镜，前后调节目镜与物镜之间的距离，根据自准直关系，当分划板位于物镜的焦平面处，亮"十"字的光经物镜投射到平面镜，反射回来的光经物镜后再在分划板上方成像。若平面镜与望远镜的光轴垂直，则此像的水平线应落在分划板上方的水平线处，如图 1-35（b）所示。

（3）载物台用于放置平面镜、棱镜、光栅等光学元件。台面下三个旋钮可调节倾斜角度，平台下的固定旋钮可调节平台的高度以适应高低不同的被测对象。

（4）读数装置由圆环形刻度盘和与之同心的游标盘组成，沿游标盘相距 180° 对称放置了两个角游标。载物台可与游标盘锁定，望远镜可与刻度盘锁定。望远镜对载物台的转角可借助两个角游标读出。刻度盘分度值为 0.5°，小于 0.5° 的角度可由角游标读出。角游标共有 30 个分度，因此读数值为 1′。如图 1-36 所示，图中角度示值为 22°20′，其

读数方法与游标卡尺相似。读取游标盘对称方向上两个角游标的读数，然后取平均值，这样可以消除刻度盘、游标盘的圆心与仪器主轴的轴心不重合而带来的系统误差。

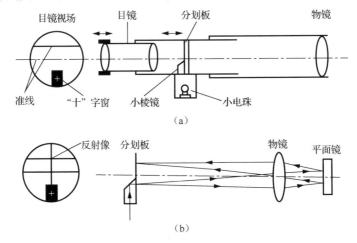

（a）

（b）

图 1-35　分光镜中望远镜原理图

图 1-36　分光计刻度盘读数示意图

为了能够准确地测出角度值，入射光和出射光必须为平行光，而且要与刻度盘平面平行。为此必须对分光计进行调整，使得望远镜聚焦无穷远处；望远镜与平行光管等高，并均与分光计的中心转轴相垂直；平行光管射出的是平行光。调整时，可以参照下述方法。

1）粗调

根据目测情况进行粗调，调节望远镜与平行光管的斜度调节旋钮，使其大致呈水平状态，调节载物台下的三个旋钮使平台也基本水平。

打开分光计电源，调节目镜与分划板的距离，看清分划板上的刻线和“十”字窗的亮线。将双面反射镜放到载物台上，并与望远镜筒基本垂直，由于望远镜视场较小，开始时在望远镜中可能找不到“十”字窗的像。可用眼睛从望远镜旁观察，判断从双面镜反射的“十”字像是否能进入望远镜。再将平台转过180°，带动平面镜转过同样角度，同样观察到“十”字像。若两次看到的“十”字像偏上或偏下，则适当调节望远镜的倾斜度旋钮和平台下的旋钮，使两次的反射像都能进入望远镜筒。

2）望远镜调焦于无穷远

用自准直法调整望远镜，用望远镜观察，找到反射的“十”字像后，调节望远镜分划板对物镜的距离，使反射的"十"字成像清晰，移动眼睛观察"十"字像与分划板上的刻线间是否有相对位移（即视差）。若有视差，需反复调节目镜对分划板、分划板对物镜的距离，直到无视差，这说明望远镜的分划板平面、物镜焦平面、目镜焦平面重合，望远镜已聚焦于无穷远处。

3）调节望远镜光轴与分光计中心转轴垂直

为了既快又准确地达到调节要求，先将双面反射镜放置在载物台中心，镜面平行于 $b$、$c$ 两个旋钮的连线，且镜面与望远镜基本垂直，如图 1-37（a）所示。调节旋钮 $a$ 和望远镜的倾斜度旋钮，使双面镜的正反两面的反射像都成像在望远镜中分划板上方与"十"字窗对称的水平线上，这时望远镜光轴就垂直于仪器的中心转轴了。然后把双面镜转 90°，再将双面镜与平台一起转动 90°，如图 1-37（b）所示，调节旋钮 $b$ 或 $c$ 使双面镜正反两面的反射像在正确的位置上。

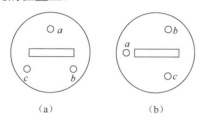

（a）　　　　　　　　　（b）

图 1-37　反射镜面调节

实际调节时，先观察"十"字像的成像位置，如果转动平台，从双面镜正、反两面反射回来的"十"字像，都成像在分划板上方水平线的同一侧，且与水平线距离大致相同，说明平台与转轴基本垂直，而望远镜光轴不垂直转轴，可调节望远镜的倾斜度旋钮；如果两次反射的"十"字像一次在水平线上方，另一次在下方，位置又基本对称，则主要是载物台不垂直转轴，可以调节平台的调节旋钮。实际情况多为两种因素兼有，则用渐近法，逐次逼近，即先调节平台旋钮，使"十"字像与分划板上方水平线间距离缩小一半，再调整望远镜倾斜度旋钮，使"十"字像与该水平线重合。平台转过 180°后，再调另一面，这样反复调节即可达到调节要求。

4）调节平行光管

用已调好的望远镜作为基准，正对平行光管观察。用光照亮狭缝，调节平行光管狭缝与会聚透镜的距离，在望远镜中能看到清晰的狭缝像，移动眼睛观看，狭缝像与分划板无视差，这时平行光管发出的光就是平行光。然后调节平行光管的倾斜度调节旋钮，使狭缝在分划板处的像居中，上下对称。调节完成后，平行光管光轴与望远镜光轴重合，均垂直于转轴。测量时，狭缝要细，这样读数位置较准确[3]。

## 1.9.3　实验器材

GSX-J1210 高压发生器、氦光谱管、分光计、三棱镜、平行光管、望远镜等。

## 1.9.4　实验内容

（1）调节分光计，直至"十"字像清晰，与叉丝重合且无视差；狭缝像清晰，与叉丝无视差且其中点与中心叉丝等高。

（2）将三棱镜放置在载物台上，点亮氦光谱管，照亮平行光管狭缝，微微转动游标盘，用眼睛观察到出射光。再用望远镜观察该光线，继续缓慢转动游标盘，使其向偏向角小的方向移动，当看到光线移至某一位置时而产生反向移动，则该逆转处即为最小偏向角的位置。

（3）用望远镜分划板竖直线对准出射光，记录两游标所示方位角度数 $\theta_1$、$\theta_2$。

（4）取下三棱镜，将望远镜对准平行光管，使望远镜分划板竖直线与狭缝像重合，记录两游标的示数 $\theta_1'$、$\theta_2'$。

（5）根据 $\theta_{\min} = \dfrac{1}{2}\left(\left|\theta_1' - \theta_1\right| + \left|\theta_2' - \theta_2\right|\right)$ 计算最小偏向角，重复测量数次，计算出 $\theta_{\min}$ 的平均值。

（6）根据公式（1-51）求出该波长下三棱镜的折射率 $n$。

（7）改变波长，分别测出波长为 706.57nm、667.81nm、587.56nm、501.57nm、492.19nm、471.32nm 和 447.15nm 氦光的最小偏向角及其折射率，并绘制色散曲线 $n$-$\lambda$。

### 1.9.5　思考题

（1）分光计使用前应做哪些调整？
（2）分析最小偏向角 $\theta_{\min}$ 与光线入射角之间的关系。

# 1.10　基于干涉原理的光学零件面形偏差检验

## 1.10.1　实验目的

（1）了解光的干涉原理和实现方法；
（2）掌握光学零件面形偏差的检验方法。

## 1.10.2　实验原理

### 1. 光的干涉

光的干涉是指两束或多束光在空间相遇时，在重叠区内形成稳定的强度强弱分布的现象。假设两列单色线偏振光分别为

$$E_1 = E_{01}\cos(\omega_1 t + \varphi_{01})$$

$$E_2 = E_{02}\cos(\omega_2 t + \varphi_{02})$$

在 $P$ 点相遇，$E_1$ 与 $E_2$ 振动方向间的夹角为 $\theta$，则在 $P$ 点处的总光强为

$$I = I_1 + I_2 + 2\sqrt{I_1 I_2}\cos\theta\cos\varphi \tag{1-52}$$

式中，$I_1$、$I_2$ 为两束光的光强；$\varphi$ 为两束光之间的相位差，且有

$$\varphi = \varphi_{01} - \varphi_{02} + \Delta\omega t$$

$$\Delta\omega = \omega_1 - \omega_2$$

$$I_{12} = \sqrt{I_1 I_2}\cos\theta\cos\varphi \tag{1-53}$$

　　由此可见，两光束叠加后的总强度并不等于这两列波的强度和，而是多了一项交叉项 $I_{12}$，它反映了这两束光的干涉效应，通常称为干涉项。干涉现象就是指这两束光在重叠区内形成的稳定的光强分布。显然，如果干涉项 $I_{12}$ 远小于两光束光强中较小的一个，就不易观察到干涉现象；如果两束光的相位差随时间变化，使光强度条纹图样产生移动，且当条纹移动的速度快到肉眼或记录仪器分辨不出条纹图样时，就观察不到干涉现象了。

　　在光学中，获得相干光、产生明显可见干涉条纹的唯一方法就是把一个波列的光分成两束或几束光波，然后再令其重合而产生稳定的干涉效应。这种"一分为二"的方法，可以使两干涉光束的初相位差保持恒定。

　　一般获得相干光的方法有两类：分波面法和分振幅法。分波面法是将一个波列的波面分成两部分或几部分，由这每一部分发出的波再相通时，必然是相干的，杨氏干涉就属于这种干涉方法。分振幅法通常是利用透明薄板的第一、二表面对入射光的依次反射，将入射光的振幅分解为若干部分，当这些部分的光波相遇时将产生干涉，这是一种很常见的获得相干光、产生干涉的方法，成为众多重要的干涉仪和干涉技术的基础。

　　**2. 光学零件面形偏差检验**

　　光学零件的折射面和反射面都称为光学面或工作面。光学面实际面形对理想面形的偏离称为面形偏差。面形检验是光学零件检验中基本、重要的检验项目之一，它直接影响光学零件的质量，并且也是光学检验水平的重要标志。

　　光学零件的工作面有球面和非球面之分，最常用的是球面。球面零件面形偏差的表示方法有半径偏差和面形偏差两类。

　　（1）半径偏差。即使零件的表面是标准球面，它还可以与样板有不同的曲率半径，此时产生规则的牛顿环（光圈），这种半径偏差就可以用有效孔径内的光圈数 $N$ 表示。

　　（2）面形偏差。指待测光学面与球面的偏离。当光圈不圆、呈椭圆形时，用椭圆长轴和短轴方向上的干涉条纹之差 $\Delta_1 N$ 来表示面形偏差，称为像散偏差；当光圈局部变形时，变形量用光圈数 $\Delta_2 N$ 表示，称为局部偏差。

　　光学零件面形偏差的检验方法有很多，大致可以分为干涉法和阴影法两大类。本实验主要讨论利用干涉法（玻璃样板法、干涉仪法）检验球面光学零件的曲率半径偏差。

　　1）玻璃样板法

　　所谓样板，就是按照有关规定，被选作标准（面形和半径）的标准面。玻璃样板法就是将样板和待测工作面紧密接触，用接触面间产生的干涉条纹的形状和数目来判断待测工作面对标准面的偏离的检验方法。这种方法同时可以检验待测工作面对样板的曲率半径的偏差，这可根据干涉条纹（光圈）的数目来判断。

　　玻璃样板法是一种十分古老的方法，由于它简单易行、精度较高，目前仍然广泛应用于零件检验和工艺过程的检验。该方法的缺点是，由于是接触测量，因而容易损伤工件，当孔径较大时，样板的自重变形、工件受压变形以及两者的温度变形等将使测量精度显著下降。因此，玻璃样板法一般用在孔径为 180～200mm 时。本实验采用玻璃样板法检验待测零件表面曲率半径的偏差，如图 1-38 所示。

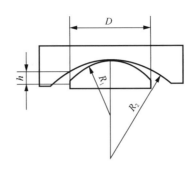

图 1-38　光学零件面形偏差检验示意图

假设待测零件表面的曲率半径为 $1/R_1$，样板的曲率半径为 $1/R_2$，则两表面曲率半径偏差 $\Delta C = 1/R_1 - 1/R_2$。由几何关系可知

$$h = \frac{D^2}{8}\left(\frac{1}{R_1} - \frac{1}{R_2}\right) = \frac{D^2}{8}\Delta C \tag{1-54}$$

如果零件直径 $D$ 内含有 $N$ 个光圈，则

$$N = \frac{D^2}{4\lambda}\Delta C \tag{1-55}$$

由此可以通过计算光圈数求出曲率半径偏差，实现待测零件表面的检验。

2）干涉仪法

采用干涉仪进行光学零件面形偏差的检验，可以避免玻璃样板法的许多弊病。特别是激光问世以后，由于它的亮度高，相干性好，因而这类仪器获得了迅速的发展和更加广泛的应用。

干涉仪法与玻璃样板法一样，可以同时检验曲率半径偏差和面形偏差，因此检验工作可分为两步进行：首先检验待测光学面对球面的偏差（面形偏差）；然后测量曲率半径，并计算曲率半径的偏差。使用单臂式（斐索型）或双臂式（特外曼型）激光球面干涉仪都可以完成上述任务。

检验面形偏差时，应使由标准面上反射得到的标准波面与待测光学面上反射得到的测试波面两者球心重合，或稍有横向偏离，并观察其干涉图。当上述两波面之间没有差别时，干涉图为均匀一片或很少的几条平行直条纹，并且不管条纹方向如何都为直线，间距也相等。如果存在面形偏差，则条纹呈现椭圆形或发生局部弯曲，这时可通过识别光圈来确定面形偏差。

测量曲率半径时，只需要移动待测光学面，使待测光学面的球面顶点及球心分别瞄准标准球面球心，并测出待测光学面的移动距离，就可以得到待测球面的曲率半径。

## 1.10.3　实验器材

钠灯、玻璃样板、待测零件、分光镜、读数显微镜等。

## 1.10.4　实验内容

（1）根据图 1-39 搭建实验装置，打开钠灯，调节分光镜的高低及倾斜角度，使显微镜视场中能观察到黄色的明亮视场。

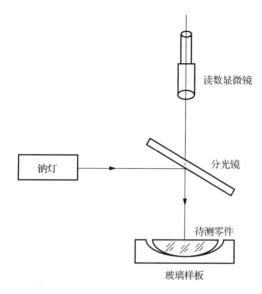

图 1-39 光学零件面形偏差检验实验装置图

（2）调节读数显微镜目镜，使目镜中看到清晰的叉丝。然后从下到上调节镜筒，对干涉条纹进行调焦，使看到的环纹尽可能清晰并与读数显微镜的测量叉丝无视差。

（3）读取待测零件直径内的光圈数量 $N$，计算待测零件光学面的曲率半径偏差。

## 1.10.5 思考题

（1）光圈是否等宽？密度是否均匀？试解释原因。

（2）设计实验实现透镜曲率半径的测量。

# 1.11 基于特外曼-格林干涉系统的精密位移测量实验

## 1.11.1 实验目的

（1）了解特外曼-格林干涉系统的测量原理；

（2）掌握微米及亚微米量级位移量的激光干涉测量方法。

## 1.11.2 实验原理

特外曼-格林（Twyman-Green）干涉系统是迈克耳孙（Michelson）干涉系统的一种变形，属于双光束干涉系统，如图 1-40 所示。

激光通过扩束准直系统 $L_1$ 提供入射的平面波（平行光束）。设光轴方向为 $z$ 轴，则此平面波可表示为

$$U(z) = Ae^{ikz} \qquad (1-56)$$

式中，$A$ 为平面波的振幅；$k = \dfrac{2\pi}{\lambda}$ 为波数，$\lambda$ 为激光波长。

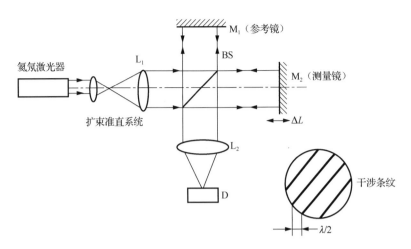

图 1-40　特外曼-格林干涉系统原理图

此平面波经分束镜 BS 分为两束，一束经参考镜 $M_1$，反射后成为参考光束，其复振幅 $U_R$ 可表示为

$$U_R = A_R e^{i\phi_R(z_R)} \tag{1-57}$$

式中，$A_R$ 为参考光束的振幅；$\phi_R(z_R)$ 为参考光束的位相，它由参考光程 $z_R$ 决定。

另一束为透射光，经测量镜 $M_2$ 反射，其复振幅 $U_t$ 可表示为

$$U_t = A_t e^{i\phi_t(z_t)} \tag{1-58}$$

式中，$A_t$ 为测量光束的振幅；$\phi_t(z_t)$ 为测量光束的位相，它由测量光程 $z_t$ 决定。

此两束光在 BS 上相遇，由于激光的相干性，产生干涉条纹。干涉条纹的光强 $I(x,y)$ 为

$$I(x,y) = U \cdot U^* \tag{1-59}$$

式中，$U = U_R + U_t$；$U^* = U_R^* + U_t^*$。而 $U^*, U_R^*, U_t^*$ 分别为 $U, U_R, U_t$ 的共轭波。

当反射镜 $M_1$ 与 $M_2$ 彼此间有一夹角 $2\theta$ 时，经简化可求得干涉条纹的光强为

$$I(x,y) = 2I_0(1 + \cos kl2\theta) \tag{1-60}$$

式中，$I_0$ 为激光光强；$l$ 为光程差，且 $l = z_R - z_t$。由此可见，干涉条纹是由光程差 $l$ 及 $\theta$ 来调制的。当测量在空气中进行，且干涉臂光程不大，略去大气的影响，则

$$l = N \cdot \frac{\lambda}{2} \tag{1-61}$$

式中，$N$ 为干涉条纹数。因此，在已知激光波长的情况下，记录干涉条纹移动数，即可测量反射镜的位移量，或反射镜的轴向变动量 $\Delta L$。

从图 1-40 中知道，定位在 BS 面上或无穷远上的干涉条纹由成像物镜 $L_2$ 将条纹成在探测器上，实现计数。

当 $N=1$、$\lambda = 0.63\mu m$ 时，干涉测量的测量灵敏度 $\Delta l = \frac{\lambda}{2} = 0.3\mu m$；如果细分 $N$，一般以 1/10 细分为例，则最高灵敏度 $\Delta l = 0.03\mu m$。

## 1.11.3　实验器材

氦氖激光器、衰减器、定向孔、反射镜、扩束透镜、准直透镜、组合工作台Ⅰ、带有压电陶瓷的组合工作台Ⅱ、分光棱镜、成像透镜、可调光阑、CMOS 相机、光学平台、支架、计算机等。

## 1.11.4　实验内容

（1）按照图 1-41 所示结构，搭建实验光路。

（2）开机，氦氖激光器迅速起辉，待光强稳定，打开驱动电源开关，检查 CMOS 相机上电信号灯亮否。

（3）在组合工作台Ⅰ、Ⅱ上分别装上平面反射镜，调节工作台上的微调旋钮，使两路反射光在成像透镜后焦面上会聚于一点。

（4）调节可调光阑的位置和孔径大小，使主光线通过光阑中心小孔，达到滤除光路中产生的寄生杂散光的目的。

（5）微调工作台上的旋钮，直至图像采集软件上可以看到清晰的干涉条纹图样。

（6）改变加在压电陶瓷晶体上的电压，测量并记录干涉条纹移动数，计算反射镜的位移量。

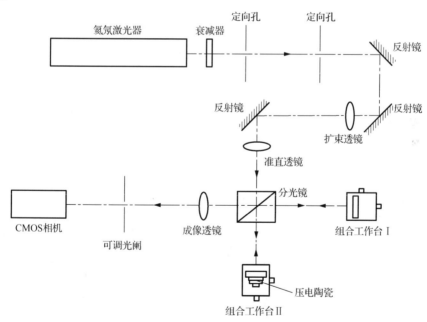

图 1-41　特外曼-格林干涉系统实验光路图

## 1.11.5　思考题

（1）利用迈克耳孙干涉系统能否实现精密位移的测量？简述理由。

（2）利用特外曼-格林干涉系统如何实现玻璃平板平行度的测量？

# 1.12　表面三维形貌的干涉测量

## 1.12.1　实验目的

（1）了解表面三维形貌的高精度实时测量原理；

（2）掌握基于干涉原理的三维面形测量方法。

## 1.12.2　实验原理

随着电子技术与计算机技术的发展，与传统的干涉检测方法结合，产生了一种新的位相检测技术——数字干涉技术，这是一种位相的实时检测技术。这种方法不仅能实现干涉条纹的实时提取，而且可以利用波面数据的存储功能消除干涉仪系统误差，消除或降低大气扰动及随机噪声，使干涉技术实现 $\lambda/100$ 的精度。数字干涉系统的原理如图 1-42 所示，仍采用特外曼-格林干涉系统，但参考反射镜由压电陶瓷 PZT（锆钛酸铅系）驱动，产生位移，此位移的频率与移动量由计算机控制。

设参考反射镜的瞬时位移为 $l_i$，被测表面的形貌（面形）为 $w(x, y)$，则参考光路和测试光路分别表示为

$$U_R = a \exp\left[\mathrm{i}2k\left(s + l_i\right)\right] \tag{1-62}$$

$$U_t = b \exp\left\{\mathrm{i}2k\left[s + w(x, y)\right]\right\} \tag{1-63}$$

式中，$a$、$b$ 为光振幅常数；$k$ 为波数；$s$ 为初始位移。

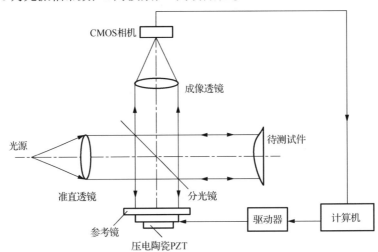

图 1-42　数字干涉系统原理图

参考光与测试光相干产生干涉条纹，其瞬时光强为

$$I(x, y, l_i) = 1 + r \cos 2k\left[w(x, y) - l_i\right] \tag{1-64}$$

式中，$r = \dfrac{2ab}{a^2 + b^2}$，表示干涉条纹的对比度。由此可以看出，干涉场中任意一点的光强都是 $l_i$ 的余弦函数。由于 $l_i$ 随时间变化，因此干涉产生的光强分布是一个时间周期函数，

可用傅里叶级数展开。设 $r=1$，则

$$I(x,y,l_i) = a_0 + a_1 \cos 2kl_i + b_1 \sin 2kl_i \tag{1-65}$$

式中，$a_0 = a^2 + b^2$；$a_1 = 2ab\cos 2kw(x,y)$；$b_1 = 2ab\sin 2kw(x,y)$。

由三角函数的正交性，可求出傅里叶级数的各个系数，即

$$\begin{cases} a_0 = \dfrac{2}{n}\sum_{i=1}^{n} I(x,y,l_i) \\ a_1 = \dfrac{2}{n}\sum_{i=1}^{n} I(x,y,l_i)\cos 2kl_i \\ b_1 = \dfrac{2}{n}\sum_{i=1}^{n} I(x,y,l_i)\sin 2kl_i \end{cases} \tag{1-66}$$

从而求得被测波面为

$$w(x,y) = \frac{1}{2k}\tan^{-1}\frac{b_1}{a_1} = \frac{1}{2k}\tan^{-1}\frac{\dfrac{2}{n}\sum_{i=1}^{n} I(x,y,l_i)\sin 2kl_i}{\dfrac{2}{n}\sum_{i=1}^{n} I(x,y,l_i)\cos 2kl_i} \tag{1-67}$$

式中，$l_i = \dfrac{\lambda}{2n}\cdot i,\ i=1,2,3,\cdots,n$。

为进一步降低噪声，提高测量精度，可用 $p$ 个周期进行驱动扫描，测量数据累加平均，即

$$w(x,y) = \frac{1}{2k}\tan^{-1}\frac{\dfrac{2}{n\cdot p}\sum_{i=1}^{n\cdot p} I(x,y,l_i)\sin 2kl_i}{\dfrac{2}{n\cdot p}\sum_{i=1}^{n\cdot p} I(x,y,l_i)\cos 2kl_i} \tag{1-68}$$

由此可见，孔径内任意一点的位相可由该点上的 $n\times p$ 个光强的采样值计算出来，因此，可获得整个孔径上的位相。除实现自动检测外，还可以测定被测件的三维形貌。

本实验利用数字干涉测量原理，采用扫描技术，实现面形的三维测量。高精度光学平面零件的面形精度可用 PV 和 RMS 两个评价指标表示，如图 1-43 所示。

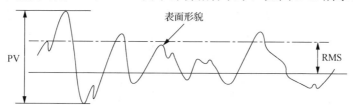

图 1-43　面形精度指标

（1）PV 值是指表面形貌的最大峰谷值。

（2）RMS 值是指表面形貌的均方根值，即

$$\mathrm{RMS} = \sqrt{\frac{\sum_{i=1}^{N}(x_i - T)^2}{N}} \tag{1-69}$$

式中，$x_i$ 为单次测量值；$T$ 为测量平均值且 $T = \dfrac{\sum\limits_{i=1}^{N} x_i}{N}$；$N$ 为重复测定次数。

## 1.12.3 实验器材

氦氖激光器、衰减器、定向孔、反射镜、扩束透镜、准直透镜、组合工作台 I、待测平面镜、带有压电陶瓷的组合工作台 II、分光棱镜、成像透镜、可调光阑、CMOS 相机、光学平台、支架、计算机等。

## 1.12.4 实验内容

（1）按照图 1-41 所示结构，搭建实验光路。

（2）开机，氦氖激光器迅速起辉，待光强稳定，打开驱动电源开关，检查 CMOS 相机上电信号灯亮否。

（3）将待测平面镜安装在组合工作台 I 上，参考反射镜安装在组合工作台 II 上，调节组合工作台的微调旋钮，使两路反射光在成像透镜后焦面上会聚于一点。

（4）调节可调光阑的位置和孔径大小，使主光线通过光阑中心小孔，达到滤除光路中产生的寄生杂散光的目的。

（5）调节组合工作台 II 上的测微螺杆并启动压电陶瓷 PZT 工作电源，使反射镜产生轴向位移，在计算机上看到条纹平移。

（6）对干涉条纹做自动扫描进行自动计数，观察数据；选择手动扫描，将电压值逐步升高（初始值为 50V），观察干涉条纹移动数目，每显示移动 0.5 个（或 1 个）条纹时，记录当时的电压值，并绘制"驱动电压-条纹移动数"曲线。

（7）打开 Wave 软件，在菜单里选择"设置→系统设置"，将 PZT 扫描电压的终止值设置为 1 个条纹移动时的电压值。在菜单"工具→用户孔径设定"中，选择干涉条纹质量较好的区域（形状、位置以及大小）。在主界面下点击"采集"按钮，再在弹出的子窗口中确认，可得到波前分析图，将测试结果数据填入表 1-3 中。

表 1-3　面形的三维干涉测量数据表

| 序号 | PV | RMS | 等高图（凹或凸） |
|---|---|---|---|
| 1 | | | |
| 2 | | | |
| 3 | | | |
| 4 | | | |

## 1.12.5 思考题

（1）试分析决定数字干涉仪测量准确性的因素和提高测量准确性的主要方法。

（2）测量表面三维形貌还有哪些方法？试简述其测量原理。

# 1.13　基于夫琅禾费衍射的狭缝宽度测量实验

## 1.13.1　实验目的

（1）观察单缝夫琅禾费衍射现象，加深对夫琅禾费衍射理论的理解；

（2）掌握利用夫琅禾费衍射测量狭缝宽度的方法。

## 1.13.2　实验原理

光的衍射是指光波在传播过程中遇到障碍物时，所发生的偏离直线传播的现象。光的衍射，也可以称为光的绕射，即光可绕过障碍物，传播到障碍物的几何阴影区域中，并在障碍物后的观察屏上呈现出光强的不均匀分布。通常将观察屏上的不均匀光强分布称为衍射图样。

让一个足够亮的点光源发出的光透过一个圆孔照射到屏幕上，逐渐改变圆孔的大小，就会发现：当圆孔足够大时，在屏幕上看到一个均匀光斑，光斑的大小就是圆孔的几何投影；随着圆孔逐渐减小，起初光斑也相应地变小，而后光斑开始模糊，并且在圆斑外面产生若干围绕圆斑的同心圆环，当使用单色光源时，这是一组明暗相间的同心环带，当使用白色光源时，这是一组色彩相间的彩色环带；此后再使圆孔变小，光斑及圆环不但不跟着变小，反而会增大起来。这就是光的衍射现象。

光的衍射现象是光的波动性的重要表现。利用惠更斯-菲涅耳原理可以解释衍射现象：在任意给定的时刻，任一波面上的点都起着次波波源的作用，它们各自发出球面次波，障碍物以外任意点上的光强分布，即是没有被阻挡的各个次波源发出的次波在该点相干叠加的结果[1]。

根据光源和衍射屏到衍射物的距离不同，衍射可分为两种：一种是菲涅耳衍射，光源和衍射屏到衍射物的距离比较小，又称为近场衍射；另一种是夫琅禾费衍射，光源和衍射屏到衍射物的距离无限远，又称为远场衍射。要实现夫琅禾费衍射，必须保证光源到衍射物的距离和衍射物到衍射屏的距离均为无限远，这就要求入射光和衍射光均为平行光。通常采用的夫琅禾费衍射装置如图 1-44 所示。

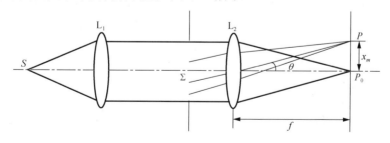

图 1-44　夫琅禾费衍射装置

单色点光源 $S$ 放置在透镜 $L_1$ 的前焦面上，所产生的平行光垂直入射到开孔 $\Sigma$，由于开孔的衍射，在透镜 $L_2$ 的后焦面上可以观察到开孔 $\Sigma$ 的夫琅禾费衍射图样。若开孔 $\Sigma$ 为单（狭）缝，则 $P$ 点的光强为

$$I = I_0 \frac{\sin^2 \beta}{\beta^2} \tag{1-70}$$

式中，$\beta = \dfrac{\pi a}{\lambda} \sin \theta$，$a$ 为狭缝的宽度，$\lambda$ 为单色光的波长，$\theta$ 为衍射角；$I_0$ 是 $\theta = 0°$ 时的光强，即光轴上光的强度。

当 $\beta = 0$ 时，对应于 $\theta = 0°$ 的衍射位置，是光强中央主极大值（亮条纹）；当 $\beta = m\pi$ 时，对应于满足 $\sin \theta = m\dfrac{\lambda}{a}$（$m = \pm 1, \pm 2, \pm 3, \cdots$）的衍射角方向为光强极小值（暗条纹）。除主极大之外，两相邻暗条纹之间都有一个次极大，出现这些次极大的位置在 $\beta = \pm 1.43\pi, \pm 2.46\pi, \pm 3.47\pi, \cdots$。这些次极大的相对光强 $I/I_0$ 依次为 $0.047, 0.017, 0.008, \cdots$，如图 1-45 所示。

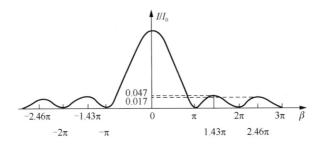

图 1-45　夫琅禾费单缝衍射光强分布图

本实验中采用氦氖激光器作为光源，由于激光的方向性好，能量集中，且狭缝宽度 $a$ 很小，因此可以不采用透镜 $L_1$；观察屏距狭缝也比较远，即 $D \gg a$，因此可以不采用透镜 $L_2$。由远场条件可知，$\theta$ 数值不大，因此

$$\sin \theta \approx \tan \theta = \frac{x_m}{D} \tag{1-71}$$

式中，$x_m$ 为第 $m$ 级暗条纹中心到中央零级条纹中心的距离；$D$ 为观察屏到单缝平面的距离。

设 $e = \dfrac{x_m}{m}$，$e$ 为衍射条纹的间隔，则

$$a = \frac{Dm\lambda}{x_m} = \frac{D\lambda}{e} \tag{1-72}$$

已知 $\lambda, D$（$D = f$），测定两个暗条纹的间隔 $e$，就可计算出 $a$ 的精确尺寸。

### 1.13.3　实验器材

氦氖激光器、衰减器、定向孔、反射镜、分光棱镜、狭缝系列、成像透镜、CMOS 相机、光学平台、支架、计算机等。

### 1.13.4　实验内容

（1）按照图 1-46 所示结构，搭建实验光路。

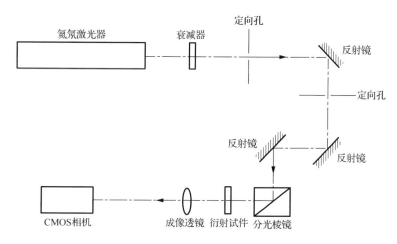

图 1-46  夫琅禾费衍射实验光路图

（2）开机，氦氖激光器迅速起辉，待光强稳定，打开驱动电源开关，检查 CMOS 相机上电信号灯亮否。

（3）调整光路，直至图像采集软件上可以看到清晰的衍射图样。

（4）分别记录一级、二级、三级衍射条纹间距，计算狭缝宽度，填入表 1-4 中。

（5）更换不同狭缝，重复实验内容（4），将测量和计算结果填入表 1-4 中（其中 $D=180\text{mm}$，$\lambda=632.8\text{nm}$）。

表 1-4    狭缝宽度测量实验数据表

| 测量次数 | $m$（衍射级数） | $x_m$（条纹间距） | $a$（狭缝宽度） | $\bar{a}$（平均值） |
|---|---|---|---|---|
| 1 |  |  |  |  |
|  |  |  |  |  |
|  |  |  |  |  |
| 2 |  |  |  |  |
|  |  |  |  |  |
|  |  |  |  |  |
| 3 |  |  |  |  |
|  |  |  |  |  |
|  |  |  |  |  |

## 1.13.5  思考题

（1）如果采用白光作为光源进行夫琅禾费单缝衍射实验，会观察到怎样的衍射图样？为什么？

（2）如果用线阵 CCD 代替 CMOS 相机，能否实现狭缝宽度的测量？简述理由。

# 1.14　圆孔直径的衍射测量实验

## 1.14.1　实验目的

（1）理解夫琅禾费圆孔衍射的基本规律；

（2）掌握利用夫琅禾费衍射测量圆孔尺寸的方法。

## 1.14.2　实验原理

由于光学仪器的光瞳通常是圆形的，所以讨论圆孔衍射现象对光学仪器的应用，具有重要的实际意义。

对于图 1-44 所示的夫琅禾费衍射装置图，若衍射孔是圆孔，其远场的夫琅禾费衍射像是中心为一圆形亮斑，外面绕着明暗相间的环形条纹。$P$ 点的光强为

$$I(\rho,\varphi) = (\pi a^2)^2 \left|C\right|^2 \left[\frac{2J_1(ka\theta)}{ka\theta}\right]^2 = I_0 \left[\frac{2J_1(\Phi)}{\Phi}\right]^2 \qquad （1-73）$$

式中，$\rho$、$\varphi$ 为观察屏上任意一点 $P$ 的位置坐标（极坐标）；$I_0 = S^2(A/\lambda f)^2$ 是光轴上 $P_0$ 点的光强，$A$ 为常数，$S = \pi a^2$ 是圆孔的面积；$\Phi = ka\theta$ 是圆孔边缘与中心点在同一 $\theta$ 方向上光线间的相位差，$k$ 为波矢且 $k = 2\pi/\lambda$，$a$ 为圆孔半径。由此可见，夫琅禾费圆孔衍射的光强分布仅与衍射角 $\theta$ 有关，而与方位角 $\varphi$ 坐标无关。

由贝塞尔函数的级数定义，可将公式（1-73）表示为

$$\frac{I}{I_0} = \left[\frac{2J_1(\Phi)}{\Phi}\right]^2 = \left[1 - \frac{\Phi^2}{2!2^2} + \frac{\Phi^4}{2!3\,!2^4} - \cdots\right]^2 \qquad （1-74）$$

当 $\Phi=0$ 时，对应光轴上的 $P_0$ 点，有 $I = I_0$，它是衍射光强的主极大值。当 $\Phi$ 满足 $J_1(\Phi)=0$ 时，$I = 0$，这些 $\Phi$ 值决定了衍射暗环的位置。在相邻两个暗环之间存在一个衍射次极大值，其位置由满足下式的 $\Phi$ 值决定：

$$\frac{\mathrm{d}}{\mathrm{d}\Phi}\left[\frac{J_1(\Phi)}{\Phi}\right] = -\frac{J_2(\Phi)}{\Phi} = 0 \qquad （1-75）$$

这些次极大值位置即为衍射亮环的位置。表 1-5 中列出了中央的几个亮环和暗环的 $\Phi$ 值及相对光强的大小。

表 1-5　圆孔衍射的光强分布

| 条纹序数 | $\Phi$ | $\left[2J_1(\Phi)/\Phi\right]^2$ | 光能分布 |
|---|---|---|---|
| 中央亮纹 | 0 | 1 | 83.78% |
| 第一暗纹 | $1.220\pi$ | 0 | 0 |
| 第一亮纹 | $1.635\pi$ | 0.0175 | 7.22% |
| 第二暗纹 | $2.233\pi$ | 0 | 0 |
| 第二亮纹 | $2.679\pi$ | 0.00415 | 2.77% |
| 第三暗纹 | $3.238\pi$ | 0 | 0 |
| 第三亮纹 | $3.699\pi$ | 0.0016 | 1.46% |

可以看出，衍射图样中两相邻暗环的间距不相等，距离中心越远，间距越小[1]。中心亮斑集中了入射在圆孔上能量的 83.78%，这个亮斑被称为艾里斑。艾里斑的直径 $d$ 由第一光强极小值处的 $\Phi$ 值决定，即

$$\Phi = \frac{kad}{2f} = 1.22\pi \tag{1-76}$$

因此

$$d = 1.22\frac{\lambda f}{a} \tag{1-77}$$

可见，当已知 $f, \lambda$ 时，测定 $d$ 就可以求取 $a$ 值，即微孔的尺寸。

### 1.14.3　实验器材

氦氖激光器、衰减器、定向孔、反射镜、分光棱镜、微孔系列、成像透镜、CMOS 相机、光学平台、支架、计算机等。

### 1.14.4　实验内容

（1）按照图 1-46 所示结构，搭建实验光路。

（2）开机，氦氖激光器迅速起辉，待光强稳定，打开驱动电源开关，检查 CMOS 相机上电信号灯亮否。

（3）切换衍射试件为微孔系列，调整光路，直至图像采集软件上可以看到清晰的衍射图样。

（4）记录艾里斑直径大小，并计算圆孔直径，填入表 1-6 中。（其中，$f = 180\text{mm}$，$\lambda = 632.8\text{nm}$）

表 1-6　圆孔直径测量实验数据表

| | $d$（艾里斑直径） | $2a$（圆孔直径） |
|---|---|---|
| 试件 1 | | |
| 试件 2 | | |
| 试件 3 | | |

### 1.14.5　思考题

（1）当圆孔直径增大时，衍射图样如何变化？当入射光波长改变时，衍射图案如何变化？

（2）将实验光路中的氦氖激光器改为普通的单色光源，能否测出圆孔直径？试解释原因。

# 1.15　基于巴比涅原理的细丝直径测量实验

## 1.15.1　实验目的

（1）理解巴比涅原理；
（2）掌握利用夫琅禾费衍射测量细丝直径的方法。

### 1.15.2　实验原理

若两个衍射屏 $\Sigma_1$ 和 $\Sigma_2$ 中，一个屏的开孔部分正好与另一个屏的不透明部分对应，反之亦然，这样一对衍射屏称为互补屏，如图 1-47 所示。设 $\tilde{E}_1(P)$ 和 $\tilde{E}_2(P)$ 分别表示 $\Sigma_1$ 和 $\Sigma_2$ 单独放在光源和观察屏之间时，观察屏上 $P$ 点的光场复振幅，$\tilde{E}_0(P)$ 表示无衍射屏时 $P$ 点的光场复振幅。根据惠更斯-菲涅耳原理，$\tilde{E}_1(P)$ 和 $\tilde{E}_2(P)$ 可表示成对 $\Sigma_1$ 和 $\Sigma_2$ 开孔部分的积分。而两个屏的开孔部分加起来就相当于屏不存在，因此

$$\tilde{E}_0(P) = \tilde{E}_1(P) + \tilde{E}_2(P) \tag{1-78}$$

该式说明，两个互补屏在衍射场中某点单独产生的光场复振幅之和等于无衍射屏、光波自由传播时在该点产生的光场复振幅。这就是巴比涅原理。因为光波自由传播时，光场复振幅容易计算，所以利用巴比涅原理可以方便地由一种衍射屏的衍射光场，求出其互补衍射屏产生的衍射光场。

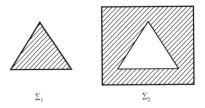

$\Sigma_1$　　　　　　　$\Sigma_2$

图 1-47　互补衍射屏

由巴比涅原理可得到如下两个结论：第一，若 $\tilde{E}_1(P) = 0$，则 $\tilde{E}_2(P) = \tilde{E}_0(P)$。因此，放置一个屏时，相应于光场为零的那些点，在换上它的互补屏时，光场与没有屏时一样。第二，若 $\tilde{E}_0(P) = 0$，则 $\tilde{E}_1(P) = -\tilde{E}_2(P)$。这就意味着在 $\tilde{E}_0(P) = 0$ 的那些点，$\tilde{E}_1(P)$ 和 $\tilde{E}_2(P)$ 的相位差为 $\pi$，而光强度 $I_1(P) = \left|\tilde{E}_1(P)\right|^2$ 和 $I_2(P) = \left|\tilde{E}_2(P)\right|^2$ 相等。这就是说在光场为零的那些点，互补屏产生完全相同的光强分布[1]。

利用巴比涅原理，很容易用衍射的方法测量细丝的直径。由氦氖激光器发出的激光束照射在细丝上，其衍射图样与狭缝一样，且满足

$$d = \frac{\lambda D m}{x_m} = \frac{\lambda D}{e} \tag{1-79}$$

式中，$d$ 为细丝直径；$x_m$ 为第 $m$ 级暗条纹中心到中央零级条纹中心的距离；$D$ 为观察屏到成像透镜的距离；$e$ 为衍射条纹的间隔。当已知 $\lambda$，$D$（$D = f$）时，测定两个暗条纹的间隔 $e$，就可计算出 $d$ 的精确尺寸了。

### 1.15.3　实验器材

氦氖激光器、衰减器、定向孔、反射镜、分光棱镜、细丝、成像透镜、CMOS 相机、光学平台、支架、计算机等。

### 1.15.4　实验内容

（1）按照图 1-46 所示结构，搭建实验光路。

（2）开机，氦氖激光器迅速起辉，待光强稳定，打开驱动电源开关，检查 CMOS 相

机上电信号灯亮否。

（3）切换衍射试件为细丝，调整光路，直至图像采集软件上可以看到清晰的衍射图样。

（4）记录对应一级、二级、三级衍射条纹分布尺寸，并计算细丝直径，填入表 1-7 中。

表 1-7　细丝直径测量实验数据表

| $m$（衍射级数） | $x_m$（条纹间距） | $d$（细丝直径） | $\bar{d}$（平均值） |
|---|---|---|---|
| 一 | | | |
| 二 | | | |
| 三 | | | |

## 1.15.5　思考题

（1）细丝衍射图样和狭缝衍射图样有什么异同？

（2）巴比涅原理还可以用在光学测量的哪些方面？

# 1.16　光　栅　衍　射

## 1.16.1　实验目的

（1）了解衍射光栅的分光性能；

（2）掌握利用光栅衍射测量光栅常数和波长的方法。

## 1.16.2　实验原理

光栅是一种重要的分光元件，是由大量等宽、等间距的狭缝构成的。光栅根据其工作方式可分为两类：一类是应用透射光工作的，称为透射光栅；另一类是应用反射光工作的，称为反射光栅。

一般常用的透射光栅是在一块平面明净的玻璃上刻有大量的等宽、等间距的平行凹槽刻痕而制成的。精制而昂贵的光栅，在 1cm 宽度内，刻痕可以达到几千条甚至上万条，所以制作一个优质光栅是很不容易的。透射光栅上每条刻痕处，入射光向各个方向散射，光不易透过，成为光栅上不透光的部分，两条相邻的刻痕之间的玻璃面是可以透光的部分，相当于一个狭缝，如图 1-48（a）所示。这种光栅只对入射光波的振幅或光强进行调制，即改变了入射光波的振幅透射率分布，所以把这类光栅称为透射式振幅光栅。

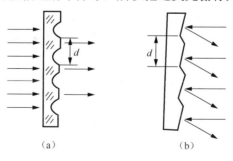

（a）　　　　　　　　　　　（b）

图 1-48　光栅

一般常用的反射光栅是将金刚石刀磨成特定形状，使光栅表面的刻槽变成锯齿形或三角形。整个光栅面都具有相同的反射率，因此，可以忽略光栅对入射光波振幅的调制。但由于光程的规则变化对相位产生了调制，所以，把这类光栅称为反射式相位光栅，如图 1-48（b）所示。

本实验采用透射光栅，光栅衍射实验装置如图 1-49 所示。设光栅的总缝数为 $N$，透光的狭缝宽度是 $a$，不透光的刻痕宽度为 $b$，则 $a+b=d$ 称为光栅常数，它反映光栅的空间周期性。点光源 $S$ 通过透镜 $L_1$ 变成单色平行光，照射到光栅 $G$ 上，平行衍射光经透镜 $L_2$ 会聚在焦平面处的观察屏 $E$ 上，形成衍射图样。

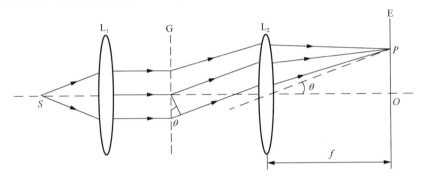

图 1-49　光栅衍射实验装置示意图

当一单色平行光垂直入射到透射光栅上时，光栅上的每条狭缝在透镜焦平面上都要产生各自的一组夫琅禾费单缝衍射图样。由于方向相同的衍射光线通过透镜会聚到焦平面上的同一点，所以不同狭缝产生的衍射图样是完全重叠的。又因为每条狭缝发出的衍射光都是相干光，因此，不同狭缝产生的衍射图样在重叠时还会产生干涉。由此可见，光栅的衍射图样是在夫琅禾费单缝衍射的基础上，各条狭缝的衍射光又相互干涉而形成的。

从图 1-49 可以看出，相邻两狭缝发出的衍射角为 $\theta$ 方向的衍射光到达 $P$ 点的光程差为 $d\sin\theta$。如果相邻两狭缝发出的衍射角为 $\theta$ 方向的衍射光到达 $P$ 点的相位是同相的，那么其他狭缝发出的衍射角为 $\theta$ 方向的衍射光到达 $P$ 点的相位也是同相的。由此可得，当 $\theta$ 满足

$$d\sin\theta = k\lambda \quad （k = 0, \pm 1, \pm 2, \cdots） \quad\quad (1-80)$$

时，所有狭缝发出的衍射光到达 $P$ 点时都将是同相的，它们在 $P$ 点处将发生相长干涉而形成明条纹。当衍射角 $\theta = 0°$ 时，$O$ 点为中央零级明条纹。在 $P$ 点处的合振幅应是来自一条狭缝的光振幅的 $N$ 倍，所以在 $P$ 点处的光强应是来自一条狭缝的光强的 $N^2$ 倍，因此，光栅衍射的条纹亮度很高。与这些明条纹对应的光强极大值称为主极大，又称为光谱线。决定主极大位置的公式（1-80）被称为光栅方程，该公式只适用于光波垂直入射光栅的情况。

对于更一般的斜入射情况，光栅方程的普遍表示为

$$d(\sin\varphi \pm \sin\theta) = k\lambda \quad （k = 0, \pm 1, \pm 2, \cdots） \quad\quad (1-81)$$

式中，$\varphi$ 为入射光与光栅平面法线的夹角。

当相邻两狭缝衍射光之间的光程差满足

$$d \sin \theta = k' \frac{\lambda}{N} \quad (k' = \pm 1, \pm 2, \cdots, \pm (N-1), \pm (N+1), \cdots) \tag{1-82}$$

时，$P$ 点处为暗条纹，但 $k' \neq kN$，因为此时是主极大的情况。由此可见，在两个相邻的主极大之间有 $N-1$ 个暗条纹，又称为极小值。

当入射光为复色光时，由光栅方程可知，对给定光栅常数 $d$ 的光栅，只有在 $k = 0$ 时，即在 $\theta = 0°$ 的方向该复色光所包含的各个波长的中央主极大都重合，在透镜焦平面上形成明亮的中央零级亮线。对于 $k$ 的其他值，各个波长的主极大都不重合，不同波长的亮线出现在衍射角不同的方位，由此形成的光谱称为光栅光谱。级数 $k$ 相同的各种波长的亮线在零级亮线的两侧按短波到长波的次序对称排列形成光谱，$k = 1$ 为一级光谱，$k = 2$ 为二级光谱……各种波长的亮线称为光谱线，图 1-50 为低压汞灯的多级衍射光谱。如果已知光栅常数 $d$ 和级数 $k$，通过测定光谱线的衍射角就可以确定光波的波长。反之，也可以由已知的波长确定光栅常数。

图 1-50　低压汞灯的多级衍射光谱

## 1.16.3　实验器材

汞灯、分光计、透射光栅、平行光管、望远镜等。

## 1.16.4　实验内容

（1）调节好分光计，使望远镜对无穷远聚焦，平行光管发射平行光，望远镜和平行光管光轴与分光计转轴垂直。

（2）将光栅放置在载物台上，转动载物台并调节旋钮使绿色亮十字像与分划板上方的十字叉丝重合，保证光栅平面垂直于入射平行光，光栅狭缝平行于旋转主轴。

（3）转动望远镜，使叉丝竖线对准 $k = +1$ 级绿光谱线，记录其左右游标读数 $\varphi_1$ 和 $\varphi_1'$，再对准 $k = -1$ 级绿光谱线，记录其左右游标读数 $\varphi_{-1}$ 和 $\varphi_{-1}'$，并计算衍射角。

（4）多次测量后，取衍射角的平均值，计算光栅常数 $d$。

（5）转动望远镜，使叉丝竖线依次对准 $k = \pm 1$ 级蓝紫光谱线，记录对应的左右游标读数，并计算衍射角。

（6）多次测量后，取衍射角的平均值，根据前面测得的光栅常数 $d$，计算蓝紫色光谱线波长。

## 1.16.5　思考题

（1）如果调整光路时，未做到入射光垂直于光栅平面，会对实验结果产生怎样的影响？

（2）光栅和棱镜都具有分光作用，它们产生的光谱有什么区别？

# 参 考 文 献

[1] 石顺祥，张海兴，刘劲松. 物理光学与应用光学[M]. 西安：西安电子科技大学出版社，2002.

[2] 郁道银，谈恒英. 工程光学[M]. 3 版. 北京：机械工业出版社，2011.

[3] 裴世鑫，崔芬萍. 光电信息科学与技术实验[M]. 北京：清华大学出版社，2015.

# 第 2 章  光电子技术综合实验

## 2.1  光耦合器特性参数测量

### 2.1.1  实验目的

（1）了解光耦合器的工作原理及相关特性；

（2）掌握光耦合器特性参数的测量方法。

### 2.1.2  实验原理

光耦合器是光通信技术中一类非常重要的光无源器件，它能使传输中的光信号在特殊结构的耦合区发生耦合并进行再分配。光耦合器的耦合机理是基于光纤的消逝场耦合的模式理论。多模与单模光纤均可做成耦合器，通常有两种结构型式，一种是拼接式，另一种是熔融拉锥式。拼接式结构是将光纤埋入玻璃块中的弧形槽中，在光纤侧面进行研磨抛光，然后将经研磨的两根光纤拼接在一起，靠透过纤芯包层界面的消逝场产生耦合。熔融拉锥式结构是将两根或两根以上除去涂覆层的光纤以一定的方式靠拢，在高温加热下熔融，同时向两侧拉伸，最终形成双锥形耦合区。

光耦合器除了具有一般光无源器件特性参数外，还有一些具有自己特定含义的参数。

1. 插入损耗

插入损耗（insertion loss）$\text{IL}_i$（dB）是指以分贝表示的第 $i$ 个输出端口的光功率 $P_{\text{OUT}i}$ 相对全部输入光功率 $P_{\text{IN}}$ 的减少值：

$$\text{IL}_i = -10\lg\frac{P_{\text{OUT}i}}{P_{\text{IN}}} \tag{2-1}$$

2. 附加损耗

附加损耗（excess loss）$\text{EL}$（dB）是指所有输出端口的光功率总和相对于全部输入光功率以分贝表示的减小值：

$$\text{EL} = -10\lg\frac{\sum P_{\text{OUT}i}}{P_{\text{IN}}} \tag{2-2}$$

附加损耗反映的是器件制作过程带来的固有损耗，而插入损耗则表示的是各个输出端口的输出功率状况，不仅考虑了固有损耗，还考虑了分光比的影响。因此，插入损耗的差异并不能反映器件制作质量的优劣，这是与其他无源器件不同的地方。

### 3. 分光比

分光比（coupling ratio）CR 是指耦合器各输出端口的输出功率的比值，常用相对输出总功率的百分比来表示：

$$CR = \frac{P_{OUTi}}{\sum P_{OUTi}} \times 100\% \tag{2-3}$$

例如，对于标准 X 形耦合器，1∶1 或 50∶50 代表了同样的分光比，即输出为均分的器件。

### 4. 方向性

方向性（directivity）DL（dB）是光耦合器所特有的衡量器件定向传输特性的参数。以标准 X 形耦合器为例，方向性定义为在耦合器正常工作时，输入侧非注入光端的输出光功率与全部注入光功率的比值：

$$DL = -10\lg\frac{P_{IN2}}{P_{IN1}} \tag{2-4}$$

式中，$P_{IN1}$ 为注入光功率；$P_{IN2}$ 为输入侧非注入光端的输出光功率。

### 5. 均匀性

均匀性（uniformity）FL（dB）是用来衡量均分器件的"不均匀程度"的参数。定义为在器件的工作带宽范围内，各输出端口输出光功率的最大变化量：

$$FL = -10\lg\frac{\min(P_{OUTi})}{\max(P_{OUTi})} \tag{2-5}$$

### 6. 偏振相关损耗

偏振相关损耗（polarization dependent loss）PDL（dB）是衡量器件性能对于传输光信号的偏振态的敏感程度的参量，俗称偏振灵敏度。它是指当传输光信号的偏振态发生360°变化时，器件各输出端口输出光功率的最大变化量：

$$PDL_i = -10\lg\frac{\min(P_{OUTi})}{\max(P_{OUTi})} \tag{2-6}$$

在实际应用中，光信号偏振态的变化是经常发生的，因此，往往要求器件有足够小的偏振相关损耗，否则将直接影响器件的使用效果。

### 7. 隔离度

隔离度（isolation）$I$（dB）是指光纤耦合器件的某一光路对其他光路中的光信号的隔离能力。隔离度高，也就意味着线路之间的串扰（crosstalk）小。对光纤耦合器来说，隔离度更有意义的是用于反映光纤波分复用（wavelength division multiplexing，WDM）技术器件对不同波长信号的分离能力。其数学表达式是

$$I = -10\lg\frac{P_t}{P_{in}} \tag{2-7}$$

式中，$P_t$ 是某一光路输出端测到的其他光路信号的功率值；$P_{in}$ 是被检测光信号的输入功率值[1]。

## 2.1.3　实验器材

1550nm 半导体激光器、待测光耦合器、光纤连接线、光纤光电子综合实验仪等。

## 2.1.4　实验内容

（1）将 1550nm 半导体激光器输入连接至主机 LD1 端口，输出连接至主机 OPM 端口，检查无误后打开电源。

（2）设置 OPM 工作模式为 OPM/mW，量程（RATIO）切换至 1mW，设置 LD1 工作模式（MOD）为恒流驱动（ACC），1550nm 激光器为恒定电流工作模式，调节驱动电流（Ic）至输出功率为 0.1mW 附近，记录光功率值 $P_{IN}$。

（3）连接 1550nm 激光器输出至待测光耦合器输入端（PORT1），将待测光耦合器输出端 PORT3 连接至 OPM 输入，记录该端口输出光功率 $P_{OUT1}$，计算光耦合器插入损耗 $IL_1$。

（4）绕轴向缓慢旋转待测光耦合器输入端光纤，记录该端口输出光功率 $P_{OUT1}$ 的最小值 $\min(P_{OUT1})$ 和最大值 $\max(P_{OUT1})$，计算光耦合器偏振依赖损耗 $PDL_1$。

（5）将待测光耦合器输出端 PORT4 连接至 OPM 输入，记录该端口输出光功率 $P_{OUT2}$，计算光耦合器插入损耗 $IL_2$。

（6）绕轴向缓慢旋转待测光耦合器输入端光纤，记录该端口输出光功率 $P_{OUT2}$ 的最小值 $\min(P_{OUT2})$ 和最大值 $\max(P_{OUT2})$，计算光耦合器偏振依赖损耗 $PDL_2$。

（7）计算光耦合器分光比 CR 和附加损耗 EL。

（8）将待测光耦合器输入端 PORT2 连接至 OPM 输入。待测光耦合器输出端 PORT3 和 PORT4 分别连接一根光跳线，每根光跳线均在手指上绕 5 圈，使得 PORT3 和 PORT4 的输出光功率在两跳线中极大衰耗，最终减小其反射光对方向性测量的影响，记录该端口反向输出光功率 $P_{IN2}$，计算光耦合器方向性 DL。

## 2.1.5　思考题

（1）光耦合器有哪些方面的应用？

（2）如何借助于标准 3dB 耦合器测量待测光耦合器输入端 PORT1 的回波损耗？请画出测试光路，并写出测试步骤和数据处理方法。

# 2.2　光开关特性参数测量

## 2.2.1　实验目的

（1）了解光开关的工作原理及相关特性；

（2）掌握光开关特性参数的测量方法。

## 2.2.2　实验原理

光开关是一种具有一个或多个可选择的传输端口，可对光传输线路或集成光路中的光信号进行相互转换或逻辑操作的器件。光开关可用于光纤通信系统、光纤网络系统、光纤测量系统或仪器以及光纤传感系统，起到开关切换作用。

光开关的光学特性参数主要有插入损耗、回波损耗、隔离度、远端串扰、近端串扰、消光比、开关时间等。

### 1. 插入损耗

插入损耗是指输入和输出端口之间以分贝表示的光功率的减少：

$$IL = -10\lg \frac{P_{OUT}}{P_0} \tag{2-8}$$

式中，$P_0$ 为进入输入端光功率；$P_{OUT}$ 为输出端光功率。插入损耗与开关的状态有关。

### 2. 回波损耗

回波损耗（也称为反射损耗或反射率）是指从输入端返回的光功率与输入光功率的比值，以分贝表示：

$$RL = -10\lg \frac{P_r}{P_0} \tag{2-9}$$

式中，$P_0$ 是进入输入端的光功率；$P_r$ 是在输入端口接收到的返回光功率。回波损耗也与开关的状态有关。

### 3. 隔离度

隔离度是指两个相隔输出端口以分贝表示的光功率的比值：

$$I_{n,m} = -10\lg \frac{P_{in}}{P_{im}} \tag{2-10}$$

式中，$n$、$m$ 是开关的两个隔离端口（$n \neq m$）；$P_{in}$ 是光从 $i$ 端口输入时 $n$ 端口的输出光功率；$P_{im}$ 是光从 $i$ 端口输入时在 $m$ 端口测得的光功率。

### 4. 远端串扰

远端串扰是指光开关接通端口的输出光功率与串入另一端口的输出光功率的比值。对于 1×2 光开关，当第一输出端口接通时，远端串扰（dB）定义为

$$FC_{12} = -10\lg \frac{P_2}{P_1} \tag{2-11}$$

式中，$P_1$ 是从端口 1 输出的光功率；$P_2$ 是从端口 2 输出的光功率。

### 5. 近端串扰

近端串扰是指当其他端口接终端匹配时，连接的端口与另一个名义上是隔离的端口的光功率之比。对于 1×2 光开关，当端口 1 与匹配终端相连接时，近端串扰（dB）定义为

$$NC_{12} = -10\lg \frac{P_2}{P_1} \tag{2-12}$$

式中，$P_1$ 是输入到端口 1 的光功率；$P_2$ 是端口 2 接收到的光功率。

6. 消光比

消光比是两个端口处于导通和非导通状态的插入损耗之差：

$$ER_{nm} = IL_{nm} - IL_{nm}^0 \tag{2-13}$$

式中，$IL_{nm}$ 为 $n$、$m$ 端口导通时的插入损耗；$IL_{nm}^0$ 为非导通状态的插入损耗。

7. 开关时间

开关端口从某一初始态转为通或断所需的时间，开关时间从在开关上施加或撤去转换能量的时刻起测量。

## 2.2.3　实验器材

1550nm 半导体激光器、光开关、单模光纤耦合器、InGaAs PIN 光电二极管、光纤连接线、示波器、光纤光电子综合实验仪等。

## 2.2.4　实验内容

（1）将 1550nm 半导体激光器输入连接至主机 LD1 端口，输出连接至主机 OPM 端口，检查无误后打开电源。

（2）设置 OPM 工作模式为 OPM/mW，量程（RATIO）切换至 1mW，设置 LD1 工作模式（MOD）为恒流驱动（ACC），1550nm 激光器为恒定电流工作模式，调节驱动电流（Ic）至输出功率为 0.1mW 附近，记录光功率值 $P_0$。

（3）连接 1550nm 激光器输出至待测光开关输入端（PORT1），将光开关控制信号端（SIG）连接至主机低压电源 LV+ 和 GND，将输出电压调节至 6V。

（4）连接光开关输出端口（POTRT2）至主机 OPM 端口，记录光功率数值 $P_{11}$，连接光开关输出端口（POTRT3）至主机 OPM 端口，记录光功率数值 $P_{12}$。

（5）光开关控制信号反相，连接光开关输出端口（POTRT2）至主机 OPM 端口，记录光功率数值 $P_{21}$，连接光开关输出端口（POTRT3）至主机 OPM 端口，记录光功率数值 $P_{22}$。

（6）求光开关插入损耗 $IL_1$、$IL_2$ 和光开关隔离度。

（7）开关时间测量：

①将光开关控制信号端连接至主机上函数信号发生器 SIG 输出端，置函数信号发生器 SIG 为方波输出（SQU），输出频率调至 5Hz 左右，输出电压幅度调至 6V。此信号经三通连接至示波器 CH1，置示波器与 CH1 同步。

②连接光开关输出端口（PORT2）至 InGaAs PIN 光电二极管，PIN 管输出连接至 COD.IN 端口，COD.OUT 信号连接至示波器 CH2。ESAMOD 置于 ARX 模式，RATIO1 置于 1mA 挡。

③测量光开关的导通时间和关断时间。

（8）如图 2-1 所示，将光耦合器接入光路中，1550nm 半导体激光器输出端接光耦合器输入端口（PORT1），光耦合器输入端口（PORT3）至光开关输入端（PORT1），连接光耦合器 PORT2 端口至主机 OPM 端口，记录光功率值 $P_r$，计入光纤分路器分光比，求回波损耗 RL 。

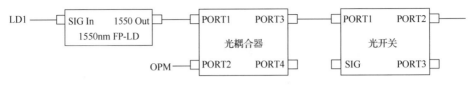

图 2-1　实验装置示意图

## 2.2.5　思考题

（1）光开关有哪些方面的应用？
（2）热光开关和电光开关在结构上有何异同？

# 2.3　电 光 调 制

## 2.3.1　实验目的

（1）了解电光调制的原理和方法；
（2）掌握电光晶体性能参数的概念及测量方法。

## 2.3.2　实验原理

由外加电场引起的晶体折射率的变化称为电光效应。晶体介质的介电系数与晶体中的电荷分布有关，当晶体上施加电场之后，将引起束缚电荷的重新分布，并可能导致离子晶体的微小形变，其结果将引起介电系数的变化，最终导致晶体折射率的变化，所以折射率成为外加电场 $E$ 的函数，这时晶体折射率的变化可用施加电场 $E$ 的幂级数表示：

$$\Delta n = n - n_0 = c_1 E + c_2 E^2 + \cdots \tag{2-14}$$

式中，$c_1$ 和 $c_2$ 为常量；$n_0$ 为未加电场时的折射率。第一项称为线性电光效应或者泡克耳斯（Pockels）效应，介质折射率的变化量与外加电场强度的一次方成比例；第二项称为二次电光效应或者克尔（Kerr）效应，介质折射率的变化量与外加电场强度的二次方成比例。对于大多数电光晶体材料，一次效应要比二次效应显著，可略去二次项。只有在具有对称中心的晶体中，因不存在一次电光效应，二次电光效应才比较明显[2]。

本实验使用铌酸锂晶体作为电光介质，组成横向电光调制器。当一束线偏振光从长度为 $l$、厚度为 $d$ 的晶体中出射时，晶体折射率的差异使光波经晶体后，出射光的两振动分量产生附加的相位差 $\delta$，它是外加电场 $E$ 的函数：

$$\delta = \frac{2\pi}{\lambda} \Delta n l = \frac{2\pi}{\lambda} n_O^3 r E l = \frac{2\pi}{\lambda} n_O^3 r \frac{l}{d} U \tag{2-15}$$

式中，$\lambda$ 为入射光波的波长；$r$ 为电光系数，是与晶体结构及温度有关的参量；$n_O$ 为晶体对寻常光的折射率；$E$ 为外加电场的强度，为测量方便起见，用晶体两极面间的电压来表示电场强度，即 $U = Ed$。

当相位差 $\delta = \pi$ 时，所加电压为

$$U = U_\pi = \frac{\lambda}{2n_O^3 r} \frac{d}{l} \tag{2-16}$$

$U_\pi$ 称为半波电压，它是一个可用于表征电光调制时电压对相位差影响大小的重要物理量。由式（2-16）可以看出，半波电压 $U_\pi$ 决定于入射光的波长 $\lambda$ 以及晶体材料和它的几何尺寸。由式（2-15）和式（2-16）可以得到

$$\delta(U) = \frac{\pi U}{U_\pi} + \delta_0 \tag{2-17}$$

式中，$\delta_0$ 为 $U = 0$ 时的相位差值，它与晶体材料和切割的方式有关，对加工良好的纯净晶体而言，$\delta_0 = 0$。

分析横向电光调制器的工作原理。半导体激光器处于稳定工作状态，由激光器发出的激光经起偏器 P 后，只透射光波中平行其透振方向的振动分量。当该偏振光 $I_P$ 垂直于电光晶体的通光表面入射时，将光束分解成沿 $x$、$y$ 方向的两束线偏振光，经过晶体后其 $x$ 分量与 $y$ 分量会产生 $\delta(U)$ 的相位差。光束再经过检偏器 Q，产生光强为 $I_Q$ 的出射光。当检偏器与起偏器的光轴正交（Q⊥P）时，根据偏振原理可求得输出光强为

$$I_Q = I_P \sin^2(2\alpha) \sin^2\left[\frac{\delta(U)}{2}\right] \tag{2-18}$$

式中，$\alpha$ 为 P 与 $x$ 两光轴之间的夹角。

由式（2-18）可知，当 $\alpha = \pm 45°$ 时，$U$ 对 $I_Q$ 的调制作用最大，为

$$I_Q = I_P \sin^2\left[\frac{\delta(U)}{2}\right] \tag{2-19}$$

将式（2-17）代入式（2-19）可以得到

$$I_Q = I_P \sin^2\left[\frac{\pi U}{2U_0}\right] \tag{2-20}$$

于是可画出输出光强 $I_Q$ 与相位差 $\delta$（或外加电压 $U$）的关系曲线，即 $I_Q$ - $\delta(U)$ 或 $I_Q$ - $U$ 曲线，如图 2-2 所示。

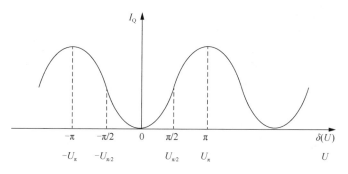

图 2-2　输出光强与相位差（或电压）的关系曲线

由此可见：

当 $\delta(U) = 2k\pi$ 或 $U = 2kU_\pi$（$k = 0, \pm1, \pm2, \cdots$）时，$I_Q = 0$；

当 $\delta(U) = (2k+1)\pi$ 或 $U = (2k+1)U_\pi$ 时，$I_Q = I_P$；

当 $\delta(U)$ 为其他值时，$I_Q$ 在 $0 \sim I_P$ 之间变化[3]。

### 2.3.3　实验器材

635nm 半导体激光器、起偏器、LiNbO$_3$ 晶体、检偏器、光电二极管 Si-PD、三维调整架、光纤光电子综合实验仪等。

### 2.3.4　实验内容

（1）按照图 2-3 所示结构放置各光学器件，并调节支架高度至各光学器件等高同轴。

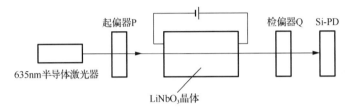

图 2-3　LiNbO$_3$ 晶体静态特性曲线测量光路图

（2）将 635nm 半导体激光器控制电缆连接至 LD1，设置 LD1 工作模式为（ACC），设置驱动电流（Ic）为 30mA。

（3）将 LiNbO$_3$ 晶体控制电压驱动端连接至高压信号源输出 HV+ 和 HV−。

（4）将 Si-PD 信号输出连接至 PD，测量时注意选择合适量程。

（5）将 LiNbO$_3$ 晶体从测试光路中移开，将起偏器偏振方向调至与水平面成 45°角，将检偏器调至与其正交。再将 LiNbO$_3$ 晶体放回测试光路，调节其空间位置和倾斜角度，使入射光束与其表面垂直。

（6）从 0V 开始设置 HV 输出电压 $U$，记录 PD 读数 $P$。

①0～400V 每隔 10V 测一个点，记录相应的电压 $U$ 和光强 $P$，测量完毕后 HV 置零。

②保持光路不变，将 HV+ 和 HV−端口处两线交换。

③0～−400V 每隔 10V 测一个点，记录相应的电压 $U$ 和光强 $P$，测量完毕后 HV 置零。

④重复上述过程两次，共测得三组数据。

（7）对各电压处的光强数据求平均，并作归一化处理，求得相对光强 $I$，作 $I$-$U$ 曲线，求该 LiNbO$_3$ 晶体半波电压。

### 2.3.5　思考题

（1）半波电压的大小与什么有关？半波电压越小越好吗？

（2）为什么实验要将测量得到的三组数据求平均后再画图求半波电压？

## 2.4　磁　光　调　制

### 2.4.1　实验目的

（1）了解法拉第效应的工作原理；

（2）掌握磁光调制器件性能参数的概念及测量方法。

## 2.4.2　实验原理

1845 年，法拉第（Faraday）在探索电磁现象和光学现象之间的联系时，发现了一种现象：当一束平面偏振光穿过介质时，如果在介质中，沿光的传播方向加上一个磁场，就会观察到光经过样品后偏振面转过一个角度，亦即磁场使介质具有了旋光性，这种现象被称为法拉第效应。

法拉第效应中偏振面转过的角度 $\theta$ 与磁光介质的性质、光程和磁场强度等因素有关，表达式为

$$\theta = VBl \tag{2-21}$$

式中，$B$ 为平行于传播方向的磁感应强度分量；$l$ 为光在介质中的传播长度；$V$ 为费尔德常数，是表征材料磁光性能的一个常量，与波长有关。对于不同的介质其偏振面的旋转方向不同，顺着磁场方向看，使偏振面向右旋的，称为右旋或正旋介质，反之，则称为左旋或负旋介质。

要特别注意天然旋光效应与磁光效应之间的区别。当线偏振光沿光轴方向通过某些天然介质时，偏振面旋转的现象称为天然旋光，简称旋光现象。旋光效应起因于某些介质对左旋和右旋圆偏振光的折射率大小不同。当光束返回通过天然旋光介质时，旋转角度与正向入射时相反，因而往返通过介质的总效果是偏转角为零。而磁光效应是在磁场作用下，本来不具有旋光效应的晶体发生的一种人为的旋光效应，其偏振面的旋转方向只取决于磁场方向，与光线的传播方向无关，因而光线以相反的两个方向两次通过磁光物质时，其振动面的偏转角度增加一倍。

磁光调制器就是根据法拉第效应制成的，其结构如图 2-4 所示。将磁光介质（铁钇石榴石 $Y_3Fe_5O_{12}$ 或三溴化铬 $CrBr_3$）置于励磁线圈中。在它的左右两边各加一个偏振器。安装时，使它们的光轴彼此垂直。没有磁场时，自然光通过起偏器 P 变为平面偏振光通过磁光介质。到达检偏器 Q 时，因振动面没有发生旋转，光的振动方向与检偏器的光轴垂直而被阻挡，检偏器无光输出。有磁场时，入射于检偏器的偏振光，因振动面发生了旋转，检偏器则有光输出。光输出的强弱与磁致的旋转角 $\theta$ 有关。这就是磁光调制器的工作原理。

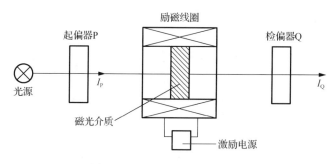

图 2-4　磁光调制器结构示意图

### 2.4.3　实验器材

635nm 半导体激光器、起偏器、电磁线圈、旋光玻璃、检偏器、光电二极管 Si-PD、支架、光纤光电子综合实验仪等。

### 2.4.4　实验内容

（1）按图 2-5 所示结构放置各光学器件，并调节支架高度至各光学器件等高同轴。

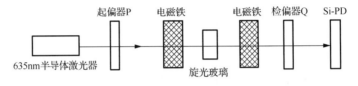

图 2-5　法拉第效应实验光路图

（2）将 635nm 半导体激光器控制电缆连接至 LD1，设置 LD1 工作模式为（ACC），设置驱动电流（Ic）为 30mA。

（3）将电磁铁线圈接线端连接至功率信号源输出 LV+ 和 GND。

（4）将 Si-PD 信号输出连接至主机 PD 端口，注意测量时选择合适的量程。

（5）将起偏器偏振方向调至与水平面平行，再将检偏器调至与其正交，记录检偏器刻度。

（6）从 0 开始设置励磁电压 $U$，0～15V 每隔 1V 测一个点，将检偏器调至输出光强极小，记录励磁电压 $U$ 和检偏器角度 $\varphi$。

（7）由励磁电压 $U$ 求磁感应强度 $B$，由 $\varphi$ 计算偏转角 $\theta$，作旋光玻璃 $\theta$-$B$ 关系曲线，求其费尔德常数 $V$（电磁铁磁感应强度与励磁电压关系为 15.2mT/V）。

### 2.4.5　思考题

（1）费尔德常数的大小对磁光调制器性能有什么影响？
（2）法拉第效应有哪些应用？

## 2.5　声 光 调 制

### 2.5.1　实验目的

（1）了解声光调制的工作原理及相关特性；
（2）掌握声光调制中测量衍射光强与超声波强度之间关系的方法；
（3）掌握声光调制中测量衍射角与频率之间关系的方法。

### 2.5.2　实验原理

声波在介质中传播时，会引起介质密度（折射率）周期性的变化，可将此声波视为一种条纹光栅，光栅的栅距等于声波的波长，当光波入射于声光栅时，即发生光的衍射，这就是声光效应。

声光器件是基于声光效应的原理来工作的，分为声光调制器和声光偏转器两类，它们的原理、结构、制造工艺相同，只是在尺寸设计上有所区别。声光器件的基本结构如图 2-6 所示，它由声光介质和换能器两部分组成。常用的声光介质有钼酸铅晶体、氧化碲晶体和熔融石英等。换能器即超声波发生器，它是利用压电晶体使电压信号变为超声波，并向声光介质中发射的一种能量变换器。

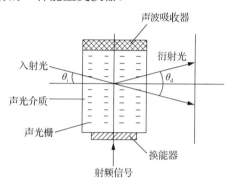

图 2-6　声光器件的基本结构示意图

当超声波频率较低，光波平行于声波面入射（即垂直于声场的传播方向），$\theta_i = 0$，声光互作用长度 $L$ 较短时，在光波通过介质的时间内，折射率的变化可以忽略不计，则声光介质可近似看作相对静止的"平面相位光栅"。声光栅所产生的衍射光图案和普通光学光栅所产生的衍射光图案类似，也是在零级条纹两侧，对称地分布着各级衍射光的条纹，而且衍射光强逐级减弱。这种衍射称为拉曼-奈斯衍射。理论分析指出，衍射光强和超声波的强度成正比例。因此，即可利用这一原理来对入射光进行调制。调制信号如果是非电信号，首先要把它变为电信号，然后作用到超声波发生器上，使声光介质产生的声光栅与调制信号相对应。这时，入射光的衍射光强正比于调制信号的强度，这就是声光调制器的原理。

当声波频率较高，声光作用长度 $L$ 较大，光束与声波波面间以一定的角度斜入射时，$\theta_i \neq 0$，光波在介质中要穿过多个声波面，故介质具有"体光栅"的性质。当入射光与声波面间夹角满足一定条件时，介质内各级衍射光会相互干涉，各高级次衍射光将相互抵消，只出现 0 级和+1 级（或-1 级）衍射光，这种衍射称为布拉格衍射。因此，若能合理选择参数，并使超声场足够强，可使入射光能量几乎全部转移到+1 级（或-1 级）衍射极值上，使得光束能量可以得到充分利用。所以，利用布拉格衍射效应制成的声光器件可以获得较高的效率。此时，光束的偏转角 $\alpha$ 等于入射角 $\theta_i$ 与衍射角 $\theta_d$ 之和，且偏转角正比于超声波的频率，故改变超声波的频率（实际是改变换能器上电信号的频率）即可改变光束的出射方向，这就是声光偏转器的原理。

## 2.5.3　实验器材

635nm 半导体激光器、准直器、声光调制器、三维调整架、示波器、CCD 摄像头、光纤光电子综合实验仪、计算机等。

### 2.5.4　实验内容

（1）按 635nm 半导体激光器、准直器、声光调制器、CCD 摄像头的顺序依次放置各光学器件，注意使声光调制器与摄像头之间有足够的距离。调节各支架高度至各光学器件等高同轴。

（2）将 635nm 半导体激光器控制电缆连接至 LD1，设置 LD1 工作模式为（ACC），设置驱动电流（Ic）为 20mA。

（3）CCD 摄像头不需要镜头。连接摄像头信号输出至视频捕捉卡输入端 AV1，接通摄像头电源，运行图像测试软件。

（4）调节声光调制器位置和角度，使得激光光束穿过声光调制器中心，并入射到摄像头 CCD 器件中心。调节图像亮度、对比度等参数至最佳状态。

（5）连接函数信号发生器输出 SIG 至声光调制器射频信号输入端，此信号经三通连接至示波器 CH1，置示波器与 CH1 同步。

（6）声光调制器 $I$-$V$ 关系曲线测量：

①设置 SIG 工作模式为正弦波（SIN），信号幅度调至最大。观察示波器，在 10MHz 到 30MHz 范围内，细调 SIG 输出频率至有最大输出幅度处。

②调节 SIG 输出信号幅度，峰峰值（Vpp）从 0V 到最大幅度每隔 1V 测一个点，记录相应的信号幅度 $V$ 和衍射光斑强度 $I$。

③作声光调制器 $I$-$V$ 关系曲线。

（7）声光调制器 $\theta$-$f$ 关系曲线测量：

①将射频信号幅度调至最大。

②使用示波器测量频率，从 15MHz 到 25MHz 每隔 0.5MHz 测一个点，记录相应的信号频率 $f$ 和两侧衍射光斑位置 $d_L$、$d_R$ 。

③由衍射光斑位置 $d_L$、$d_R$ 求衍射光斑角度，作声光调制器 $\theta$-$f$ 关系曲线。

### 2.5.5　思考题

（1）衍射光斑的位置受到哪些因素的影响？

（2）本实验中，测量声光调制器 $\theta$-$f$ 关系曲线时是利用哪种声光效应的原理来搭建测量系统的？

# 2.6　光敏电阻特性参数测量

## 2.6.1　实验目的

（1）了解光电探测器的物理效应；

（2）掌握光敏电阻的工作原理及特性参数测量方法。

## 2.6.2　实验原理

凡是能把光辐射量转换成另一种便于测量的物理量的器件，都称为光探测器。例如，生物界的眼睛就是通过光辐射对眼睛产生的生物视觉效应来得知光辐射的存在及其特性；照相胶片则是通过光辐射对胶片产生的化学效应来记录光辐射。从这个意义上来说，眼睛和胶片都称为光探测器。不过，从近代测量技术看，电量的测量不仅是最方便的，而且是最精确的。所以大部分光探测器都是把光辐射量转换成电量来实现对光辐射的测量。即使直接转换量不是电量，通常也总是把非电量（如温度、体积等）转换成电量来实现测量。因此，凡是把光辐射量转换为电量（电流或电压）的光探测器都称为光电探测器[2]。

　　光电探测器的物理效应可以分为三大类——光电效应、光热效应和波相互作用效应，并以光电效应应用最为广泛。

　　利用光电导效应（光电效应中的一种）制成的最典型的光电探测器是光敏电阻。这种器件在光照下会改变自身的电阻率，光照越强，器件自身的电阻越小。由于光敏电阻没有极性，只要把它看作电阻值随光照强度而变化的可变电阻器即可。

　　光敏电阻的主要特征参数有光电特性、光电导灵敏度、光谱响应特性、时间响应特性、伏安特性等。

### 1. 光电特性

　　光电流与照度的关系称为光电特性。光敏电阻的光电特性可表示为

$$I_\text{p} = S_\text{g} E^{\gamma} U^{\alpha} \tag{2-22}$$

式中，$I_\text{p}$ 为光电流；$E$ 为照度；$\alpha$ 为电压指数，与光电导体和电极材料之间的接触有关，欧姆接触时，$\alpha = 1$，非欧姆接触时，$\alpha = 1.1 \sim 1.2$；$S_\text{g}$ 为光电导灵敏度；$U$ 为光敏电阻两端所加的电压；$\gamma$ 为光照指数，与材料和入射光强弱有关。图 2-7 表示硫化镉光敏电阻的光电特性曲线。由图可见，硫化镉光敏电阻在弱光照下，$I_\text{p}$ 与 $E$ 具有良好的线性关系，在强光照下则为非线性关系，其他光敏电阻也有类似性质。因此，光敏电阻在强光照射时，线性特性变差。

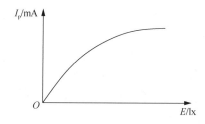

图 2-7　硫化镉光敏电阻光电特性曲线

### 2. 光电导灵敏度

　　按照灵敏度的定义（响应量与输入量之比），可以得到光敏电阻的光电导灵敏度为

$$S_\text{g} = G_\text{p} / E \tag{2-23}$$

式中，$G_\text{p}$ 为光电导值，单位为西门子（S，$\Omega^{-1}$）；$E$ 为照度，单位为勒克斯（lx）；$S_\text{g}$ 的单位为 S/lx 或 $\text{S} \cdot \text{m}^2 / \text{W}$。

　　对光敏电阻来说，电流有暗电流 $I_\text{d}$、亮电流 $I$ 和光电流 $I_\text{p}$ 之分，电导也有暗电导 $G_\text{d}$、

亮电导 $G$ 和光电导 $G_p$ 之分，即 $I = I_p + I_d$，$G = G_p + G_d$，所以亮电流 $I = \left( S_g E + G_d \right) U$。

### 3. 光谱响应特性

光敏电阻对各种光响应度随入射光的波长变化而变化的特性称为光谱响应特性。光谱响应特性通常用光谱响应曲线、光谱响应范围、峰值响应波长等参数来描述。峰值波长取决于制造光敏电阻所用半导体材料的禁带宽度，其值可根据下式估算：

$$\lambda_m = \frac{hc}{E_g} = \frac{1.24}{E_g} \times 10^3 \qquad (2\text{-}24)$$

式中，$\lambda_m$ 为峰值响应波长（nm）；$E_g$ 为禁带宽度（eV）。实际光电半导体中，杂质和晶格缺陷所形成的能级与导带间的禁带宽度比价带与导带间的主禁带宽度要窄很多，因此波长比峰值波长长的光将把这些杂质能级中的电子激发到导带中去，从而使光敏电阻光谱响应向长波长方向扩展。另外，由于光敏电阻对波长短的光吸收系数大，表层附近形成很高的载流子浓度。这样一来，自由载流子在表面层附近复合的速度也快，从而使光敏电阻对波长短于峰值响应波长的光的灵敏度降低。

光谱响应曲线通常用相对灵敏度与波长的关系曲线表示，如图 2-8 所示。从曲线中可以看出灵敏度范围、峰值波长位置和各波长下灵敏度的相对关系。

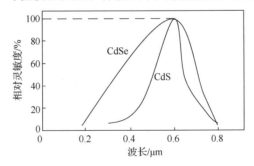

图 2-8　在可见光区灵敏的两种光敏电阻的光谱响应特性曲线

### 4. 时间响应特性

光敏电阻是依靠非平衡载流子效应工作的，非平衡载流子的产生和复合都有一个时间过程。这个时间过程在一定程度上影响了光敏电阻对变化光照的响应，我们称之为响应时间。光敏电阻的响应时间常数是由电流上升时间 $t_1$ 和衰减时间 $t_2$ 表示的，图 2-9 给出了 $t_1$ 和 $t_2$ 的定义。

本次实验我们采用幅频法测量光敏电阻的响应时间，在实验中可以测得光敏电阻的输出电压

$$U(\omega) = \frac{U_0}{(1 + \omega^2 \tau^2)^{1/2}} \qquad (2\text{-}25)$$

式中，$U_0$ 为探测器在入射光调制频率为零时的输出电压；$\omega = 2\pi f$ 为调制圆频率，$f$ 为调制频率；$\tau$ 为响应时间。这样，如果测得调制频率为 $f_1$ 时的输出信号电压 $U_1$ 和调制频率为 $f_2$ 时的输出信号电压 $U_2$，就可以确定响应时间

$$\tau = \frac{1}{2\pi}\sqrt{\frac{U_1^2 - U_2^2}{(U_2 f_2)^2 - (U_1 f_1)^2}} \qquad (2\text{-}26)$$

为减小误差，$U_1$ 与 $U_2$ 的取值应相位差 10%以上。

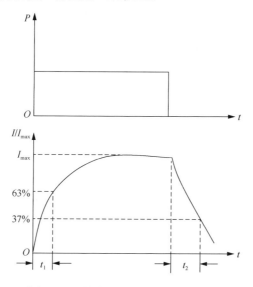

图 2-9　光敏电阻时间响应特性波形图

**5. 伏安特性**

在一定光照下，加到光敏电阻两端的电压 $U$ 与流过光敏电阻的亮电流 $I$ 之间的关系称为光敏电阻的伏安特性，如图 2-10 所示，虚线为额定功耗线。

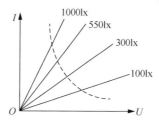

图 2-10　线性伏安特性曲线

从图 2-10 中可以看出，在额定功率范围内，光电流与所加电压成线性关系，即电流正比于所加电压。而在给定光照下，光敏电阻器的阻值与外加电压无关，但是在不同光照下，伏安特性具有不同的斜率，且光照越强，曲线分布越密。

## 2.6.3　实验器材

RLE-SA02 光电探测器特性测试实验仪。

## 2.6.4　实验内容

（1）将实验箱面板上"波形选择"开关拨至正弦挡，"探测器选择"开关拨至光敏电阻挡，此时由"输入波形"的光敏电阻处应可观测到正弦波形，由"输出"处引出的输出线（蓝线）即可得到光敏电阻的输出波形，其频率可改变"频率调节"处的正弦旋钮来调节。

（2）改变光波信号频率，测出不同频率下的输出电压（至少测三个频率点）并记录。要求三个频率点的输出电压相位差要在 10%以上。

（3）根据公式（2-26）计算出其响应时间。

### 2.6.5　思考题

（1）光敏电阻是利用光电探测器的哪种物理效应制成的？

（2）思考利用光敏电阻设计光控开关的原理及实现方法。

# 2.7　光电二极管特性参数测量

## 2.7.1　实验目的

（1）了解光电二极管的工作原理和相关特性；

（2）掌握 PIN 光电二极管特性参数的测量方法。

## 2.7.2　实验原理

光电二极管是一种重要的光电探测器件，广泛用于可见光和红外辐射的探测。目前，光电二极管绝大部分是用硅和锗做材料，采用平面型结构制成。由于硅管比锗管有较小的暗电流和较小的温度系数，而且硅工艺较成熟，结构工艺易于控制，因此，以硅为材料的光电二极管发展超过了同类锗管。硅光电二极管主要有 PN 结型、PIN 型及雪崩型三种类型。本实验主要针对 PIN 光电二极管展开，其结构如图 2-11 所示。

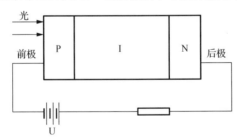

图 2-11　PIN 光电二极管结构图

PIN 管加反向电压时，势垒变宽，在整个本征区展开，耗尽层宽度基本上是 I 区的宽度，光照到 I 层，激发生光生电子-空穴时，在内建电场和反向电场作用下，空穴向 P 区移动，电子向 N 区移动，形成光生电流，通过负载，在外电路形成电流。由于 I 层比 PN 结宽得多，光生电子-空穴比 PN 结的光生电子-空穴多得多，因此输出的光生电流较大，灵敏度有所提高[4]。

PIN 光电二极管的特性参数有很多，这里主要介绍波长响应范围、光谱响应度、量子效率、响应速度、线性饱和、暗电流和反向击穿电压等。

### 1. 波长响应范围

从光电二极管的工作原理可以知道，只有当光子能量 $h\nu$ 大于半导体材料的禁带宽度 $E_g$ 才能产生光电效应，即 $h\nu > E_g$。因此对于不同的半导体材料，均存在着相应的下限频率 $\nu_c$ 或上限波长 $\lambda_c$，$\lambda_c$ 也称为光电二极管的截止波长。只有入射光的波长小于 $\lambda_c$ 时，光电二极管才能产生光电效应。Si-PIN 的截止波长为 $1.06\mu m$，因此可以用于 $0.85\mu m$ 的短波长光检测；Ge-PIN 和 InGaAs-PIN 的截止波长为 $1.7\mu m$，所以它们可用于 $1.3\mu m$、$1.55\mu m$ 的长波长光检测。

当入射光波长远远小于截止波长时，光电转换效率会大大下降。因此，PIN 光电二极管是对一定波长范围内的入射光进行光电转换，这一波长范围就是 PIN 光电二极管的波长响应范围。

### 2. 光谱响应度

光谱响应度是光电探测器对单色入射辐射的响应能力。电压光谱响应度 $R_v(\lambda)$ 定义为在波长为 $\lambda$ 的单位入射辐射功率的照射下，光电探测器输出的信号电压，表示为

$$R_v(\lambda) = \frac{U(\lambda)}{P(\lambda)} \qquad (2\text{-}27)$$

而光电探测器在波长为 $\lambda$ 的单色入射辐射功率的作用下，其所输出的光电流称为探测器的电流光谱响应度，表示为

$$R_i(\lambda) = \frac{I(\lambda)}{P(\lambda)} \qquad (2\text{-}28)$$

式中，$P(\lambda)$ 为波长为 $\lambda$ 时的入射光功率；$U(\lambda)$ 为光电探测器在入射光功率 $P(\lambda)$ 作用下的输出信号电压；$I(\lambda)$ 则为输出用电流表示的输出信号电流。为简便起见，$R_v(\lambda)$ 和 $R_i(\lambda)$ 均可以用 $R(\lambda)$ 表示。但在具体计算时应区分 $R_v(\lambda)$ 和 $R_i(\lambda)$，显然，二者具有不同的单位。

通常，测量光电探测器的光谱响应多用单色仪对辐射源的辐射功率进行分光来得到不同波长的单色辐射，然后测量在各种波长的辐射照射下光电探测器输出的电信号 $U(\lambda)$。然而由于实际光源的辐射功率是波长的函数，因此在相对测量中要确定单色辐射功率 $P(\lambda)$ 需要利用参考探测器（基准探测器）。即以一个光谱响应度为 $R_f(\lambda)$ 的探测器为基准，用同一波长的单色辐射分别照射待测探测器和基准探测器。由参考探测器的电信号输出（如电压信号）$U_f(\lambda)$ 可得单色辐射功率 $P(\lambda) = U_f(\lambda) / R_f(\lambda)$，再通过公式（2-27）计算即可得到待测探测器的光谱响应度。

本实验中，采用响应度和波长无关的热释电探测器作为参考探测器，测得 $P(\lambda)$ 入射时的输出电压为 $U_f(\lambda)$，则

$$P(\lambda) = \frac{U_f(\lambda)}{R_f(\lambda) K_f} \qquad (2\text{-}29)$$

式中，$K_f$ 为热释电探测器前放和主放放大倍数的乘积，即总的放大倍数；$R_f(\lambda)$ 为参考探测器的响应度。在本实验中，$K_f = 100 \times 300$，调制频率 $\lambda = 25Hz$，则 $R_f = 900V/W$。

在相同的光功率 $P(\lambda)$ 下，用硅光电二极管测量相应的单色光，得到输出电压 $U_b(\lambda)$，

从而得到光电二极管的光谱响应度

$$R(\lambda)=\frac{U(\lambda)}{P(\lambda)}=\frac{\dfrac{U_{\mathrm{b}}(\lambda)}{K_{\mathrm{b}}}}{\dfrac{U_{\mathrm{f}}(\lambda)}{R_{\mathrm{f}}K_{\mathrm{f}}}} \tag{2-30}$$

式中，$K_{\mathrm{b}}$ 为硅光电二极管测量时总的放大倍数，这里 $K_{\mathrm{b}}=150\times300$。

### 3. 量子效率

量子效率是用来表征光电二极管光电转换效率的一个重要参量，它是在某一特定波长下单位时间内产生的平均光子数与入射光子数之比，即

$$\eta(\lambda)=\frac{\dfrac{I_{\mathrm{s}}}{q}}{\dfrac{\Phi}{h\nu}}=\frac{hcI_{\mathrm{s}}}{q\lambda\Phi}=\frac{hc}{q\lambda}R(\lambda) \tag{2-31}$$

式中，$\Phi$ 为入射光的光通量；$\dfrac{\Phi}{h\nu}$ 为入射光子数；$q$ 为电子电荷；$\dfrac{I_{\mathrm{s}}}{q}$ 为每秒钟产生的光电子数。量子效率是一个统计平均量，通常小于1。

### 4. 响应速度

响应速度通常用响应时间来表示。响应时间为光电二极管对矩形光脉冲的响应——电脉冲的上升或下降时间。响应速度主要受光生载流子的扩散时间、光生载流子通过耗尽层的渡越时间及其结电容的影响。

### 5. 线性饱和

光电二极管的线性饱和指的是它有一定的功率检测范围，当入射功率太强时，光电流和光功率将不成正比，从而产生非线性失真。PIN 光电二极管有非常宽的线性工作区，当入射光功率低于毫瓦量级时，器件不会发生饱和。

### 6. 暗电流和反向击穿电压

无光照时，PIN 作为一种 PN 结器件，在反向偏压下也有反向电流流过，这一电流称为 PIN 光电二极管的暗电流。它主要由 PN 结内热效应产生的电子-空穴对形成。当偏置电压增大时，暗电流增大。当反偏压增大到一定值时，暗电流激增，发生了反向击穿（即为非破坏性的雪崩击穿，如果此时不能尽快散热，就会变为破坏性的齐纳击穿）。发生反向击穿的电压值称为反向击穿电压。Si-PIN 的典型击穿电压值为一百多伏。PIN 工作时的反向偏置都远离击穿电压，一般为 10～30V。

## 2.7.3　实验器材

PIN 光电二极管、电源线、光纤光电子综合实验仪、钨丝灯、聚光镜、调制盘、单色仪、选频放大器、热释电探测器组件、光电二极管探测器组件、电源、毫伏表、示波器等。

## 2.7.4　实验内容

1. PIN 光电二极管反向击穿电压测量

（1）连接 InGaAs PIN 光电二极管、高压电源 HV+ 和主机 PD 输入，屏蔽掉 PIN 管光输入。

（2）设置 PD 的工作模式为 PD/AM，选择合适的量程（RATIO）。

（3）由 0V 开始慢慢增加 HV 输出电压，每隔 2V 测一个点，读取 PD 读数，至 56V 结束，作 $I$-$U$ 曲线，求 PIN 光电二极管反向击穿电压。偏压不可以大于 56V，否则 PIN 光电二极管极易烧毁。

2. PIN 光电二极管响应度测量

（1）打开光源开关，调整光源位置，使灯丝通过聚光镜成像在单色仪入射狭缝 $S_1$ 上，$S_1$ 的缝宽调整在 0.2mm。把出射狭缝 $S_2$ 开到 1mm 左右，人眼通过 $S_2$ 能看到与波长读数相应的光，然后逐渐关小 $S_2$，最后开到 $S_2 = 0.2$mm。注意：狭缝开大时不能超过 3mm，关小时不能超过零位，否则将损坏仪器！

（2）在光路中靠近 $S_1$ 的位置放入调制盘，并接通电机电源。

（3）把热释电器件光敏面对准出射狭缝 $S_2$（尽量贴近狭缝），并连接好选频放大器和毫伏表，然后为探测器加上 12V 电压。

（4）将热释电探测器组件的连接线与"选频放大器和调制盘驱动器"的相应端口相连，打开"选频放大器和调制盘驱动器"的电源，用示波器观察输出信号，应能在示波器的屏幕上看到 $f = 25$Hz 的正弦波。

（5）调整光路，使输出波形达到最大（此时单色仪的波长读数调在红光附近）。至此，测试前的准备工作完成，注意保证光路在整个测试过程中的稳定性。

（6）转动光谱手轮，记下探测器的入射波长及毫伏表上相应波长的输出电压值，并填入表 2-1 中。测试时注意波长间隔不宜太大，同时注意观察示波器显示的波形，特别是波峰、波谷、波长等较重要的数据，以防止漏测关键点。注意：经过选频放大后的输出应在几百毫伏左右，如输出比较小，则说明光路对准有误，要及时调整。

（7）用 PIN 光电二极管换下热释电器件，给 PIN 光电二极管加上 +12V 电压，重复上一步骤，将数据记入表 2-1 中。

表 2-1　光谱响应测试实验数据

| 入射光波长 $\lambda$ | 用热释电时毫伏表输出 $U_\mathrm{f}$ | 硅光电二极管放大后输出 $U_\mathrm{b}$ | 光谱功率 $P(\lambda)$ | 响应度 $R(\lambda)$ |
|---|---|---|---|---|
|  |  |  |  |  |
|  |  |  |  |  |
|  |  |  |  |  |
|  |  |  |  |  |

### 2.7.5　思考题

（1）测量 PIN 光电二极管的反向击穿电压有何意义？

（2）利用实验设备，如何快速测量 PIN 光电二极管对 1550nm 入射光的响应度？

# 2.8　光电倍增管特性参数测量

## 2.8.1　实验目的

（1）了解光电倍增管的基本构成和工作原理；

（2）掌握光电倍增管特性参数的测量方法。

## 2.8.2　实验原理

### 1. 光电倍增管结构

光电倍增管（photomultiplier，PMT）是一种建立在光电子发射效应、二次电子发射效应和电子光学理论基础上的，能够将微弱光信号转换成光电子并获得倍增效应的真空光电发射器件。光电倍增管的结构如图 2-12 所示，K 为光电阴极，$D_1$、$D_2$、$D_3$、$D_4$ 是由二次电子发射体制成的倍增极，或称打拿极，A 为收集电子的阳极或称收集极。工作时从阴极 K 到倍增极 $D_1,D_2,D_3,\cdots$，阳极 A 的电压逐渐升高。在微弱的光通量照射下，从光电阴极 K 发射出来的光电子，通过电子光学结构输入系统被加速并聚焦到第一倍增极 $D_1$ 上，从二次发射体 $D_1$ 发射出倍增了的二次电子。这些二次电子又被加速聚焦到有较高电位的 $D_2$ 上，并获得进一步的倍增，经 8～14 次倍增的电子到达阳极 A。

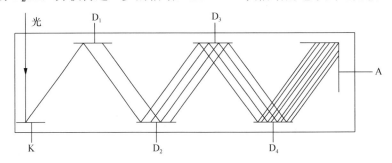

图 2-12　光电倍增管结构示意图

### 2. 光电倍增管特性参数

### 1）灵敏度

光电倍增管的灵敏度可分为阳极灵敏度 $S_A$ 和阴极灵敏度 $S_K$。阳极灵敏度是指当光电倍增管加上稳定的电源电压，并工作在线性放大区域时，阳极输出电流 $I_A$ 与入射在阴极面上的光通量 $\Phi$ 的比值，即

$$S_A = \frac{I_A}{\Phi} \tag{2-32}$$

阳极灵敏度标志着光电倍增管将光能转换成电信号的能力。如果光电阴极的积分灵敏度为 $R_K$ ，光电倍增管的放大倍数为 $G$ ，则

$$R_A = R_K \cdot G \qquad (2\text{-}33)$$

由于 $G$ 是工作电压的函数，所以光电倍增管的阳极灵敏度与整管工作电压有关，在使用时往往要标出整管工作电压对应的阳极灵敏度。

阴极灵敏度是指阴极发射电流 $I_K$ 与入射在阴极面上的光通量 $\Phi$ 的比值，即

$$S_K = \frac{I_K}{\Phi} \qquad (2\text{-}34)$$

入射到阴极 K 的光的照度为 $E$ ，光电阴极的面积为 $A$ ，则光电倍增管接收到的光通量

$$\Phi = E \cdot A \qquad (2\text{-}35)$$

2）电流增益

在一定的工作电压下，光电倍增管的阳极信号电流 $I_A$ 与阴极信号电流 $I_K$ 的比值，称为电流增益，也称为放大倍数，即

$$G = \frac{I_A}{I_K} = \frac{S_A}{S_K} \qquad (2\text{-}36)$$

如果倍增管有 $n$ 个倍增极，且每个倍增极的倍增系数 $\delta$ 均相等，则

$$G = \delta^n \qquad (2\text{-}37)$$

由于 $\delta$ 是工作电压的函数，所以 $G$ 也是电压的函数。

3）光电特性

阳极电流与入射于光电阴极的光通量之间的函数关系称为光电倍增管的光电特性，如图 2-13 所示。正常时，光电特性呈直线。处于重载工作状态时，阳极电流与光通量之间将出现非线性偏离。对于比较好的光电倍增管，二者可在很宽的光通量范围内保持良好的线性。工程上一般取特性偏离于直线 3% 作为线性区的上限。

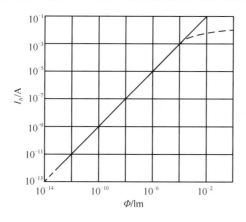

图 2-13　光电倍增管的光电特性图

4）伏安特性

光电倍增管的伏安特性曲线分为表征阴极电流与阴极电压之间关系的阴极伏安特性曲线，以及表征阳极电流与阳极和最末一级倍增极之间电压关系的阳极伏安特性曲线。图 2-14 为一组典型的阳极伏安特性曲线。

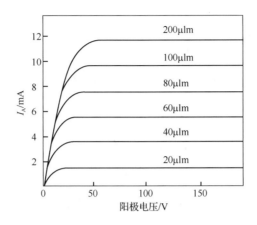

图 2-14　阳极伏安特性曲线

5）暗电流

当光电倍增管完全与光照隔绝时（即完全黑暗的环境），加上工作电压后阳极电路里仍然会出现输出电流，称为暗电流。暗电流与阳极电压有关，它限制了可测直流光通量的最小值，同时也是产生噪声的重要因素，是鉴别倍增管质量的重要参量。在弱光探测时应选取暗电流较小的管子。

光电倍增管中产生暗电流的因素较多，例如：阴极和靠近阴极的倍增极之间的热电子发射；阳极或其他电极的漏电；由于极间电压过高而引起的场致发射；光反馈，以及窗口玻璃中可能含有的少量钾、镭、钍等放射性元素蜕变产生的 β 粒子，或者宇宙射线中的 μ 介子穿过光窗时产生的切连科夫光子等都可能引起暗电流。

## 2.8.3　实验器材

RLE-SA02 光电探测器特性测试实验仪。

## 2.8.4　实验内容

1. 灵敏度测量

（1）连接电源线和信号电缆线，并按下仪器总电源开关 K1，接通电源。

（2）按下高压电源开关 K2 接通高压电源，顺时针调节高压旋钮 S3 至 1000V。

（3）顺时针调节旋钮 S2，使光源的发光强度发生连续线性变化。具体方法是每隔 0.2DIV 逐点测量阳极电流值，由此可求出光电倍增管的光通量与阳极电流之间的关系曲线。本仪器所用的 LED 光源经计量标定为在 S2 旋钮在 DIV 处光通量为 1μlm，由此可得到该光电倍增管的阳极灵敏度。

2. 光电特性测量

（1）连接电源线和信号电缆线，并按下仪器总电源开关 K1，接通电源；

（2）按下高压电源开关 K2 接通高压电源，顺时针调节高压旋钮 S3 至 1000V；

（3）将波段开关 K3 置于连续挡，使光源工作在连续方式；

（4）将波段开关 K4 置于微电流挡，设置光电倍增管阳极电流输出方式；

（5）将波段开关 K5 置于特性测试挡，切换阳极微弱电流在后接电路的工作方式；

（6）调节旋钮 S2，使光源的发光光强发生连续线性变化；

（7）记录电流表的实时读数，作出光电倍增管的光电特性曲线。

### 3. 伏安特性曲线测量

（1）连接电源线和信号电缆线，并按下仪器电源开关 K1，接通电源；

（2）将旋钮 S3 逆时针旋到底，再按下高压开关 K2；

（3）将波段开关 K3 置于连续挡，使光源工作在连续方式；

（4）将波段开关 K4 置于微电流挡，设置光电倍增管阳极电流输出方式；

（5）将波段开关 K5 置于特性测试挡，切换阳极微弱电流在后接电路的工作方式；

（6）调节旋钮 S2，使光源光强为一定值（处于光强线性变化区间内）；

（7）调节高压旋钮 S3，使高压电源电压连续变化，记录电流表的实时读数和高压的实时读数；

（8）调节旋钮 S2，使光强为另一定值（处于光强线性变化区间内），重复第（7）步，共测 3 组曲线；

（9）作出光电倍增管的阳极伏安特性曲线。

### 4. 暗电流测量

（1）连接电源线和信号电缆线，并按下仪器总电源开关 K1，接通电源；

（2）按下高压电源开关 K2 接通高压电源，顺时针调节高压旋钮 S3 至 1000V；

（3）将光强调节旋钮 S2 逆时针旋到底，关闭光源，保证此时光电倍增管工作于无光照条件下；

（4）将 K3 置于连续挡或调制挡位置；

（5）将 K4 置于暗电流挡位置；

（6）接入检流计，测量此时输出的暗电流值；

（7）在光电倍增管工作电压规定的前提下，可适当调节 S3，即改变高压的输出来观测暗电流随高压变化的曲线关系。

### 5. 负载特性曲线测量

（1）连接电源线和信号电缆线，并按下仪器总电源开关 K1，接通电源；

（2）按下高压电源开关 K2 接通高压电源，顺时针调节高压旋钮 S3 至 670V；

（3）将波段开关 K3 置于连续挡，使光源工作在连续方式；

（4）调节旋钮 S2，使光源光强为一定值（处于光强线性变化区间内）；

（5）将波段开关 K4 置于微电流挡，设置光电倍增管阳极电流输出方式；

（6）将波段开关 K5 置于输出测试挡，切换阳极微弱电流在后接电路的工作方式；

（7）将波段开关 K6 置于负载挡，切换阳极微弱电流在输出测试中的电流-电压转换方式；

（8）调节多波段开关 K7，选择"负载调节"，选择不同负载阻值，并记录此时电流表和电压表的读数；

（9）作出负载电阻大小和输出电压的关系曲线，并分析负载电阻的大小对信号探测的影响。

### 6. 运算放大器 I/V 变换

（1）连接电源线和信号电缆线，并按下仪器总电源开关 K1，接通电源；
（2）按下高压电源开关 K2 接通高压电源，顺时针调节高压旋钮 S3 至 1000V；
（3）将波段开关 K3 置于连续挡，使光源工作在连续方式；
（4）调节旋钮 S2，使光源光强为一定值（处于光强线性变化区间内）；
（5）将波段开关 K4 置于微电流挡，设置光电倍增管阳极电流输出方式；
（6）将波段开关 K5 置于输出测试挡，切换阳极微弱电流在后接电路的工作方式；
（7）将波段开关 K6 置于 I/V 变换挡，切换阳极微弱电流在输出测试中的电流-电压转换方式；
（8）调节多波段开关 K7，选择"I/V 调节"，选择不同反馈电阻阻值，并记录此时电流表和电压表的读数；
（9）作出光电倍增管在某一定光照时，运用前置放大器不同反馈电阻条件下的关系曲线，并分析相同条件下直接负载输出和运用运算放大器输出的曲线关系。

### 7. 脉冲光作用下的输出电流观察

（1）连接电源线和信号电缆线，并按下仪器总电源开关 K1，接通电源；
（2）按下高压电源开关 K2 接通高压电源，顺时针调节高压旋钮 S3 至 1000V；
（3）将波段开关 K3 置于调制挡，使光源工作在脉冲方式；
（4）将波段开关 K4 置于微电流挡，设置光电倍增管阳极电流输出方式；
（5）将波段开关 K5 置于输出测试挡，切换阳极微弱电流在后接电路的工作方式；
（6）将波段开关 K6 置于 I/V 变换挡，切换阳极微弱电流在输出测试中的电流-电压转换方式；
（7）将示波器探头连接到前面板上的输出端 Q9；
（8）保持多波段开关 K7 不变，调节旋钮 S2，使光源光强发生连续变化；
（9）保持旋钮 S2 不变，调节多波段开关 K7，观察两种情况下示波器显示曲线的变化。

## 2.8.5　思考题

（1）光电倍增管的暗电流对信号检测有何影响？在使用过程中如何减少暗电流？
（2）负载电阻和运算放大器对光电倍增管的性能有什么影响？

# 2.9　基于 PSD 的位移测量实验

## 2.9.1　实验目的

（1）了解位置灵敏探测器（position sensitive detector，PSD）位置传感器工作原理及其特性；
（2）掌握 PSD 位置传感器测量位移的方法。

## 2.9.2 实验原理

横向光电效应是指当半导体 PN 结或金属-半导体结的一面受到非均匀的辐照时，平行于结的一面出现电势差的现象。若有一轻掺杂的 N 型半导体和重掺杂的 P+型半导体构成 PN 结，当内部载流子扩散和漂移达到平衡时，就建立了一个由 N 区指向 P 区的结电场。当有光照射在 PN 结时，半导体吸收光电子之后激发出电子-空穴对，在结电场的作用下使空穴进入 P+区，而使电子进入 N 区，从而产生结光电势，这就是一般所说的光电效应。但是，如果入射光仅集中照射在 PN 结光敏面上的某一点，则光生电子和空穴也将集中在这一点。由于 P+区的掺杂浓度远大于 N 区，即 P+区的电导率远大于 N 区，因此，进入 P+区的空穴迅速扩散到整个 P+区，即 P+区可以近似认为等电位。而由于 N 区的电导率低，进入 N 区的电子将仍集中在该点，在 PN 结的横向形成不平衡电势。该不平衡电势将空穴拉回了 N 区，从而在 PN 结横向建立了一个横向电场，这就是横向光电效应。

PSD 是一种基于横向光电效应的位置传感器，是为适应位置、位移、距离等精确实时测量而发展起来的一种新型半导体光电敏感元件。PSD 的结构如图 2-15 所示，它由 3 层构成，上面为高掺杂的 P 型层，中间为高阻的本征 I 型层，下面为低掺杂的 N 型层。在 P 型层上设置有两个电极，两电极间的 P 型层既是感光面，又具有横向分布电阻的特性。底层的公共电极是用来加反偏电压的。由于反向偏置下的 PSD 性能优于零偏状态下 PSD 的性能，在应用中将 PSD 处于反向偏置状态。

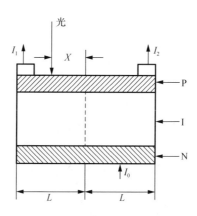

图 2-15 PSD 结构示意图

当光束照射到 PSD 表面时，由于横向电势的存在，产生光生电流 $I_0$，光生电流就流向两个输出电极，从而在两个输出电极上分别得到光电流 $I_1$ 和 $I_2$，显然 $I_0 = I_1 + I_2$。而 $I_1$ 和 $I_2$ 的大小与光束照射位置到两输出电极的距离成反比，即

$$\frac{I_1}{I_2} = \frac{L + X}{L - X} \tag{2-38}$$

式中，$L$ 为 PSD 中点到电极的距离；$X$ 为入射光点到 PSD 中点的距离。将 $I_0 = I_1 + I_2$ 与公式（2-38）联立，得到

$$I_1 = I_0 \frac{L+X}{2L} \qquad (2\text{-}39)$$

$$I_2 = I_0 \frac{L-X}{2L} \qquad (2\text{-}40)$$

则得 $X = L\dfrac{I_2 - I_1}{I_2 + I_1}$，$X$ 称为一维 PSD 的位置输出信号。可以看出，只要测出 $I_1$ 和 $I_2$ 就可以求得入射光点的位置，而入射光强对信号的影响，则因信号电流差与和相比而消去，故入射光光斑强度分布对检测无影响。

　　PSD 有一维和二维两大类：一维 PSD 是用来测量光点在直线方向上的运动位置的；二维 PSD 是用来测量光点在平面的运动位置（二维坐标）的，它与一维 PSD 相比，多了一对电极，共有两对互相垂直的信号电极。本实验采用一维 PSD 实现光电位移的测量，其电学系统框图如图 2-16 所示。

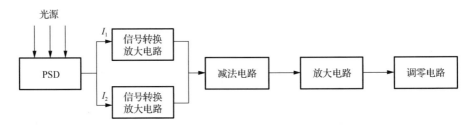

图 2-16　一维 PSD 位移测量电学系统框图

### 2.9.3　实验器材

　　光电技术创新实训平台 GCGDCX-B。

### 2.9.4　实验内容

　　（1）根据实验原理，将 PSD 实验模块中的单元电路连接起来，将输出接到万用表电压挡正负极，用来测量输出电压。

　　（2）打开主机箱电源开关，打开模块上电源开关，实验模块开始工作。调整测微头，使激光光点能够在 PSD 受光面上的位置从一端移向另一端，最后将光点定位在 PSD 受光面上的正中间位置（目测），调节零点调整旋钮，使电压表显示值为 0。转动测微头使光点移动到 PSD 受光面一端，调节输出幅度调整旋钮，使电压表显示值为 3V 或-3V 左右。

　　（3）从 PSD 一端开始旋转测微头，使光点移动，每隔 0.5mm 测量一次输出电压值，画出位移-电压特性曲线，并计算中心量程 2mm、3mm、4mm 时的非线性误差。

### 2.9.5　思考题

　　（1）利用 PSD 设计电路实现位移的实时输出。
　　（2）试分析二维 PSD 的工作原理及实现位移测量的方法。

# 2.10　光电报警系统设计实验

## 2.10.1　实验目的

（1）掌握主动式光电报警系统的设计方法；

（2）掌握红外发射和接收电路设计及装调方法。

## 2.10.2　实验原理

光电报警系统是一种重要的监视系统。目前其种类日益增多，有对飞机、导弹等军事目标入侵进行报警的系统，也有对机场、重要设施或危禁区域防范进行报警的系统。一般说来，被动式报警系统的保密性好，但是设备比较复杂；而主动式报警系统可以利用特定的调制编码规律，达到一定的保密效果，设备比较简单。

主动式光电报警系统一般由三个部分组成——发送模块、接收模块和报警电路，如图 2-17 所示。用砷化镓发光管组成发射模块，调制电路提供砷化镓发光管确定规律变化的调制电压，使发光管发出红外调制光，在一定距离以外用光电二极管接收调制光。在发送模块和接收模块之间有红外光束警戒线，当警戒线被阻断时，触发报警电路发出报警信号。一般要求系统在给定器件的条件下作用距离尽可能远。

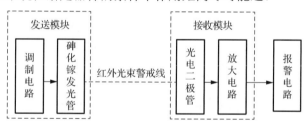

图 2-17　光电报警系统结构示意图

1. 发送模块

调制电源可以由 NE555 集成电路实现，用它构成占空比为 1∶1 的多谐振荡器，原理如图 2-18 所示。当 3 脚为高电平（略低于 $V_c$ 时），输出电压将通过 $R_1$ 对 $C_1$ 充电。$A$ 点电压按指数规律上升，时间常数为 $R_1C_1$。当 $A$ 点电压上升到上限阈值电压（约 $2V_c/3$）时，定时器输出翻转成低电平（略大于 0V）。这时，$A$ 点电压将随 $C_1$ 放电而按指数规律下降。当 $A$ 点电压下降到下限阈值电压（约 $V_c/3$）时，定时器输出又变成高电平，调整 $R_2$ 的电阻值得到严格的方波输出。

参考值：$R_1 = 10\text{k}\Omega$，$R_2 = 75\text{k}\Omega$，$C_1$ 任选，$f \approx 1/(1.7R_1C_1)$。

用 NE555 组成振荡器来驱动发光管时，要注意发光管上一定要串联一个限流电阻。使输出电流小于或等于发光管的最大正向电流 $I_F$。若振荡器输出电压为 $V_o$，则限流电阻 $R$ 取值范围为

$$R \geqslant \frac{V_o - V_F}{I_F} = \frac{V_o - 1.5\text{V}}{30\text{mA}} \tag{2-41}$$

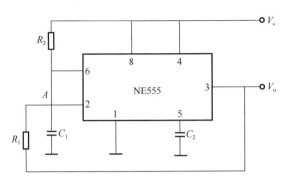

图 2-18　NE555 定时器构成多谐振荡器

如果限流电阻值低于上述公式所得数值，或未加限流电阻，则会造成发光管和定时器烧毁[5]。图 2-19 是光电报警系统发送模块的电路原理图，NE555 产生的方波信号通过限流电阻 $R_{24}$ 加载到达林顿驱动管 $T_2$ 的基极，此电流经放大后驱动红外发光二极管。

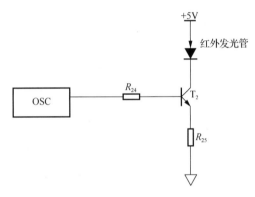

图 2-19　光电报警系统发送模块电路原理图

2. 接收模块

图 2-20 是光电报警系统接收模块的电路原理图。$R_{10}$ 为红外光敏二极管的负载电阻，接收到的方波信号经 $C_1$、$R_1$ 耦合至 $OA_1$ 进行放大。调节 $R_1$、$R_2$ 可以改变增益，调节 $R_{11}$ 可以改变输出信号的直流偏移。$R_5$ 用于设置光电报警门限，若 $OA_1$ 输出的方波信号最大值能够大于 $R_5$ 所设电压，则比较器 $OA_3$ 能够输出相应的方波，经 $D_1$ 整流再经 $R_7$ 和 $C_5$ 滤波后可以得到一个连续的高电平。若报警光路遭到入侵，$OA_1$ 输出的方波信号将会减弱或消失，比较器 $OA_3$ 将持续输出低电平。$OA_2$ 可以将前级输出信号反相，再去控制报警指示灯。

3. 报警电路

报警电路比较简单，如图 2-21 所示，主要作用是将前一部分送来的报警信号经三极管放大处理后，点亮报警指示灯，起到报警的作用。当红外光束被阻断时，光电报警系统接收模块输出高电平，报警指示灯被点亮。当光线短时间被阻断后又恢复时，报警信号立即消失，报警不能维持。

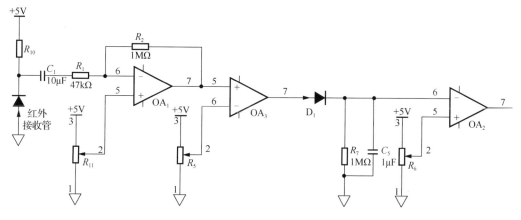

图 2-20  光电报警系统接收模块电路原理图

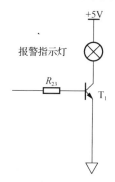

图 2-21  报警电路原理图

## 2.10.3  实验器材

850nm LED、光敏探测器、平凸透镜（$f = 50\text{mm}$）、支架、磁性底座、光纤光电子综合实验仪等。

## 2.10.4  实验内容

### 1. 光路和电路准备

（1）将 850nm LED、光敏探测器用长支架固定于平台两端，将两个 50mm 焦距平凸透镜用短支架固定于磁性底座上，再置于相应的准直位置，分别组成发送端和接收端。

（2）连接光敏探测器信号输出至实验电路板 S1 端口，连接 850nm LED 控制信号至实验电路板 LDC 端口。将实验电路板电源连接至主机 DC2 端口。

（3）根据实验电路原理图连接线路，注意断开 $OA_4$ 输出端与后级电路之间的短路块。

### 2. 电路调试

（1）检查电路连接无误后打开主机电源，再打开实验电路板电源开关，此时红色电源指示灯亮。

（2）用示波器观察 OSC 输出信号，调节 $R_8$ 和 $R_9$，使得 OSC 输出 10kHz、占空比为 50%的方波。

（3）用示波器观察 S1 信号，调节准直透镜位置，结合调节 $R_{10}$，使得 S1 信号最大。

（4）调节 $R_{11}$，使得 $OA_1$ 同相端电压（S5）为 2.5V。

（5）用示波器观察 $OA_1$ 输出信号，调节 $R_1$ 和 $R_2$ 参数，使得 $OA_1$ 输出方波信号 $V_{P-P}$ 值为 2V。

（6）调节 $R_5$，使得 $OA_3$ 反相端电压（S16）为 3.3V。

（7）逆时针调节 $R_7$ 到底。

（8）调节 $R_6$，使得 $OA_2$ 同相端电压（S9）为 2.5V。

（9）用手臂阻挡光路，此时报警指示灯被点亮。

（10）调节 $R_7$ 可以改变报警响应时间。

（11）微调 $R_5$ 电压，可以改变光电报警灵敏度。

## 2.10.5　思考题

（1）如何实现报警维持？

（2）解释微调 $R_5$ 电压可以改变光电报警灵敏度的原理。

# 2.11　热释电红外报警系统设计实验

## 2.11.1　实验目的

（1）了解热释电传感器的工作原理及其特性；

（2）掌握热释电红外报警系统的光电设计和调试方法。

## 2.11.2　实验原理

### 1. 热释电红外传感器

热释电红外传感器是基于热释电效应制成的。所谓热释电效应是指晶体受辐射照射时，温度改变使自发极化发生变化，晶体中离子间的距离或链角发生变化，从而使偶极矩发生变化，极化强度改变，面束缚电荷发生变化，结果在垂直于极化方向的晶体两个外表面之间出现电压，这种现象称为热释电效应。近年来，热释电红外传感器在家庭自动化、保安系统以及节能领域的需求大幅度增加。

在具有热释电效应的大量晶体中，热释电系数最大的是铁电晶体材料，即铁电体。现在已知的热释电材料在一千种以上，但人们仅对其中 10% 的热释电材料的特性进行了研究。研究发现真正满足器件要求的材料不过十几种，它们都是铁电体，其中主要的有硫酸三甘肽、铌酸锶钡、钽酸锂等[4]。

热释电红外传感器的内部连接如图 2-22 所示。使用时 D 端接电源正极，G 端接电源负极，S 端为信号输出。该传感器将两个极性相反、特性一致的热释电片串接在一起，目的是消除因环境和自身变化引起的干扰。它利用两个极性相反、大小相等的干扰信号在内部相互抵消的原理来使传感器得到补偿。对于辐射至传感器的红外辐射，热释电传感器通过安装在传感器前面的菲涅耳透镜将其聚焦后加至两个热释电片上，从而使传感器输出电压信号。

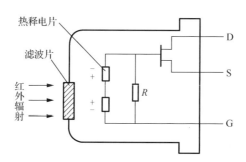

图 2-22　热释电红外传感器的内部连接图

## 2. 热释电红外报警系统

热释电红外报警系统主要由光学系统、热释电红外传感器、信号处理电路和报警电路等几部分组成。系统的总体结构框图如图 2-23 所示。

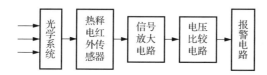

图 2-23　热释电红外报警系统

### 1）光学系统

光学系统的核心部分就是菲涅耳透镜，它的主要作用是将探测空间的红外线有效地集中到热释电红外探测元上，相当于凸透镜的作用；同时也产生交替变化的红外辐射高灵敏区和盲区，以适应热释电探测元要求信号不断变化的特性，使进入探测区域的移动物体能以温度变化的形式在热释电红外探测器上产生变化的热释红外信号。

菲涅耳透镜采用 PE（聚乙烯）材料压制而成。镜片表面刻录了一圈圈由小到大、向外由浅至深的同心圆，从剖面看似锯齿。圆环线多而密，则感应角度大、焦距远；圆环线刻录得深，则感应距离远、焦距近。红外光线越是靠近同心环，光线越集中且越强。同一行的数个同心环组成一个垂直感应区，同心环之间组成一个水平感应段。垂直感应区越多，垂直感应角度越大；镜片越长，感应段越多，水平感应角度就越大。区段数量多，被感应人体移动幅度就小；区段数量少，被感应人体移动幅度就大些。不同区的同心圆之间相互交错，减少区段之间的盲区。

### 2）信号处理电路

信号处理电路把传感器输出的微弱电信号进行放大、滤波、延迟、比较，再做相应的报警或开关控制。图 2-24 是热释电红外报警系统的信号处理电路图。当人体辐射的红外线通过菲涅耳透镜被聚焦在热释电红外传感器的探测元上时，电路中的传感器将输出电压信号。该信号经 $OA_1$ 做第一级放大，经 $OA_2$ 做第二级放大和直流偏移，经 $OA_3$ 和 $OA_4$ 进行双限比较，最后控制报警指示灯。

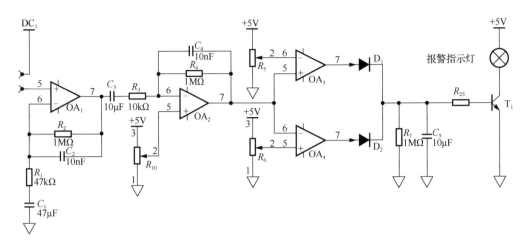

图 2-24　热释电红外报警系统的信号处理电路图

## 2.11.3　实验器材

热释电红外传感器、万用表、示波器、支架、光纤光电子综合实验仪等。

## 2.11.4　实验内容

### 1. 光路和电路准备

（1）将菲涅耳透镜扣入热释电红外传感器，将传感器模块用 75mm 支架固定于光学平台中心偏右 15cm 位置，感光窗口正对左方。连接传感器电源至主机 DC1 端口，连接信号至实验电路板 S1 端口。

（2）将实验电路板电源连接至主机 DC2 端口。

（3）按实验电路图连接线路。

### 2. 电路调试

（1）检查电路连接无误后打开主机电源，再打开实验电路板电源开关，此时红色电源指示灯亮。

（2）在传感器左侧晃动手臂产生运动的远红外辐射，用示波器观察 $OA_1$ 输出信号（S6），调节 $R_1$ 和 $R_2$ 参数，使得 $OA_1$ 输出信号摆幅最大。

（3）调节 $R_{10}$，使得 $OA_2$ 同相端电压（S9）为 2.5V。

（4）调节 $R_3$ 和 $R_4$ 参数，使得 $OA_2$ 输出信号摆幅最大。

（5）逆时针调节 $R_7$ 到底。

（6）调节 $R_5$ 设置比较器上限电压为 2.8V，调节 $R_6$ 设置比较器下限电压为 2.2V，用示波器观察 $OA_3$ 输出信号（S16）和 $OA_4$ 输出信号（S17），在手臂晃动时应有高电平出现，此时报警指示灯被点亮。

（7）调节 $R_7$ 可以改变报警指示灯延时时间。

（8）改变 $OA_1$ 和 $OA_2$ 增益，改变比较器上下限电压，可以改善探测灵敏度和可靠性，记录最大探测距离。

（9）拿掉菲涅耳透镜，观察探测性能的变化。

## 2.11.5　思考题

（1）在热释电红外报警系统中，菲涅耳透镜的作用是什么？

（2）热释电红外传感器还可以应用在哪些探测系统中？尝试设计相关系统。

# 参 考 文 献

[1] 朱京平. 光电子技术基础[M]. 北京：科学出版社，2008.

[2] 安毓英，刘继芳，李庆辉. 光电子技术[M]. 2 版. 北京：电子工业出版社，2008.

[3] 钱惠国. 光电信息专业实践训练指导[M]. 北京：清华大学出版社，2014.

[4] 汪贵华. 光电子器件[M]. 北京：国防工业出版社，2009.

[5] 陈阳. 光学式非接触厚度-微位移测量仪的研制[D]. 哈尔滨：哈尔滨理工大学，2003.

# 第 3 章　光信息技术综合实验

## 3.1　空　间　滤　波

### 3.1.1　实验目的

（1）掌握空间滤波的基本原理，理解成像过程中"分频"与"合成"作用；

（2）掌握方向滤波、高通滤波、低通滤波等滤波技术，观察各种滤波器产生的滤波效果，加深对光学信息处理实质的认识。

### 3.1.2　实验原理

空间频率滤波是相干光学信息处理中一种最简单的处理方式，它需要完成从空域到频域，又从频域还原到空域的两次傅里叶变换，以及频域的乘法运算。因此，系统应包括实现傅里叶变换的物理实体，即光学透镜，以及具有与空域和频域相对应的输入、输出和频谱平面。频域上的乘法运算是通过在频谱平面上放置所需要的滤波器来完成的。空间频率滤波系统有多种光路结构，最典型的是三透镜系统，即 4f 系统，其光路结构如图 3-1 所示。

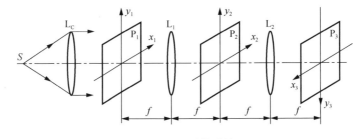

图 3-1　三透镜系统

由相干点源 S 发出的单色球面波经透镜 $L_C$ 准直为平面波，垂直入射到输入平面（即物面）$P_1$ 上。$P_2$ 为频谱平面（即滤波面），$P_3$ 为输出平面（即像面）。$L_1$、$L_2$ 为一对傅里叶透镜，用来在由 $P_1$ 面至 $P_3$ 面之间进行两次傅里叶变换。$P_1$、$L_1$、$P_2$、$L_2$、$P_3$ 之间距离依次均取为透镜的焦距 $f$，故此光路系统常简称为 4f 系统。

在光学信息处理系统中，空间滤波器是位于空间频率平面上的一种模片，它可以改变输入信息的空间频谱，从而实现对输入信息的某种变换。空间频率滤波器的滤波函数表示为

$$H(u,v) = A(u,v)e^{j\phi(u,v)} \tag{3-1}$$

根据滤波函数的性质及其对空间频谱的作用不同，常用的空间滤波器可以分为下列几种。

### 1. 二元滤波器

这种滤波器的滤波函数取 0 或 1。根据其作用的频率区间，又可细分为：低通滤波器，只允许位于谱面中心及其附近的低频分量通过，可以用来滤掉高频噪声；高通滤波器，阻挡低频分量而允许高频通过，以增强图像的边缘，提高对模糊图像的识别能力，或实现对比度反转；带通滤波器，只允许特定区间的空间频谱通过，特别适用于抑制周期性信号中的噪声；方向滤波器，允许（或阻挡）特定区间的空间频谱分量通过，用以突出图像某些方向性特征。

### 2. 振幅滤波器

这种滤波器仅改变各频谱成分的相对振幅分布，而不改变其位相分布。通常是使感光胶片的透过率变化正比于 $A(u,v)$，从而使透射光场的振幅得到改变。为此，必须按照一定的函数分布来控制底片的曝光量分布。

### 3. 相位滤波器

这种滤波器只改变各空间频谱的相位，而不改变其振幅分布。通常是采用真空镀膜的方法来制作。由于对入射光能量不产生衰减作用，故具有很高的光学效率。但由于工艺方法的限制，要得到复杂的相位变化是很困难的。

### 4. 复数滤波器

这种滤波器可同时改变各频谱成分的振幅和相位，滤波函数是复函数。它应用广泛，但制作困难。1963 年，范德·拉格特（A. Vander Lugt）提出用全息照相方法制作复数滤波器，有力地推动了光学信息处理的发展。1966 年，罗曼（Lohman）和布朗恩（Brown）用计算全息方法也制作成复数滤波器，从而克服了制作空间滤波器的重大障碍[1]。

## 3.1.3 实验器材

氦氖激光器、扩束镜、准直透镜、傅里叶变换透镜、孔屏、白屏、干板架、网格、光栅、各种简单的滤波器、导轨、支架等。

## 3.1.4 实验内容

（1）参考图 3-1 设计并搭建实验装置。在 $L_1$ 的前焦面上放物（钢丝网格），在 $P_1$ 面上的白屏上就呈现了网格的傅里叶频谱。取下 $P_1$ 面上白屏，在 $P_2$ 面上就能看到网格的像。

（2）采用图 3-2 中所示的六种二元滤波器进行空间滤波，分别将这些滤波器放在频谱面上进行滤波，将相应的结果填在表 3-1 中（按说明栏的要求选滤波器）。

（a）低通滤波器　（b）高通滤波器　（c）带通滤波器　（d）方向滤波器1（e）方向滤波器2（f）方向滤波器3

图 3-2　空间滤波器

表 3-1　空间滤波器结果

| 输入图像 | 通过频率 | 输出图像 | 说明 |
|---|---|---|---|
| 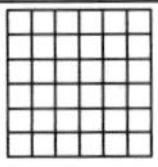  |  |  | 全通过输出物原像 |
| 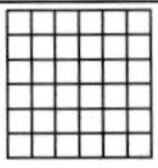  |  |  | 竖直方向通过输出水平横线 |
| 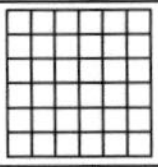  |  |  | 水平方向通过输出竖直线 |
| 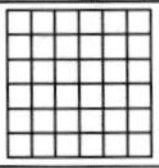  |  |  | 斜方向分量通过输出斜线空频增大 |
| 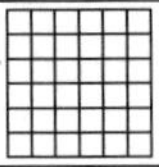  |  |  | 同左方向对称 |
| 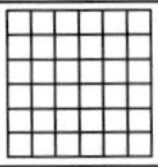  |  |  | 挡去±1级分量输出网格空频加倍 |
| 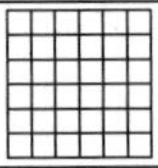  |  |  | 只让0级通过网格全部消失 |
| 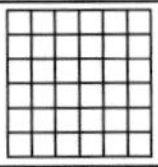  |  |  | 挡去0级输出网格衬度反转 |

### 3.1.5　思考题

（1）结合理论知识，试解释实验结果。

（2）取一张 135 人像底片，将它与一张 10 线对/mm 的光栅重叠在一起，制成一张带有纵栅干扰的物，请设计一个滤波器，消除纵栅干扰，得到清晰的输出人像。

# 3.2　$\theta$ 调制空间假彩色编码

## 3.2.1　实验目的

（1）掌握 $\theta$ 调制空间假彩色编码的原理；

（2）以二维黑白图像作为输入，利用 $\theta$ 调制方法获得彩色的输出图像。

## 3.2.2　实验原理

一张黑白图像有相应的灰度分布。人眼对灰度的识别能力不高，最多有 15～20 个层次。但是人眼对色度的识别能力却很高，可以分辨数十种乃至上百种色彩。若能将图像的灰度分布转化为彩色分布，势必大大提高人们分辨图像的能力，这项技术称为光学图像的假彩色编码。假彩色编码方法有若干种，按其性质可分为等空间频率假彩色编码和等密度假彩色编码两类；按其处理方法则可分为相干光处理和白光处理两类。等空间频率假彩色编码是对图像不同的空间频率赋予不同的颜色，从而使图像按空间频率的不同显示不同的色彩；等密度假彩色编码则是对图像不同的灰度赋予不同的颜色。前者用以突出图像的结构差异，后者则用来突出图像的灰度差异，以提高对黑白图像的目视判读能力。黑白图像的假彩色化已在遥感、生物医学和气象等领域的图像处理中得到了广泛的应用。本实验采用 $\theta$ 调制空间假彩色编码方法获得彩色图像的输出。

$\theta$ 调制技术是阿贝成像原理的一种巧妙应用。对于一幅图像的不同区域分别用取向不同（方位角 $\theta$ 不同）的光栅预先进行调制，经多次曝光和显影、定影等处理后制成透明胶片，并将其放入光学信息处理 $4f$ 系统中的输入面，用白光照明，则在其频谱面上，不同方位的频谱均呈彩虹颜色。如果在频谱面上开一些小孔，则在不同的方位角上，小孔可选取不同颜色的谱，最后在信息处理系统的输出面上便得到所需的彩色图像。由于这种编码方法是利用不同方位的光栅对图像不同空间部位进行调制来实现的，故称为 $\theta$ 调制空间假彩色编码。具体编码过程如下。

（1）用光栅来调制二维图像进行编码拍照，在一透镜的前方放置一矩形光栅，当用一单色平面波垂直照射光栅时，在透镜的后焦面（即频谱面上）形成光栅衍射的离散频谱点，其排列方向垂直于光栅线的方向，如图 3-3 所示。设计一个二维图像，该图像由 A、B、C 三个部分组成，如图 3-4 所示，把 A、B、C 三部分图像制成三个不同方向的光栅，则谱面上的离散频谱点也有对应的三个方向。这样二维图像就受到不同方向光栅的调制，完成编码拍照的过程。

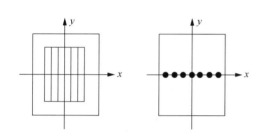
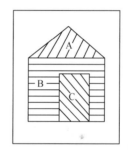

图 3-3　一维光栅的频谱　　　　　　　图 3-4　输入面上放置由不同方向光栅组成的图像

在全息干板上记录两列有一定夹角的平面波的干涉条纹，经显影、定影等处理后就得到全息光栅。图 3-5 是记录全息光栅的一种光路，由激光器发出的激光经分束镜 BS 后被分为两束，一束经反射镜 $M_1$ 反射、透镜 $L_1$ 和 $L_2$ 扩束准直后，直接射向全息干板 H；另一束经反射镜 $M_2$ 反射、透镜 $L_3$ 和 $L_4$ 扩束准直后，也射向全息干板 H。在对称光路布置下，两束准直光在干板上相干叠加，形成等距直线干涉条纹。干板经曝光、显影、定影、烘干等处理后，就得到一个全息光栅，且

$$2d\sin\frac{\theta}{2}=\lambda \tag{3-2}$$

式中，$d$ 为光栅常数，其倒数为光栅的空间频率 $f_0=1/d$；$\theta$ 为两束准直光之间的夹角；$\lambda$ 为激光波长。当 $\theta$ 值很小时

$$d\approx\frac{\lambda}{\theta} \tag{3-3}$$

$$\tan\frac{\theta}{2}\approx\frac{\theta}{2}=\frac{D}{l} \tag{3-4}$$

则可以得到估算低频全息光栅空间频率的公式[2]：

$$f_0 = \frac{1}{d} = \frac{2D}{l\lambda} \qquad\qquad (3\text{-}5)$$

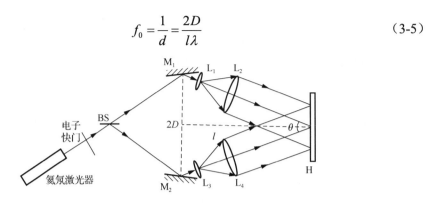

图 3-5　全息光栅记录光路

（2）空间滤波实现空间假彩色编码，得到彩色的输出像。在 $4f$ 系统的输入面放上由不同方向光栅组成的二维图像，用准直白光照射物平面，白光由各种波长的光（也就是不同颜色的光）组成，不同波长的光的非零级谱点与系统光轴夹角不同，所以在频谱面上的频谱就成为彩色的（每个谱点按波长长短从里向外按红、橙、黄、绿、青、蓝、紫的顺序排列）。每一部分图形对应一列频谱。按设计的颜色在频谱面上放滤波器，让预计的颜色通过，比如图形 A 对应的一列频谱中只让每一级谱点中的黄色通过，则输出像上 A 部分为黄色。

同理，可按照需要输出面上的 B、C 部分成为红色、绿色等，从而得到彩色的输出像，如图 3-6～图 3-9 所示[3]。

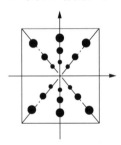

图 3-6　三组光栅各自对应一列频谱
　　　　（单色光照明时）

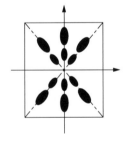

图 3-7　白光照明时频谱面上谱点呈彩色

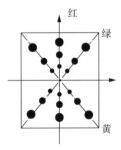

图 3-8　进行空间滤波，A、B、C 图形对应的
　　　　频谱上只放过黄、红、绿色部分

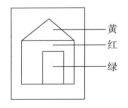

图 3-9　输出面上得到彩色像

## 3.2.3　实验器材

氦氖激光器、光开关、分束镜、反射镜、扩束镜、准直透镜、全息干板、白光点光源（如 150W 乌卤素灯、溴钨灯）、光屏、聚光透镜、小孔光阑、傅里叶变换透镜、白屏、孔屏、尺、可调方位干板架、曝光定时器、读数显微镜、暗室设备一套（显影液、定影液、水盘、量杯、安全灯、流水冲洗设施）等。

## 3.2.4　实验内容

（1）设计一个二维图形，如图 3-4 所示，预计输出图像上 A 为黄色，B 为红色，C 为绿色。

（2）做三块尺寸完全一样的硬纸板，按同样的相对位置分别画上二维图形。在第一块纸板 I 上将 A 部分图形雕空，第二块纸板 II 上将 B 部分图案雕空，在第三块纸板III上将 C 部分图案雕空。

（3）根据所要求制作的全息光栅的空间频率 $v=100$ 线对/mm（或 50 线对/mm），估算出两光束之间的夹角 $\theta$ 和相应的光路参数 $l$、$D$。

（4）按照图 3-5 所示结构布置光路，调整分束镜 BS，使两束光的光强相等，并使两光束相对于 BS 对称布置。调整反射镜 $M_1$ 和 $M_2$，使由它们反射回的两个细光束在干板面（白屏）中心重合。

（5）在两激光束未扩束前安入准直镜 $L_2$ 和 $L_4$，使其中心位置与激光束中心重合，办法是观察由各透镜两表面反射的系列光点是否位于同一条直线上；将扩束镜 $L_1$ 和 $L_3$ 分别置于 $L_2$ 和 $L_4$ 的前焦面上，使两束光经扩束、准直后，两个等大的光斑在全息干板面（白屏）上重合。

（6）关闭光开关，在两束光重叠处放可调方位干板架。将全息干板装在干板架上，使其药面对光，将纸板 I 插在干板之前曝光一次（约几秒）；取下纸板 I 换上纸板 II，并将纸板 II 和干板架一起旋转 60°，又曝光一次；取下纸板 II 换上纸板III，纸板III和干板一起向同前的方向旋转 60°，第三次曝光。每次曝光时间相同，每张纸板和干板的相对位置一致。

（7）将三次曝光的干板在暗室进行常规的显影、定影、水洗、晾干等处理，得到一张由三个不同方向光栅组成的二维图像。

（8）用白光再现编码图像：按图 3-10 所示，依次放入光学元件排好光路。白光光源 $S$ 用乌卤素灯，$L_0$ 的作用是聚焦，$L$ 的作用是准直获得平行光。$L_1$、$L_2$ 为傅里叶变换透镜，$L_1$ 对输入面（物面）$P_1$ 进行傅里叶正变换得到物的频谱 $P_2$，$L_2$ 对频谱进行傅里叶逆变换，将频谱还原成像面（输出面）$P_3$。在频谱面上放小孔滤波器，或者更简易的方法，放一张白纸屏在频谱面上，得到三组彩色的频谱点。在图形 $A$ 对应的一组频谱中，在纸屏上扎小孔，让这组频谱中的黄色通过。图形 $B$ 对应的一组频谱中让红色通过，图形 $C$ 对应的频谱中让绿色通过。在像平面上图形 $A$ 就成为黄色，图形 $B$ 成为红色，图形 $C$ 成为绿色，得到彩色像。彩色像的颜色可通过在频谱面上不同颜色上的谱点部分扎孔实现，并任意调色。

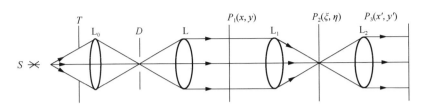

图 3-10　$\theta$ 调制法空间假彩色编码

### 3.2.5　思考题

（1）实验过程中，得到的输出像往往出现串色现象，这是怎样引起的？应采取什么措施来克服串色现象？

（2）用白光再现时，大部分光能向四周辐射损失掉，光能利用率低，再现亮度不大，可从哪些方面改进？

## 3.3　同轴全息透镜

### 3.3.1　实验目的

（1）掌握同轴全息透镜的原理；

（2）实际制作一个全息透镜，观察它的成像特性，和普通透镜作比较。

### 3.3.2　实验原理

制作一种全息图，使其具有准直、成像、转像的功能，我们称其为全息透镜。点源全息透镜的制作原理如图 3-11（a）所示。点光源 $A$ 发出发散的球面波，$B$ 则是一个会聚球面波的交点，两光波相干。在两束光相重叠的干涉场内，放置一种全息记录介质，通过曝光和显影、定影等处理，就可以制成全息透镜。

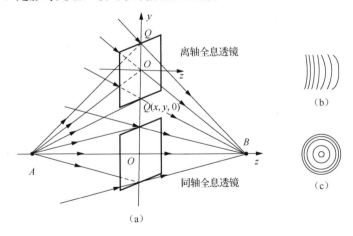

图 3-11　全息透镜的记录及其光栅结构

如果记录介质表面中心的法线与 $A$、$B$ 两点的连线不重合，则是离轴全息透镜，其光栅结构如图 3-11（b）所示；否则便是同轴全息透镜，其光栅结构如图 3-11（c）所示。

可以看出同轴全息透镜实质上是一组透光与不透光相间的同心圆环，图中 $A$ 是物点，坐标为 $(0,0,z_A)$ ，$B$ 为参考点源，其坐标为 $(0,0,z_B)$ ，如 $z_A,z_B$ 均代表代数量，则 $A,B$ 在记录介质表面 $Q$ 上的复振幅分布分别为

$$u_A(x,y) = A_0 \exp\left(-jk\frac{x^2+y^2}{2z_A}\right) \tag{3-6}$$

$$u_B(x,y) = B_0 \exp\left(-jk\frac{x^2+y^2}{2z_B}\right) \tag{3-7}$$

$Q$ 上的光强分布为

$$
\begin{aligned}
I(x,y) = &A_0^2 + B_0^2 + A_0 B_0 \exp\left[jk\frac{x^2+y^2}{2}\left(\frac{1}{z_A}-\frac{1}{z_B}\right)\right] \\
&+ A_0 B_0 \exp\left[-jk\frac{x^2+y^2}{2}\left(\frac{1}{z_A}-\frac{1}{z_B}\right)\right]
\end{aligned}
\tag{3-8}
$$

经过线性处理后，全息图的透过率为

$$
\begin{aligned}
t(x,y) = &t_0 + t_1 \exp\left[-jk\frac{x^2+y^2}{2}\left(\frac{1}{z_A}-\frac{1}{z_B}\right)\right] \\
&+ t_1 \exp\left[jk\frac{x^2+y^2}{2}\left(\frac{1}{z_A}-\frac{1}{z_B}\right)\right]
\end{aligned}
\tag{3-9}
$$

式中，$t_0,t_1$ 是与 $x$ 无关的常数。对应于图 3-11 所示的情况，$z_A<0$ ，$z_B>0$ ，所以 $(1/z_A)-(1/z_B)<0$ 。于是，公式（3-9）中第二项相当于负透镜，第三项相当于正透镜。

　　全息透镜有与普通透镜相似的一面，能聚焦。平行光通过全息透镜能得到一会聚球面波，会聚点即为它的焦点，焦点到全息透镜的距离即为它的焦距。必须指出：全息透镜的焦距并不一定等于制作时形成球面波的透镜的焦距，它只取决于光束会聚点至全息干板的距离。如果记录和再现时所用的光波长不同，则焦距

$$f = \frac{z_B z_A}{\mu(z_B - z_A)} \tag{3-10}$$

式中，$\mu = \lambda/\lambda_0$ ，$\lambda_0$ 是记录时使用的光波长，$\lambda$ 是成像时所用的光波长。可见，全息透镜的焦距与所使用的光波长有关。

　　全息透镜也具有成像作用，其成像规律与普通透镜一致。若成像和记录使用同一波长的光，则相应的物像关系为

$$\frac{1}{z_1} - \frac{1}{z_0} = \frac{1}{f} \tag{3-11}$$

式中，$z_1$ 为像距；$z_0$ 为物距。

　　全息透镜还有一些与普通透镜不同的特点：

　　（1）由于正弦型薄全息图总是同时存在±1 级衍射，同一个全息透镜往往既是正透镜又是负透镜。因此，观察同轴全息透镜成像时，既能看到类似凸透镜成的实像，又能看到类似凹透镜所成的虚像。而普通透镜要么是正透镜，要么是负透镜，二者不可兼得。

　　（2）对于非线性记录的薄全息透镜，再现时，除了±1 级衍射外还同时有高次衍射，

如±2 级、±3 级等衍射，因此存在多重焦距和多重像。透过全息透镜看一发光物体，能看到一串大大小小的像。

（3）色散作用。由于衍射角度对应于不同波长的入射光有不同的数值，所以同一全息透镜即使是对同一级衍射形成的会聚点的焦距，不同波长有不同的数值，红光焦距较长，黄光绿光较短。所以全息透镜成的像会有明显的色散，特别是离轴全息透镜所成的像，色散更明显。

### 3.3.3　实验器材

氦氖激光器、分束镜、全反射镜、扩束镜、准直透镜、透镜、孔屏、白屏、干板架、曝光定时器、光开关、暗室设备一套（显影液、定影液、水盘、量杯、安全灯、流水冲洗设施）、支架等。

### 3.3.4　实验内容

（1）点燃激光器，调节激光器输出的光束与工作台面平行，用自准直法调节各光学元件表面与激光束的主光线垂直。

（2）按图 3-12 所示，依次加入光学元件排光路。由扩束镜 C 和准直透镜 $L_1$ 共焦出射的平行光被分束镜 $BS_1$ 分为两束，一束透过 $BS_1$ 经反射镜 $M_2$ 再经 $BS_2$ 反射到达 H 处的白屏上，这是一束平面波；另一束经 $BS_1$、$M_3$ 反射再经过一个透镜 $L_2$ 会聚于 $A$ 点，然后发散到白屏上，这相当于一束由点源 $A$ 点发出的球面波。两束光通过平行四边形的两个边，等光程到达白屏发生干涉。

（3）用放大镜在白屏上或取下白屏延长光路到对面的墙上观察干涉形成的同心圆光场分布。在中心部位，由于球面波的光线与平面波光线之间的夹角很小，所以条纹间距较疏，而边缘部位由于两束光线夹角大，条纹较密。

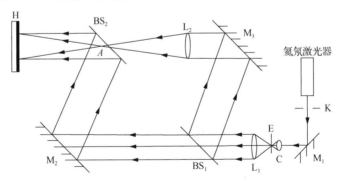

图 3-12　同轴全息透镜记录光路

（4）关闭光开关 K，取下白屏换上全息干板，稳定 1min 用曝光定时器控制光开关曝光。

（5）将曝光后的全息干板进行常规的显影等暗室处理得到同轴全息透镜。

（6）再现与观察。将制作好的全息透镜放回原位，挡去球面波，只让平面波照射在全息透镜上，它将能再现球面波。在全息透镜后面观察，除了能看到平行光透过来的 0 级分量外，还能看到"从 $A$ 点发出来的"发散光，这是+1 级衍射分量。实际 $A$ 点只是一个虚光源。这说明平行光通过同轴全息透镜能得到一个发散的球面波，即同轴全息透镜相当于一个凹透镜。其焦距——$A$ 点到全息透镜之间的距离就是制作全息透镜时球面波的点源到干板之间的距离。另外，用一个屏在全息透镜后面还能找到一个光束的会聚点 $A'$，这就是-1 级衍射。$A'$ 到全息透镜的距离与 $A$ 到全息透镜的距离相等。从这一点来看，平行光束通过全息透镜又能得到一个会聚光束，即同一个全息透镜又相当于凸透镜，如图 3-13 所示。

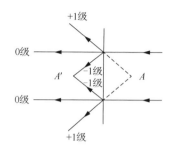

图 3-13　平行光通过全息透镜

还可以用做好的全息透镜观察它的成像作用。把发光物体（如一小灯泡）放在全息透镜二倍焦距之外，可在全息透镜后面一倍到二倍焦距之间得到物体的倒立、缩小的实像（用毛玻璃或白屏接收观察）；当物体在全息透镜一倍到二倍之间时，可在全息透镜二倍焦距之外得到一个放大、倒立的实像；如果发光物体在一倍焦距之内，在全息透镜后面可以看到一个放大、正立的虚像出现在物体的同一侧。

### 3.3.5　思考题

（1）比较全息透镜与普通透镜的异同。
（2）设计光路实现透射式离轴全息透镜的制作。

# 3.4　漫反射物体三维全息照相

## 3.4.1　实验目的

（1）掌握漫反射物体三维全息照相的原理；
（2）能熟练拍摄漫反射物体的三维全息图；
（3）能再现全息图虚像，仔细观察并总结全息照相的特点。

## 3.4.2　实验原理

在 1948 年，英籍匈牙利物理学家丹尼斯·盖伯（Dennis Gabor）就根据光的干涉和衍射原理，提出了重现波前的全息照相理论。但当时，采用汞灯作为光源，获得的同轴全息图±1 级衍射波是分不开的，即存在"孪生像"问题，这是第一代全息图。

1960 年，激光器问世，提供了一种高相干性光源。1962 年，美国科学家利思（Leith）和乌帕特尼克斯（Upatnieks）等提出了离轴全息术，利用激光拍摄成了完善的全息照片，在一张平面全息图底片的后面重现了与原物逼真的三维形象，这是第二代全息图。

由于激光再现的全息图失去了色调信息，人们开始致力于研究第三代全息图，即利用激光记录和白光再现的全息图，例如反射全息、像全息、彩虹全息及模压全息等，在一定的条件下赋予全息图以鲜艳的色彩。

激光的高度相干性，要求全息拍摄过程中各个元件、光源和记录介质的相对位置严格保持不变，并且相干噪声也很严重，这给全息技术的实际应用带来种种不便。于是科学家又回过头来继续探讨白光记录的可能性。第四代全息图可能是白光记录和白光再现的全息图，它将使全息术最终走出实验室，进入广泛的应用领域。

普通照相过程中，感光材料只记录了光波的强度因子而失掉了光波的另一个主要因子——位相因子，所以普通照相不能完全反映拍摄物的真实相貌，只能呈现一个平面图像，失去了立体感。全息照相的关键是引入了一束相干的参考光波，它和从物体表面漫反射来的物光波在全息干板处干涉，把物光波携带的全部信息——强度和位相"冻结"在全息干板上，用干涉条纹的形式记录下来。即利用干涉现象把每个物点的振幅和位相信息转换成强度的函数，在二维或三维介质中以干涉图像的形式记录下来。经过显影、定影等暗室处理，干涉图样就留在干板上了，这就是三维全息照片。干涉图样的亮暗对比度及反衬度反映了物光波振幅的大小，即强度因子；条纹的形状、间隔等几何特征反映了物光波的位相分布。综上所述，全息照相与普通照相的根本区别有两点：第一，普通照相只记录了物光波的强度因子而失去了位相因子，全息照相记录物光波的全部信息；第二，普通照相记录的是光波通过透镜所成的像，而全息照相是以干涉条纹的形式直接记录物光波本身。

全息照片上只有密密麻麻的干涉条纹，相当于一块复杂的光栅板。当用与记录时的参考光完全相同的光以同样的角度照射全息照片时，就能在光栅的衍射光波中得到原来的物光，被"冻结"在全息照片上的物光波就能"复活"了。通过全息照片在原来放置物体的地方（尽管物已被拿走）就能看见一个逼真的虚像。它和原物体一模一样，达到乱真的程度。这就是全息图的波前再现。

下面对全息记录和波前再现的过程进行具体的数学描述并讨论数学表达式各项的物理含义。由物体漫反射的单色光波在干板平面 $xy$ 上的复振幅分布为 $O(x,y)$，称为物光波。同一波长的参考光波在干板平面 $xy$ 上的复振幅分布为 $R(x,y)$。物光波和参考光波叠加以后在干板平面的强度为

$$I(x,y) = \left| O(x,y) + R(x,y) \right|^2$$
$$= \left| O(x,y) \right|^2 + \left| R(x,y) \right|^2 + O(x,y)R^*(x,y) + O^*(x,y)R(x,y) \quad (3\text{-}12)$$

若全息干板的曝光和冲洗都控制在振幅透过率 $\tau$ 随曝光量 $E$ 变化曲线的线性部分，则全息干板的投射系数 $\tau(x,y)$ 与光强 $I(x,y)$ 呈线性关系，即

$$\tau(x,y) = \alpha + \beta I(x,y) \quad (3\text{-}13)$$

这就是全息图的记录过程。

波前再现过程如下，用某一单色光将全息图照明，若在干板平面上该光波的复振幅为 $P(x,y)$，则经过全息图后的复振幅分布为

$$P(x,y)\tau(x,y) = \alpha P(x,y) + \beta P(x,y)\left[\left|O(x,y)\right|^2 + \left|R(x,y)\right|^2\right]$$
$$+ \beta P(x,y)O(x,y)R^*(x,y) + \beta P(x,y)O^*(x,y)R(x,y) \quad (3\text{-}14)$$

式中，第一、二项都具有再现光的位相特性，因此这两项实际与再现光无本质区别，它们的方向与再现光相同，称为零级衍射光。在第三项中，当取再现光和参考光相同时，$P(x,y)$ 与 $R^*(x,y)$ 的积等于一个常数，则这一项便是与原物光波相同的复振幅 $O(x,y)$ 了，即这一项是与物光波相同的衍射波，具有原始物光波的一切特性（它相乘的常数分布是无关紧要的）。如果用眼睛接收到这样的光波，就会看见原来的"物"。这个与"物"完全相同的再现像是一个虚像，称原始像。当再现光与参考光相同时，第四项有与原物共轭的位相，说明这一项代表一个实像，它不在原来的方向上而是有偏移，称之为"共轭像"。通常把原始像的衍射光波称为+1 级衍射波。这就是我们需要的三维虚像，把形成共轭像的光波称为-1 级衍射波。

全息图虚像的观察方法如图 3-14 所示。把拍摄好的三维全息图放回拍摄光路中全息干板 H 的位置处，挡着物光，用原来的参考光照射全息图，或者用与原来参考光相同的光束以同样的角度照射在全息图上，眼睛置于图中 A 处，透过全息图在原来放物的位置 O 处看到物体的虚像，它和原物完全一样，犹如拍摄物没有拿走一样。

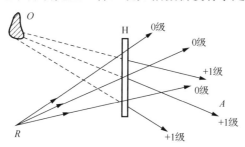

图 3-14　全息图虚像的观察

全息图实像的观察方法如图 3-15 所示。用原参考光 $R(x,y)$ 的共轭波 $R^*(x,y)$ 照射全息图，手持一块毛玻璃在实像的位置 B 的附近来回移动可接收到实像，眼睛聚焦到毛玻璃处，拿走毛玻璃，即可以看见实像悬浮于干板之外的某处。

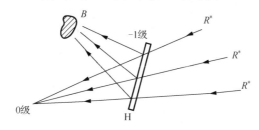

图 3-15　全息图实像的观察

## 3.4.3　实验器材

氦氖激光器、全反射镜、分束镜、扩束镜、全息干板、空屏、白屏、干板架、尺、光开关、曝光定时器、光强测量仪、显微镜、投影仪、暗室设备一套（显影液、定影液、水盘、量杯、安全灯、流水冲洗设施）等。

## 3.4.4　实验内容

（1）点燃激光器，微调由激光器出射的激光束与工作台面平行。用自准法调整各光学元件的表面与激光束的主光线垂直。按照图 3-16 所示光路，依次放入光学元件，调整过程中，特别注意以下几点：

①在干板平面处，物光、参考光的光强比可在 1∶1～1∶10 之间选择，可根据物体表面漫反射的情况来定，一般选 1∶4 左右为宜。可用光强测定仪在干板位置处测量。若无光强测定仪则用白屏或者毛玻璃屏放在干板位置处用眼睛观察。

②物光、参考光光程相等。

③物光、参考光的角度可以稍大一些（如大于 40°），这样再现时+1 级衍射光和 0 级光可以分得开些，便于观察虚像。

④照明被拍摄物的光应将物体均匀照亮，调节物体方位使物体漫反射光的最强部分均匀地落在干板上，参考光均匀照明并覆盖整个干板。物光波和参考光波在干板上要重合好（用白屏来调）。

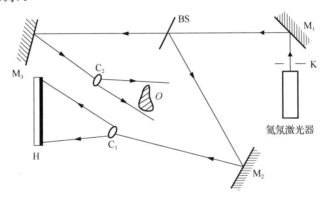

图 3-16　漫反射物体三维的全息记录光路

（2）关闭光开关，在 H 处放全息干板架夹持干板，干板的药面应面向被拍摄物。根据干板处物光、参考光的强度选择合适的曝光时间（数秒到数十秒间）。稳定 1min 后用曝光定时器控制光开关曝光。

（3）将曝光后的全息干板在暗室进行常规的显影、定影、水洗、干燥等处理，得到一张漫反射物体的三维全息照片。

（4）将冲洗好的全息干板放在干板架上，拿走被拍摄物，挡着物光，用原参考光照明全息图，在原来放置被拍摄物的地方可以看到物体的虚像，通过观察，分析全息照相的特点。

（5）将拍好的全息图放在投影仪谱片台上，调焦至影屏上的斑纹图像清晰，测出条纹间距。

（6）将制得的全息图放在显微镜物台上，换上合适的目镜（15×）、物镜（40×），调焦到视野中出现清楚的条纹为止。仔细观察，分析条纹状况，测出条纹间距。

## 3.4.5　思考题

（1）用激光束将一组物体的正面、侧面充分照明，然后拍出这一组物体的三维全息图。再现观察虚像时，如果前排物体挡着后排物体的一部分，能否设法将挡着的部分看清楚？普通照片上若发现前排物体挡着后排物体的一部分，能有办法将挡着的部分看清楚吗？试作一比较。

（2）虽然激光器有一定的相干长度，为什么拍摄全息图时仍要求物光和参考光光程相等？

# 3.5　傅里叶变换全息图

## 3.5.1　实验目的

（1）掌握傅里叶变换全息图的原理；
（2）拍摄一张傅里叶变换全息图，观察其再现像；
（3）总结傅里叶变换全息图的特点及影响其质量的因素。

## 3.5.2　实验原理

傅里叶变换全息图是全息图的一种特殊类型，它不像一般全息图那样记录物光波本身，而是记录物光波的空间频谱，即记录物光波的傅里叶变换。引入一束参考光，和物的频谱相干涉，用得到的干涉条纹记录物频谱的振幅分布和位相分布就得到傅里叶变换全息图。这就需要利用透镜对物分布作傅里叶变换，然后把记录介质置于频谱面上记录参考光和频谱的干涉条纹。

记录傅里叶变换全息图可以采用点光源照明和平行光照明两种方式。用单色点光源将物体照明以后，通过透镜在点光源的共轭像面上能得到物分布的傅里叶频谱；当用单色平行光将物照明时，频谱面与透镜后焦面重合。用平行光照明方式记录傅里叶变换全息图的光路布置如图 3-17 所示。

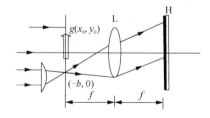

图 3-17　傅里叶变换全息图的记录原理

物分布 $g(x_0, y_0)$ 放在透镜 L 的前焦面上，通过透镜后在后焦面上得到其频谱函数

$$G(f_x, f_y) = G(\frac{x}{\lambda f}, \frac{y}{\lambda f}) \qquad (3-15)$$

式中，$f_x$、$f_y$ 是空间频率；$x$，$y$ 表示后焦面的坐标；$f$ 是透镜焦距。透镜 L 将入射平行光会聚于其前焦面的 $(-b, 0)$ 点，通过小孔照射到 L 上，通过 L 后变为参考光 $R$。放在

L 后焦面上的记录介质 H 接收到的光振动是物频谱和参考光两部分，H 上的光强分布为

$$I(f_x, f_y) = GG^* + R^2 + RG\exp(-\mathrm{j}2\pi bf_x) + RG^*\exp(\mathrm{j}2\pi bf_x) \tag{3-16}$$

如果对底片的处理是线性的，则底片透过率可以表示为

$$t = \alpha + \beta I \tag{3-17}$$

在透过率中包含着 $G(f_x, f_y)$ 和 $G^*(f_x, f_y)$ 两项，这两项在再现时再作一次傅里叶变换就能得到物的原始像和共轭像。

再现傅里叶变换全息图的光路布置如图 3-18 所示。透镜焦距仍为 $f$，将全息图放置于其前焦面上，用波长为 $\lambda$、振幅为 $C_0$ 的平行光垂直照明，全息图的光振动分为四个部分：

$$\begin{cases} g_1(x, y) = C_0\alpha + C_0\beta R^2 \\ g_2(x, y) = C_0\beta GG^* \\ g_3(x, y) = C_0\beta RG(\dfrac{x}{\lambda f}, \dfrac{y}{\lambda f})\exp(-\mathrm{j}2\pi b\dfrac{x}{\lambda f}) \\ g_4(x, y) = C_0\beta RG^*(\dfrac{x}{\lambda f}, \dfrac{y}{\lambda f})\exp(\mathrm{j}2\pi b\dfrac{x}{\lambda f}) \end{cases} \tag{3-18}$$

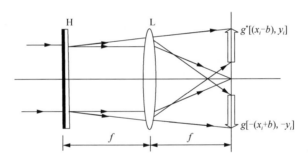

图 3-18　傅里叶变换全息图的再现原理

式（3-18）中，第一式是常数，表示具有一定振幅的平行于光轴的平行光，经过透镜 L 的傅里叶变换后，是位于后焦点的一个亮点（$\delta$ 函数）。

第二式经过傅里叶变换后是物分布的自相关函数（由傅里叶变换的自相关定理 $F[C_0\beta GG^*] = C_0\beta R$，$g$ 可得到），这部分分布的总宽度是物分布宽度的两倍，称为中心晕轮光。

对第三式作傅里叶变换并略去与分布无关的常数 $C_0\beta R$，则

$$\begin{aligned} F[g_3(x, y)] &= \int_{-\infty}^{+\infty}\int_{-\infty}^{+\infty} G(\dfrac{x}{\lambda f}, \dfrac{y}{\lambda f})\exp(-\mathrm{j}2\pi b\dfrac{x}{\lambda f})\exp[-\mathrm{j}2\pi(x\dfrac{x_i}{\lambda f} + y\dfrac{y_i}{\lambda f})]\mathrm{d}x\mathrm{d}y \\ &= (\lambda f)^2 g[-(x_i + b), -y_i] \end{aligned} \tag{3-19}$$

式中，除了一个常数外，分布 $g[-(x_i + b), -y_i]$ 与物分布一样，只是坐标反转了，并且在 $x_i$ 的方向上相对移动了 $-b$，这就是再现得到的原始像。

对第四式可做类似第三式的处理，它的傅里叶变换为

$$F\left[g_4(x,y)\right]=\int_{-\infty}^{+\infty}\int_{-\infty}^{+\infty}G^*\left(\frac{x}{\lambda f},\frac{y}{\lambda f}\right)\exp\left(j2\pi b\frac{x}{\lambda f}\right)\exp\left[-j2\pi\left(x\frac{x_i}{\lambda f}+y\frac{y_i}{\lambda f}\right)\right]\mathrm{d}x\mathrm{d}y$$
$$=(\lambda f)^2 g^*\left[(x_i-b),y_i\right] \tag{3-20}$$

式中，除一个常数外，得到的就是物的共轭分布，它在 $x$ 方向上移动了 $b$，这就是再现得到的共轭像。

### 3.5.3　实验器材

氦氖激光器、全反射镜、连续分束镜、扩束镜、准直透镜、傅里叶变换透镜、物（透明底片）、全息干板、干板架、孔屏、白屏、尺、曝光定时器、光开关、光强测量仪、暗室设备一套（显影液、定影液、水盘、量杯、安全灯、流水冲洗设施）、导轨、支架等。

### 3.5.4　实验内容

（1）点燃激光器，调整由激光器出射的激光细束与工作台面平行，用自准直法将各光学元件的表面调至与工作台面垂直。

（2）先不放入扩束镜 $C_1$、$C_2$ 和准直镜 $L_1$、$L_2$ 及物 O，按照图 3-19 所示光路，依次放入光学元件，用细光束调好光路，使由连续分束镜 BS 分开的两束光到全息干板 H 处的光程相等，在两束光重合处放上白屏。

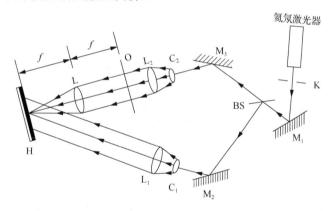

图 3-19　傅里叶变换全息实验光路图

（3）在两路光中分别加入扩束镜 $C_1$、$C_2$ 和准直镜 $L_1$、$L_2$，沿光轴方向调整扩束镜和准直镜间距离以实现二者共焦，调成平行光。

（4）在一束平行光中加入傅里叶变换透镜 L，沿光轴方向前后移动 L 使它的后焦面位于 H 面上，在 L 的前焦面上放入透明底片，或放入有通孔的黑纸（一定形状），调节 BS 的位置使 H 处物光、参考光的光强比为一合适的值。一般来说物的空间频谱中，低频成分大于高频成分。如果在记录中欲强调低频成分，参考光就需调整强一些，曝光时间短一些，这样对低频成分有合适的记录而对高频成分则曝光不足，再现像的高频损失较多；若欲强调高频成分，则要求参考光弱一些，曝光时间长一些，此时低频部分可能会由于曝光过度而衍射效率低，而高频部分的曝光则是合适的，再现像中低频损失较多，高频得到较好的再现。

（5）关闭光开关，在 H 处取下白屏换上全息干板，稳定 1min 后用曝光定时器控制光开关曝光，曝光时间为几秒到十几秒。

（6）取下曝光后的全息干板，在暗室进行常规的显影、定影、水洗、干燥等处理，得到傅里叶变换全息图。

（7）挡掉原纪录光路中的参考光，取下透明底片，换上处理好的全息图，在 H 处的毛玻璃上看到再现的原始像和共轭像居于中央亮斑的两侧，中央亮斑是原物的自相关。

（8）将全息图沿垂直于光轴的方向平移，观察再现像的位置是否发生变化。

（9）将全息图沿光轴向透镜 L 移动，观察再现像变化的情况。

（10）将全息图置于透镜 L 之后，在不同位置上观察再现像的情况。

### 3.5.5　思考题

（1）要想使再现像不受晕轮光的影响，可以采用什么方法？

（2）再现时若改用激光细束照射傅里叶全息图，结果将怎样？

（3）再现时用会聚光束或发散光束，得到的再现像与用平行光得到的再现像有何不同？

# 3.6　彩虹全息图

## 3.6.1　实验目的

（1）掌握制作一步彩虹全息图的原理和方法；

（2）掌握制作二步彩虹全息图的原理和方法；

（3）总结一步彩虹全息图和二步彩虹全息图的异同和利弊；

（4）了解彩虹全息图的基本性质。

## 3.6.2　实验原理

彩虹全息是用激光记录全息图，用白光照明再现单色像的一种全息技术。它是利用记录时在光路的适当位置加狭缝，再现时同时再现狭缝像，观察再现像时将受到狭缝再现像的限制。当用白光照明再现时，对不同颜色的光，狭缝和物体的再现像位置都不同，在不同位置将看到不同颜色的像，颜色的排列顺序与波长顺序相同，犹如彩虹，因此这种全息技术被称为彩虹全息。

1969 年，本顿（Benton）首先提出二步彩虹全息。因为二步彩虹全息要记录两次全息图，程序比较复杂，且易产生散斑噪声，信噪比低。1978 年，美籍华人陈选、杨振寰等又利用像全息提出了一步彩虹全息技术。这种方法程序简单，相干散斑噪声较小，信噪比较高，但视场受透镜大小的限制。从本质上讲，一步彩虹和二步彩虹毫无区别，只是在记录彩虹全息的步骤上，一步彩虹更简单。

### 1. 二步彩虹全息

二步彩虹包括两次全息记录，如图 3-20 所示。首先对要记录的物体拍摄一张菲涅尔

离轴全息图 $H_1$，称为主全息图（master hologram），如图 3-20（a）所示；然后将该全息图 $H_1$ 作为母片，用共轭参考光 $R_1^*$ 照明，产生物体的赝实像（凹凸与物体相反的像称为赝像），干板 $H_2$ 置于实像前，并在 $H_1$ 的后面放置一狭缝。这样，干板 $H_2$ 上得到的物光仅是从狭缝 S 透过的光波，如图 3-20（b）所示。用会聚的参考光 $R_2$ 记录 $H_2$，如图 3-20（c）所示，便得到一张二步彩虹全息图。重现时，用共轭光 $R_2^*$ 照明 $H_2$，则产生第二次赝实像。由于 $H_2$ 记录的是原物的赝实像，故重现的第二次赝实像对原物来说就是一个正常的像。与原物的重现像一起出现的是狭缝的重现像，它起一个光阑的作用，因此不能观察到完整的像。

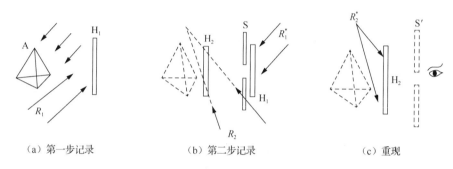

（a）第一步记录　　　　　　（b）第二步记录　　　　　　（c）重现

图 3-20　二步彩虹全息图的记录与再现

如果采用白光来照明彩虹全息图，则每一种波长的光都形成一组狭缝像和物体像，其位置随波长连续变化。若观测者的眼睛在狭缝像附近沿垂直于狭缝方向移动时，将看到颜色按波长顺序变化的再现像。若观察者的眼睛位于狭缝后方适当位置时，由于狭缝对视场的限制，通过某一波长所对应的狭缝只能看到再现像的某一条带，其色彩与该波长对应。同波长相对应的狭缝在空间是连续的，因此，所看到的物体像就具有连续变化的颜色，像雨后天空中的彩虹。

### 2. 一步彩虹全息

彩虹全息的本质是要在观察者与物体的再现像之间形成一狭缝像，使观察者通过狭缝像来看物体的像，以实现白光再现单色像，一步彩虹全息图的记录光路是在全息照相的光路中（图 3-16），在记录干板与物体之间插入一个成像透镜和一个水平狭缝，把物体和狭缝的像一次记录下来，而不需要主全息图。根据狭缝放置的位置不同，一步彩虹全息图的记录光路分为两种：一种是赝像记录光路，另一种是真像记录光路。

赝像记录光路如图 3-21 所示，狭缝紧贴成像透镜后面放置，成像透镜只对物体成实像，对狭缝不成实像，狭缝位于透镜焦点之内，在焦点外成虚像。用会聚光作参考光。

赝像再现光路如图 3-22 所示，用逆参考光照明再现，形成狭缝的实像和物体的虚像。眼睛置于狭缝的实像处，观察到物体的虚像，这个像是一个赝像，这一光路只适合于二维平面物体的记录。

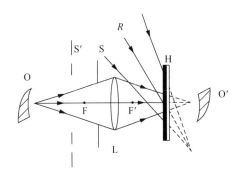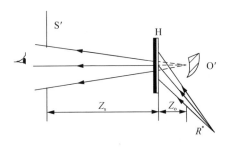

图 3-21　一步彩虹全息赝像记录光路图　　　图 3-22　一步彩虹全息赝像再现光路图

真像记录光路如图 3-23 所示，狭缝和物体 O 均放在透镜 L 的焦点以外，狭缝位于物体和透镜之间。成像透镜对物体和狭缝均成实像，二者的像均在透镜的另一侧，物体的实像和狭缝的实像分别成在记录干板的前边和后边，物体的像离全息干板近一些。

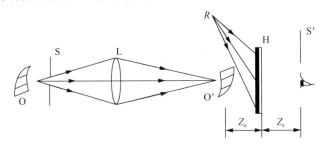

图 3-23　一步彩虹真像记录光路图

再现时，用与原参考光方向相同的光照明，在全息图与观察者之间形成狭缝的实像，眼睛在狭缝像处观察可看到物体的虚像，再现像不再是赝视的。为了改善一步彩虹视场受成像透镜相对孔径的限制，有几种方法可以补救：第一，使用大相对孔径的照相镜头作为成像透镜；第二，把两个照相镜头串联使用；第三，在全息干板 H 之前加一个场镜。

**3. 彩虹全息图像性质**

**1）像的单色性**

彩虹全息用白光照明再现的单色像与激光照明再现的单色像有所不同，它包含一个小的波长范围 $\Delta\lambda$，设在某一固定位置所观察到的单色像的波长范围是从 $\lambda$ 到 $\lambda+\Delta\lambda$，则把 $\Delta\lambda/\lambda$ 称为像的单色性。设狭缝宽度为 $a$，狭缝与全息图 $H_2$ 的距离为 $Z_s$，人眼瞳孔直径为 $D$，$\beta_R$ 为参考光与物光的夹角，则

$$\frac{\Delta\lambda}{\lambda}=\frac{D+a}{Z_s\cos\beta_R} \tag{3-21}$$

由此可见，参考光与物光的夹角 $\beta_R$ 越大，观察距离 $Z_s$ 越远和狭缝宽度 $a$ 越窄时，像的单色性越好。

**2）像的分辨率**

彩虹全息图要引入一狭缝，狭缝的存在会引起边缘分辨率的损失。设记录的相干光源波长为 $\lambda_1$，狭缝与全息片之间的距离为 $s$，全息片与点像之间的距离为 $d$，狭缝像的宽

度为 $W$，则分辨率（最小分辨距离）为

$$\Delta h_r = \frac{\lambda_1(d+s)}{W} \qquad (3\text{-}22)$$

由此可见，分辨率与再现波长无关，它正比于物像的位置以及狭缝像与全息片间的距离，反比于狭缝的宽度。当分辨率小于一定值，产生的像模糊。像模糊随分辨率减小而增大，即随狭缝宽度的减小而增大。

3）像的色模糊

当彩虹全息图用共轭白光照明时，再现的狭缝存在有限的波长展开 $\Delta\lambda$，这就引起全息像的色模糊。色模糊定义为全息点像的弥散距离，经计算，色模糊

$$\Delta I_\lambda = |Z_o| \left| \frac{D+a}{Z_s} \right| \qquad (3\text{-}23)$$

式中，$Z_o$ 为赝实像与 $H_2$ 之间的距离。可见，狭缝越窄，赝实像与全息图 $H_2$ 距离越近，狭缝与全息图距离越远，则像的色模糊量越小。

4）像的线模糊

若用理想的单色点光源照明，彩虹全息图一物点的再现像为一点。如果光源的线度增加，当照明光源的线度为 $\Delta C$ 时，则再现全息像点的线度为 $\Delta I$，若 $\Delta I$ 小于人眼的分辨率极限，则不影响观察。定义 $\Delta I$ 为线模糊，可表示为

$$\Delta I = \frac{\Delta C}{|L_c|} |Z_o| \qquad (3\text{-}24)$$

式中，$\Delta C$ 表示再现白光源的线度；$L_c$ 表示照明光线到全息图的距离。可见，照明光线越小，赝实像和全息干板 $H_2$ 距离越小，照明光源到全息图的距离越大，则线模糊越小。若 $Z_o$ 到 0，则 $\Delta C$ 可允许很大，也就是说彩虹全息成为像全息时，光源大小可忽略。

从上面讨论可以看出：第一，狭缝是彩虹全息图的一个关键元件，再现的狭缝像在观察者眼前起到准单色滤光镜的作用，若狭缝水平放置就保留了物体水平方向的视差，若竖直放置就保留了物体记录后竖直的视差，而垂直于狭缝方向的物信息绝大部分被限制着，丢掉了垂直于狭缝方向的视差。关于狭缝的宽度，只能取折中方案。狭缝的宽度越小，再现像的色模糊越小，但分辨率也下降，当缝宽小到一定的值时，缝的衍射效应使得分辨率大大下降，使像模糊大大增加，同时物光也被衰减得太弱。第二，使彩虹全息再现像发生线模糊。色模糊和像模糊的共同原因就是实像到全息干板的距离 $Z_o$ 变大。因此，$Z_o$ 的大小应该控制在一定范围内，一般在 10cm 以内。若再现光源为普通白炽灯泡，$Z_o$ 最好不超过 5cm，使线模糊 $\Delta I$ 小于眼分辨率。

## 3.6.3  实验器材

氦氖激光器、光开关、连续分束镜、全反射镜、扩束镜、成像透镜、全息干板、狭缝、孔屏、白屏、干板架、载物台、被拍摄物、尺、毛玻璃、曝光定时器、光强测量仪、暗室设备一套（显影液、定影液、安全灯、水盘、量杯、流水冲洗设施）、导轨、支架等。

### 3.6.4 实验内容

1. 一步彩虹全息图

（1）点燃激光器，调整由激光器出射的光束与工作台面平行，用自准直光调整各光学元件的表面与激光束的主光线垂直。按照图 3-24 所示光路，依次放入光学元件，注意：

①选择合适的光学元件。成像透镜 L 宜用大相对孔径的照相镜头，必要时可用两个镜头串联使用。BS 用连续分光镜。

②调整物光路，先不放狭缝 S，物体躺倒放置。加入成像透镜 L 以后，在 L 的后方用毛玻璃寻找物体的实像。透过 L 看实像，沿光轴方向移动物体，调整物距和像距，使人眼恰好能看到整个实像。调整好后在实像后面 5cm 处放置干板架。

③加入狭缝 S（水平方向放置），在干板架后面用毛玻璃找狭缝的像 S′，移动狭缝（沿光轴方向）使 S′ 到干板的距离为 40cm 左右。狭缝的宽度约 1mm 左右，通过狭缝的像观察物体的实像是否完整，若狭缝的像左右不全，可适当加大狭缝宽度或更换较小的物体。

④调整反射镜 $M_2$ 的位置，使参考光光程和物光光程相等。

⑤参考光与物光的光强比在 4∶1～8∶1 间选择。

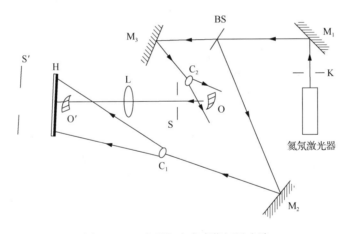

图 3-24　一步彩虹全息真像记录光路

（2）关闭光开关，在干板架上放上全息干板，稳定 1min 后利用曝光定时器控制光开关曝光。

（3）将曝光后的全息干板在暗室进行常规的显影、定影、水洗、干燥等处理，得到一张一步彩虹全息图。

（4）将制得的彩虹全息图用记录时的参考光进行再现，观察物体的像和狭缝的像。

（5）用白光源再现彩虹全息像。将全息图相对原来记录的位置面内旋转 $\pi/2$，使躺倒的物体像正立起来，照明方向与原参考光的方向一致。沿铅垂方向改变观察位置，全息像的颜色将变化。沿水平方向改变观察位置，全息像将有立体感。

2. 二步彩虹全息图

（1）点燃激光器，调整由激光器出射的光束与工作台面平行，用自准直光调整各光学元件的表面与激光束的主光线垂直。

（2）按照图 3-16 所示光路，依次放入光学元件，为了便于再现实像和制作彩虹全息图，制作 $H_1$ 时，物光、参考光的夹角应尽可能大一些（如大于 60°），物体和全息干板 $H_1$ 的距离也大一些为佳。

（3）按照图 3-25 所示光路，依次放入光学元件，注意：

①首先调节扩束镜 $C_2$ 和成像透镜 L 的距离及 L 和 $H_1$ 的夹角，直到放置在 $H_2$ 处的毛玻璃上得到清晰的像为止。

②狭缝紧靠在主全息图后，缝宽要合适，激光器功率 2.5mW 以上，缝宽一般可选 0.5～1mm，若激光器功率只有几毫瓦，则缝宽可加大至 2～3mm，狭缝方向可水平放置，也可竖直放置。

③物光、参考光之比约为 1∶3，物光、参考光的夹角不能太大，一般小于 40°，以免影响衍射效率。参考光、物光取等光程。

④参考光应将全息干板均匀照明并与物光重合好。

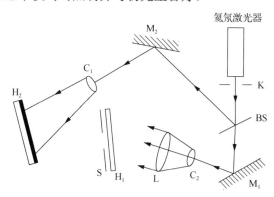

图 3-25　二步彩虹全息记录光路

（4）关闭光开关，取下毛玻璃，安上全息干板，稳定 1min 后选用适当的曝光时间曝光（一般几十秒）。

（5）将曝光后的全息干板在暗室进行常规的显影、定影、水洗、干燥等处理，得到一张彩虹全息图。

（6）再现。主全息图用记录时的参考光照明，再现的像是原物体赝实像，即原物突出的部分在赝实像中是缩进去的。而制作的彩虹全息图再现时，要用共轭参考光再现，所再现像也是它记录原像的赝实像。这样总的效果是彩虹全息图的再现像是与原制作主全息图时的物相一致的，没有赝实效应，合乎正常的视察习惯。观察彩虹全息图的再现像时须注意，人眼应置于狭缝像的位置上。

## 3.6.5　思考题

（1）一步彩虹全息照相也是一种离轴式透射全息照相，它与普通的离轴全息照相有什么区别？试从记录和再现两方面加以比较。

（2）一步彩虹全息照对光路设计、成像透镜、狭缝、参考光源和再现光源各有什么要求，应如何选择？

（3）何谓"色模糊""像模糊""线模糊"？它们由什么因素决定？

（4）为什么说狭缝是制作二步彩虹全息图的关键元件？狭缝的宽度和位置对再现像的像质有什么影响？

# 3.7　基于联合傅里叶变换的光学图像识别

## 3.7.1　实验目的

（1）掌握联合变换相关的基本原理；

（2）分别拍摄相同图像、相似图像、不相似图像 3 种情况并重现其联合傅里叶变换功率谱，观察 3 种情况下的相关峰和用联合傅里叶变换实现光学图像识别的效果。

## 3.7.2　实验原理

联合傅里叶变换（joint-Fourier transform，JFT）系统是重要的相关图像识别系统，在指纹识别、字符识别、目标识别等领域已逐步进入实用化阶段。联合傅里叶变换作为光学特征识别的一种方法，其识别率高，充分表现了光学信息处理信息容量大、运算速度快的优势。它把待识别的目标图像和一个参考图像一起并列放置在傅里叶变换透镜的前焦面上，然后用准直相干光照明，在透镜的后焦面上得到两图像的联合傅里叶变换频谱，再用感光胶片记录下这个联合变换功率谱。经显影、定影处理后，胶片在线性工作条件下，其透过率正比于联合功率谱，然后再把它经过一次逆傅里叶变换，在输出平面上产生两个图像的自相关峰和互相关峰。通过对互相关峰的观察来判断输入的待识别图像和参考图像是否相关。因此，它在识别目标时，不用制作匹配滤波器，并且其参考图像与匹配滤波相关识别中的全息匹配滤波器相比要简单得多，很适合实时模式工作。

图 3-26 是联合傅里叶变换功率谱记录原理图。图中 L 为傅里叶变换透镜，待识别图像 $t(x_1, y_1)$ 置于输入平面的一侧，其中心位于 $(-a, 0)$；参考图像 $r(x_1, y_1)$ 置于输入平面的另一侧，其中心位于 $(a, 0)$。

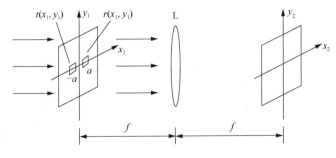

图 3-26　联合傅里叶变换功率谱的记录

用准直的激光束照明，并通过透镜进行傅里叶变换，则在透镜后焦面上的振幅分布为

$$F(f_x, f_y) = \int_{-\infty}^{+\infty}\int_{-\infty}^{+\infty}[t(x_1 + a, y_1) + r(x_1 - a, y_1)]\exp[-j2\pi(f_x x_1 + f_y y_1)]dx_1 dy_1 \quad (3\text{-}25)$$

式中，$F(f_x, f_y)$ 为待识别图像和参考图像的联合傅里叶谱。定义 $T(f_x, f_y)$ 和 $R(f_x, f_y)$ 分别是待识别图像 $t(x_1, y_1)$ 和参考图像 $r(x_1, y_1)$ 的傅里叶变换谱，则公式（3-25）可写成

$$F(f_x, f_y) = T(f_x, f_y)\exp(j2\pi f_x a) + R(f_x, f_y)\exp(-j2\pi f_x a) \quad (3\text{-}26)$$

则透镜后焦面的光强分布为

$$
\begin{aligned}
I &= \left|F(f_x, f_y)\right|^2 \\
&= \left|T(f_x, f_y)\right|^2 + \left|R(f_x, f_y)\right|^2 + T(f_x, f_y)R^*(f_x, f_y)\exp(j4\pi f_x a) \\
&\quad + T^*(f_x, f_y)R(f_x, f_y)\exp(-j4\pi f_x a) \\
&= \left|T(f_x, f_y)\right|^2 + \left|R(f_x, f_y)\right|^2 + 2\left|T(f_x, f_y)R(f_x, f_y)\right| \\
&\quad \times \cos[4\pi f_x a + \phi_T(f_x, f_y) - \phi_R(f_x, f_y)]
\end{aligned}
\quad (3\text{-}27)
$$

式中，$\phi_T(f_x, f_y)$ 和 $\phi_R(f_x, f_y)$ 分别是 $T(f_x, f_y)$ 和 $R(f_x, f_y)$ 的位相。公式（3-27）就是待识别图像和参考图像的联合傅里叶变换的功率谱。

对上述联合变换功率谱再进行一次逆傅里叶变换，如图 3-27 所示。在傅里叶透镜 L 的前焦面上放置图 3-26 中记录的联合变换功率谱，然后用准直激光束照明，这样在线性记录和反演坐标条件下，就在透镜的后焦面上得到原输入物面上两个图像的零级自相关峰和 $\pm 1$ 级互相关峰：

$$
\begin{aligned}
O(x_3, y_3) &= t(x_3, y_3) \otimes t(x_3, y_3) + r(x_3, y_3) \otimes r(x_3, y_3) \\
&\quad + t(x_3, y_3) \otimes r(x_3, y_3) * \delta(x_3 + 2a, y_3) \\
&\quad + t(x_3, y_3) \otimes r(x_3, y_3) * \delta(x_3 - 2a, y_3)
\end{aligned}
\quad (3\text{-}28)
$$

式中，$\otimes$ 表示相关运算；$*$ 表示卷积运算。第一项和第二项分别是输入待识别图像和参考图像的自相关项，均位于输出平面的中心附近，可以称为零级项，它们不是所需要的输出信号。第三项和第四项分别是待识别图像和参考图像的互相关项，在反演坐标下，它们分别位于 $(-2a, 0)$ 和 $(2a, 0)$ 处，在输出平面上沿 $x_3$ 轴分别平移 $-2a$ 和 $2a$，称为一级项，这两项正是所需要的相关输出信号。适当选取 $2a$ 值，就能使相关输出信号从其他项中分离出来。对一级互相关峰的光强的测量可判断待识别图像和参考图像之间的相关程度，即相关峰越强则表明待识别图像和参考图像越相关。因此，它在识别目标时，不用制作匹配滤波器[3]。

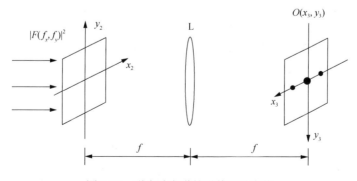

图 3-27 联合功率谱的逆傅里叶变换

### 3.7.3　实验器材

氦氖激光器、电子快门、扩束镜、准直透镜、傅里叶变换透镜、全息干板、干板架、观察屏、二值化图像、暗室设备一套（显影液、定影液、水盘、量杯、安全灯、流水冲洗设施）、导轨、支架等。

### 3.7.4　实验内容

**1. 制作实验图形**

用硬纸板或黑纸板制作几组二值化的实验图形，如使用字母"E"为参考图像，字母"E""F""A"分别为待识别图像，各字母大小一致。由于输入图像中心间距为 $2a$，最后重现的相关峰距中心的间距为 $2a$，而各个字母都有一定的宽度，因此要注意使字母宽度小于 $a$，否则将导致重现的相关峰产生叠合。

**2. 布置实验光路**

记录联合变换功率谱的实验光路如图 3-28 所示。图中 L 是扩束镜，$L_C$ 是准直透镜，$L_1$ 是傅里叶变换透镜，其前焦面 $P_1$ 是输入面，后焦面 $P_2$ 放置全息干板进行联合变换功率谱的记录。注意在放置输入物像时要对称于光轴。

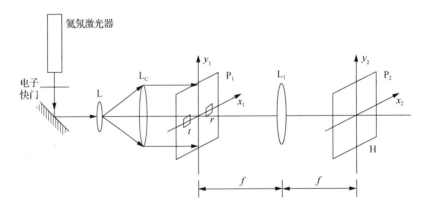

图 3-28　联合变换相关实验记录光路示意图

**3. 拍摄与干板处理**

在 $P_1$ 面上分别放置不同的实验图形，分别记录多组图形的联合变换功率谱，更换过程中注意不要触动其他光学元件，更换后需要保持静止 1min 以上才开始拍摄。由于功率谱中心光强很强，记录时间一般仅为 1～3s。干板在显影过程中要注意观察，否则显影时间长了容易导致显影过度。定影、漂白、烘干过程与其他全息照相实验过程一致。

注意：如果曝光、显影的时间不同，全息底片的衍射效果将不同，重现的相关峰强度也不同，影响对两物像相关程度的判断。因此，对多张底片的曝光时间要固定一致，显影时最好放到一个平板上，在显影液中同时显影，同时取出。

4. 重现与观察

将处理好的底片分别放置在如图 3-28 所示光路中的 $P_1$ 面上对准，观察在 $P_2$ 面上出现的自相关峰和两个互相关峰。观察不同组图像相应的互相关峰强度。

### 3.7.5　思考题

（1）实验中相关峰常会出现弥散及模糊的情况，如何提高相关峰的图像质量？

（2）如果目标物体出现了平移、旋转或者放大和缩小，实验结果将会发生怎样的变化？

# 3.8　全息存储系统设计与实现

## 3.8.1　实验目的

（1）了解信息存储技术的发展，特别是全息存储技术的特点；

（2）掌握应用傅里叶变换全息图进行图文信息高密度存储的原理和光路设计方法。

## 3.8.2　实验原理

光存储技术是 20 世纪 70 年代发展起来的一种新的信息存储手段，由于其存储量大，可靠性高，80 年代以来得到了快速发展。光盘存储技术是用半导体激光器产生的相干和单色激光束，经透镜会聚产生直径为 1μm 或者更小的光斑，照射到光存储介质上，光斑上光存储介质发生物理或化学变化，从而使该照射点上介质的光学性质发生变化，这就是信息的写入过程。读出时用连续激光束扫描光存储介质，由于记录引起的介质上不同微区域光学性质的差异，解调从介质反射回的信号，就可以读出写入过程中记录的信息。光盘存储器可分为只读式光盘和可擦式光盘。前者只能用来读出制造厂记录好的信息，如激光视盘和激光唱盘，后者才能作为计算机的存储器。

光盘存储器要求记录介质与读写头之间有机械运动，使记录的信息密度被限制在机械调节的精度以内，并使存取时间受到机械运动的限制，因此发展高密度的光全息存储技术具有重要价值。

全息照相对信息的大容量、高密度存储是利用傅里叶变换全息图，把要存储的图文信息制作成直径约为 1mm 的点全息图，排成点阵形式。由现代光学原理知道，透镜具有傅里叶变换性质，当物体置于透镜的前焦面上时，在透镜的后焦面上就得到物光波的傅里叶变换频谱，形成谱点，其线径约为 1mm。如果再引入参考光到频谱面上与之干涉，便可在该平面记录下物光波的傅里叶变换全息图。全息存储基本光路原理图如图 3-29 所示，氦氖激光器发出的激光束经分束镜 BS 分成两束，一束作为物体的照明光（即物光 $O$），另一束作为参考光 $R$。物光经扩束、准直后照明待存储的图像或文字，经图文资料衍射的光波由透镜 $L_3$ 作傅里叶变换，在记录介质面 H（透镜 $L_3$ 的后焦面处）与参考光 $R$ 相干涉，形成傅里叶变换点全息图。这些按页面方式存储的点全息图可以拍成二维或三维阵列存储在记录介质上，也可以像 CD 唱片的旋转轨迹那样，排列存储在圆盘上。当记录介质乳剂层很薄时，记录的是平面全息图；当记录介质乳剂层较厚时，在感光乳剂中可以记录层状干涉条纹，形成体积全息图。

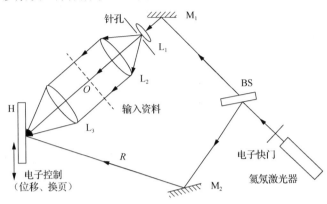

图 3-29　全息存储原理图

在全息存储中，既要考虑高的存储密度，又要使重现像可以分离，互不干扰。故常常采用以下两种记录方式：

（1）空间叠加多重记录。在全息图底片乳胶层的同一体积空间，一边改变参考光的入射角，一边顺次将许多信息重叠曝光，进行多重记录。重现时，只需采用细激光束逐点照明各个点全息图，在其后适当距离的屏幕上观察，通过改变重现照明光的入射角就能读取所记录的各种信息。

（2）空间分离多重记录。把待存储的图文信息单独记录在乳胶层一个一个微小面积元上（即前述点全息图），然后空间不相重叠移动全息图片，于是又记录下了另一个点全息图。如此继续不断地移位，便实现了信息的点阵式多重记录。信息的读取是通过改变再现光入射点的位置来实现的。

计算表明，光学全息存储的信息容量要比磁盘存储高几个数量级，而体全息存储的存储密度又比平面全息图的大得多：用平面全息图存储信息时，理论存储密度一般可达 $10^6\,\text{bit/mm}^2$，而体全息图的存储密度却可高达 $10^{13}\,\text{bit/mm}^3$。

### 3.8.3　实验器材

氦氖激光器、电子快门、分束镜、扩束镜、反射镜、准直镜、傅里叶变换透镜、待存储的图文资料玻璃板、针孔滤波器、普通干板架、全息干板、观察屏、暗室设备一套（显影液、定影液、水盘、量杯、安全灯、流水冲洗设施）、导轨、支架等。

### 3.8.4　实验内容

（1）首先准备几份实验用的存储资料原稿，它们可以是图像、文字资料等，然后将其制成透明片，并分别贴在洁净的玻璃板上。

（2）按照图 3-29 所示结构，选择适当的光学部件布置实验光路。扩束镜 $L_1$ 与准直

镜 $L_2$ 构成共焦系统，在其共焦点上可安置针孔滤波器。准直镜 $L_2$ 与变换透镜 $L_3$ 的口径要适当选大些，使其通过的光束直径略大于待存储资料原稿的对角线。为了充分利用光能，$L_2$ 和 $L_3$ 应选用相对孔径大的透镜。为了便于记录全息存储点阵，全息干板应安装在沿竖直和水平方向都可移动的移位器上。调整光路时，应先把 H 放在 $L_3$ 后焦面上，然后向后移动造成一定离焦量（离焦量大小为 $0.01f_3' \sim 0.03f_3'$）。离焦的目的在于使物光束在 H 上的光强分布均匀，从而避免造成记录的非线性。参考光束 R 的光轴与物光束的光轴在 H 上相交，两者的夹角控制在 30°～45°。还应使参考光斑与物光斑在 H 上重合，参考光斑直径应大于选定的点全息图直径，以便全部覆盖整个物光斑。

（3）每沿竖直或水平方向移动干板架适当距离（例如 3～5mm），记录一个点全息图，如此反复操作，可将多张资料原稿记录成全息点阵，本实验至少要求记录 3×3 个点阵。记录过程中，为了避免全息干板玻璃面反射光的有害影响，可在玻璃面上贴一张经清水浸泡过的墨纸。最后经显影、定影和漂白、烘干等处理后，即得到所需要的高密度存储全息图。

（4）将处理后的全息片放回干板架，挡住物光束，用原参考光束作为重现光束，逐一移动干板架使参考光束照明每个点全息图，在全息图片后面一定位置用毛玻璃即可接收到各个点全息图中所存储的原稿的放大像。为使重现像清晰，应仔细调整移位器，使重现光束准确覆盖整个点全息图。

## 3.8.5　思考题

（1）分析实验光路中对各光学元件的要求。

（2）光路中针孔滤波器的作用是什么？如果存储资料是文字（即二进制信号），需要针孔滤波器吗？

# 3.9　用散斑干涉技术测量物体形变

## 3.9.1　实验目的

（1）了解散斑的形成原理和特点；

（2）掌握利用散斑干涉技术测量物体形变的方法。

## 3.9.2　实验原理

当一激光束照射一粗糙表面时，在该粗糙表面前面的空间将充满明暗相间随机分布的亮斑和暗斑，若在这一空间中置一观察屏，就可以在屏上明显地看到这一现象。这些亮斑与暗斑是激光在粗糙表面散射干涉的结果，其分布是散乱的，故称为散斑（speckle）。被激光照明的粗糙物面在透镜的像面上形成散斑图，此法称为散斑照相。若这时另外加一束相干的参考光，该相干的参考光可以是平面波、球面波，甚至是另一粗糙面的散斑场，这种组合散斑场的技术，就称为散斑干涉技术。

物体受力后要产生形变。对物体中的每一个点来说，即发生微小的位移。测量物体的形变就是测量物体中的点的微小位移。本实验将二次曝光全息干涉技术和激光散斑干涉技术相结合，进行微小位移的测量。被测物体选一个有机玻璃的悬梁，其外表面用砂纸打磨粗糙，或涂上散射层。一束准直后的平行光以很小的入射角 $i$ 照射到悬梁上。用成像透镜把像成在全息干板 H 的位置上，引入另一束平行光作为参考光也投射到 H 的位置上，与物光相干涉，可记录下物的像面全息图。在同一张干板上拍摄物体受力前后的两张像面全息图，进行常规的显影、定影等暗室处理。再现时，作为像面全息图，将再现出悬臂梁的像及其表面的干涉条纹。用原来参考光的共轭光照明处理好的全息图（可把干板旋转 180°，药面背着原来参考光照明的方向），即可在成像方向观察到与原物具有相同方向的像及干涉条纹。这时观察方向与照明方向角平分线恰好与像表面的法线方向重合，故此条纹即为离面位移分量的等值线。设成像系统的纵向放大率为 $\alpha$，则试样的纵向位移 $z_0$ 将引起其像产生 $z = \alpha z_0$ 的纵向位移，而条纹的离面位移为 $z = \alpha z_0 = n\lambda / z\cos i$，因此物体的离面位移为

$$z_0 = n\lambda / z\alpha\cos i \tag{3-29}$$

式中，$n$ 为条纹的级数，如果先确定出离面位移为零的点，则可根据像面全息干涉图各点的条纹级数，利用公式（3-29）计算出物面各点的离面位移。

设成像系统的横向放大率为 $\beta$，则试样上某一点的面内位移 $d_0$ 将使像面内相应点的散斑发生位移 $d = -\beta d_0$。用逐点分析法或全场分析法可求得散斑位移 $d$，用 $d_0 = -d/\beta$ 算出试样的面内位移 $d_0$。

逐点分析法是用细激光束直接照射处理好的二次曝光散斑图 H，在 H 后面的毛玻璃屏 P 上可得到杨氏条纹，如图 3-30 所示，可根据条纹间距 $T$ 算出被细激光束照射的散斑的位移量，即

$$d = \lambda l / T \tag{3-30}$$

式中，$\lambda$ 为激光波长；$l$ 为毛玻璃屏与散斑图面的距离。再根据求出的散斑位移量 $d$ 计算试样上相应点的横向位移 $d_0$，即

$$d_0 = -\frac{d}{\beta} \tag{3-31}$$

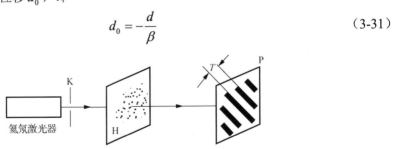

图 3-30　散斑图的逐点分析

全场分析法就是将处理好的二次曝光散斑图放在傅里叶变换 $4f$ 系统中的输入平面上，如图 3-31 所示。在频谱面上放一小孔的位置，在输出面位置上放的毛玻璃屏上可逐点观察到杨氏条纹，逐点测量出条纹间距，用公式（3-30）、公式（3-31）逐点算出横向位移量 $d_0$。要求小孔滤波器的小孔位置任意可调，既能沿径向移动到任一位置，又能在滤波平面内绕光轴旋转任意角度。

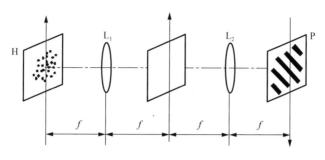

图 3-31　散斑图的全场分析

## 3.9.3　实验器材

氦氖激光器、分束镜、扩束镜、准直透镜、成像透镜、全反射镜、有机玻璃悬臂梁、全息干板、读数显微镜、孔屏、干板架、光开关、曝光定时器、砝码、暗室设备一套（显影液、定影液、水盘、量杯、流水冲洗设施）、导轨、支架等。

## 3.9.4　实验内容

（1）点燃激光器，利用孔屏调整由激光器出射的激光束与工作台平行，用自准直法调节各光学元件的表面与激光束的主光线垂直。

（2）按照图 3-32 所示光路，依次加入光学元件排好光路。注意以下几点：

①尽量使入射到物 O 上的光入射角小一些（可小于 5°），以免成像的方向太偏离光轴而影响成像质量。

②物 O 与全息干板 H 分别位于透镜 L 两边两倍焦距处，以使横向放大率 $\beta$ 和纵向放大率 $\alpha$ 均为 1。

③参考光与物光之比调整到 2 : 1 左右。

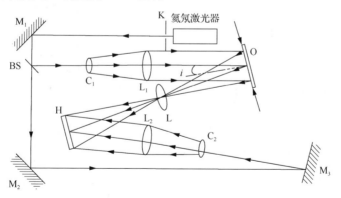

图 3-32　激光散斑照相法测物体形变的记录光路

（3）光路调整好后用曝光定时器控制光开关曝光一次。

（4）在悬臂梁的一端加上一个砝码，稳定后对同一全息干板再曝光一次（两次曝光量相等）。

（5）取下全息干板，按常规进行显影、定影、漂白等暗室处理，得到一散斑图。

（6）再现及结果分析：

①用激光细束直接照射散斑图，如图 3-30 所示，在其后距离为 $l$ 的毛玻璃屏上得到杨氏条纹，测得条纹的平均间距 $T$，以及散斑图到毛玻璃屏的距离 $l$，可根据公式（3-30）算出全息图上被照射点散斑的位移量，因为实际中已满足 $\beta$、$\alpha$ 均为 1 的条件，所以此时求出的 $d$ 值也就是试样上相应点的横向位移。

②如图 3-31 所示，把处理好的散斑放在 $4f$ 系统的输入面上，通过改变频谱面小孔的位置，在位于输出面的毛玻璃屏上观察杨氏条纹的变化情况，进而分析面内位移的情况。

### 3.9.5　思考题

（1）如何提高散斑图像的对比度？

（2）物体形变应有面内位移和离面位移两部分，本实验测量的是面内位移，设计光路以实现对于离面位移的测量。

# 3.10　基于散斑照相技术的光学图像运算

## 3.10.1　实验目的

（1）掌握散斑图像运算（相加、相减、微分）的基本原理和方法；

（2）掌握利用散斑法对图像进行相加、相减、微分处理的方法。

## 3.10.2　实验原理

### 1. 图像相减

光学图像相减是相干光学处理中一种最基本的运算，两张相近图像的差异可以通过光学图像的相减运算来获取，这对于研究物体的变化情况是很有用的。例如，在医学上，不同时间拍摄的两张病理照片相减可以发现病情变化；在军事上，可以发现基地新增添的军事设施；在农业上，可以预测农作物的长势；还可以用于地球资源探测、气象预测预报以及城市发展研究等。

实现光学图像相减处理的方法有很多，本实验是利用散斑照相技术实现图像减法运算的。

如图 3-33 所示，平行光经过毛玻璃 D 后成为散射光照明输入面 T，图像 A 置于输入面上，P 面上放全息干板，输出面 P 上的像具有散斑结构（像面散斑）。

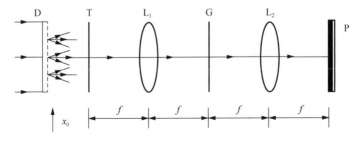

图 3-33　利用散斑照相技术实现图像相减原理

用 $g(x,y)$ 表示散斑的分布函数，散斑像用 $Ag(x,y)$ 表示，经过第一次曝光将其记录下来。将毛玻璃在自身平面内沿 $x_0$ 方向移动一个微小位移 $\Delta x_0$（$\Delta x_0$ 应很小，约 0.02～0.03mm，但不得小于像面散斑的平均直径的 1/1.22）。用图像 B 置换图像 A，注意使 A、B 中相同部分严格对准重合，再进行第二次曝光（时间与第一次相同）。干板上重叠记录下图像 B 的散斑像，表示为 $Bg(x-\Delta x,y)$（由于 $\Delta x=\Delta x_0$，其值很小，故可认为散斑结构不变，仍用 $g$ 表示）。两次曝光后，干板接收的总光强为

$$
\begin{aligned}
I(x,y) &= Ag(x,y) + Bg(x-\Delta x,y) \\
&= Ag(x,y)*[\delta(x,y)+\delta(x-\Delta x,y)] \\
&\quad + Cg(x,y)*\delta(x-\Delta x,y)
\end{aligned}
\tag{3-32}
$$

式中，$C=B-A$，表示两个图像差异部分的像。经处理好的底片实际上是两个具有散斑结构的重叠在一起的像，负片的振幅透射率为

$$
\begin{aligned}
t(x,y) &= a - bAg(x,y)*[\delta(x,y)+\delta(x-\Delta x,y)] \\
&\quad - bCg(x,y)*\delta(x-\Delta x,y)
\end{aligned}
\tag{3-33}
$$

把它放在 T 处，取出毛玻璃 D，用平行光照全息图 H，则在频谱面 G 上频谱的光强分布为

$$
\begin{aligned}
T(f_x,f_y) &= a\delta(f_x,f_y) - b\tilde{A}*g(f_x,f_y)[1-\exp(-\mathrm{j}2\pi f_x\Delta x/\lambda_f)] \\
&\quad - b\tilde{C}*g(f_x,f_y)\exp(-\mathrm{j}2\pi f_x\Delta x/\lambda_f)
\end{aligned}
\tag{3-34}
$$

式中，右边第一项对应于焦面中心的亮点；第二项对应于杨氏条纹；第三项包含 $\tilde{C}=\tilde{A}-\tilde{B}$ 的信息，它分布在平面 $(f_x,f_y)$ 的各处。式中 $\tilde{C}$、$\tilde{A}$ 和 $\tilde{B}$ 分别表示 C、A 和 B 的傅里叶变换。如果在频谱面上放置一个狭缝，只让杨氏条纹的第一暗纹通过，则第一项和第二项都被滤掉了，只有第三项通过。在输出面上得到 $A-B$ 的像，实现图像 A 和 B 的相减；若将狭缝置于杨氏条纹的第一亮纹处，则第二项和第三项都能通过，实现图像 A 和 B 相加。

2. 图像微分

光学图像微分是在频域中对图像的频谱进行调制，以实现图像边缘的增强。人的视觉对于物体的轮廓十分敏感，轮廓也是物体的重要特征之一，人眼看到轮廓线，便可大体分辨出是何种物体。因而如果将模糊图片进行光学微分，勾画出物体的轮廓即可达到识别目的。光学图像微分技术有着实际的应用价值，例如，卫片及隐形军事目标的轮廓化，位相型光学元件内部缺陷或折射率不均匀性的检测，对位相物的识别等。

实现光学图像微分的方法有高通微分滤波法、复合光栅微分滤波法、散斑照相图像微分法等，本实验利用散斑照相技术实现图像微分。

如图 3-34 所示，D 为一毛玻璃，经激光照明后在其后的空间形成散斑场，T 为待处理的二元图像，L 为透镜，全息干板置于 T 共轭的像面上。先不放狭缝，进行第一次曝光，然后将 D 在其自身平面内作一微小平移 $\xi_0$（$\xi_0$ 应大于像面散斑的平均直径 $d$），同时使图像 T 也在自身平面内平移 $\Delta x_0$，一般说来，$\Delta x_0 \gg \xi_0$，其取值要视微分图像所需的边框宽度而定。平移完后进行第二次曝光，曝光时间与第一次相同。两次曝光后对干板进行常规的暗室处理。取下毛玻璃 D 和图像 T，将处理好的全息干板放在原来放图像

T 的位置上，并在原来全息干板的位置上放白屏（或毛玻璃屏），这时在频谱面（即透镜 L 的后焦面）上可用毛玻璃屏（或白纸）接收到杨氏条纹。置一狭缝滤波器于频谱面上（移开该面上毛玻璃屏或白纸），并调整狭缝使之位于第一暗纹位置上，则在输出面 P 上可得到图像边框，即微分图像。此时，边框与中央对比度最大。若将狭缝向同侧的第一亮纹逐渐平移，边框与中央对比度发生连续变化。当狭缝与第一亮纹重合时，中央部分亮度也达到最大。

设待处理图像 $A$ 是一个菱形，它在输出面上的像为 $A_1(x,y)$。当 $A$ 平移 $\Delta x_0$ 后，在输出面上的像 $A_2(x,y)$ 平移了 $\Delta x_0$，可在光路设计时使系统满足 1：1 成像，故 $\Delta x = \Delta x_0$，如图 3-35 所示。若能实现两图像的相减 $A_2 - A_1 = B$，便可得到微分图像 $B$。

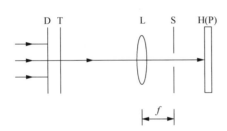
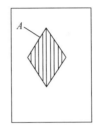
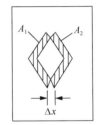

图 3-34　散斑法图像微分原理　　　　图 3-35　图像微分原理

第一次对图像 $A$ 的像 $A_1(x,y)$ 曝光时记录的是 $A_1(x,y)*g(x,y)$，其中 $g(x,y)$ 为像面散斑分布。第二次曝光时记录的是 $A_2(x,y)*g(x-\xi_0,y)$，则总曝光光强为

$$I = A_1 g(x,y) + A_2 g(x-\xi_0,y)$$
$$= A_1 g(x,y)*[\delta(x,y)+\delta(x-\xi_0,y)] + Bg(x,y)*\delta(x-\xi_0,y) \tag{3-35}$$

为讨论方便，认为底片经线性处理，其振幅透射率为

$$t(x,y) = a - bA_1 g(x,y)*[\delta(x,y)+\delta(x-\xi_0,y)] - bBg(x,y)*\delta(x-\xi_0,y) \tag{3-36}$$

用平行激光束照明，经透镜进行傅里叶变换后在频谱面上的光强分布为

$$T(f_x,f_y) = a\delta(x,y) - b\tilde{A}_1 * G(f_x,f_y)\{1-\exp[-j2\pi f_x\xi_0/(\lambda f)]\}$$
$$- b\tilde{B} * G(f_x,f_y)\exp[-j2\pi f_x\xi_0/(\lambda f)] \tag{3-37}$$

式中，右边第一项对应于焦面中心的亮点；第二项对应于杨氏条纹；第三项表示受散斑场 $G(x,y)$ 调制的 $\tilde{B} = \tilde{A}_2 - \tilde{A}_1$。

如果频谱面上狭缝只让杨氏条纹的第一暗纹通过，则第一项和第二项全被挡掉，而第三项经傅里叶变换后在像面上便出现微分图像 $B=A_2-A_1$，这实际上是两图像相减的结果。上述推导与散斑法图像相减相似，唯一不同之处只在于这里是用同一个图像位移来获得第二个图像的。

如果狭缝位于第一亮纹处，则第二项也能通过狭缝，$A_1$ 与 $A_2$ 的重叠部分变亮，反映两个位错图像相加的情况。而当狭缝在两个位置之间变化时，第二项所通过的光强也发生连续变化，在像面（输出面）上可出现不同程度的边框与中心部分光强的对比。

## 3.10.3　实验器材

氦氖激光器、反射镜、扩束镜、准直透镜、毛玻璃、输入图像、傅里叶透镜、孔屏、白屏、干板架若干（其中一个带水平 $x$ 方向的微调机构，两个带 $x$、$y$ 方向的微调机构）、狭缝（可调节缝宽）、曝光定时器、光开关、暗室设备一套（显影液、定影液、水盘、量杯、吹风机、流水冲洗设施）、导轨、支架等。

## 3.10.4　实验内容

### 1. 散斑法图像加减

（1）用在黑色硬纸壳上挖透明孔的方法制作图像 $A$ 和 $B$。本实验提供两种图形供选择使用。

①如图 3-36（a）所示，图形 $A$ 为一大半径圆孔，图形 $B$ 为一小半径圆孔。

②如图 3-36（b）所示，图形 $A$ 为一十字图形，图形 $B$ 为两个小方孔。

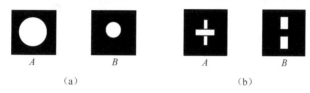

图 3-36　$A$、$B$ 图形的制作

（2）点燃激光器，调整由激光器出射的光束与工作台平行，用自准直法调整各光学元件表面与激光束的主光线垂直。按图 3-37 依次加入光学元件排光路，注意：

①$4f$ 系统光路的调节方法参考 3.1 节。

②将一组图像 $A$、$B$ 叠合，仔细调整使两图像的相同部分完全重合（若用第一组图形只需使 $A$、$B$ 两圆孔中心重合即可，若用第二组图形则须使 $B$ 的两个小方孔与 $A$ 的十字图形上下部重合）。

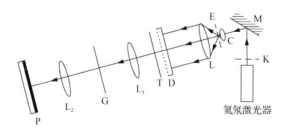

图 3-37　散斑法图像相加、相减光路

（3）关闭光开关，在 P 处放上全息干板，选择合适的曝光时间，用曝光定时器控制光开关进行第一次曝光。

（4）将图形 $A$ 折向水平位置，留下图形 $B$，微调干板架上 $x$ 方向微调旋钮，横向移动毛玻璃一个微小距离，用同样的时间对同一干板 H 进行第二次曝光。

（5）将曝光后的全息干板在暗室进行常规的显影、定影、水洗、干燥等暗室处理，得到一全息图 $H$。

（6）将全息图 H 置于入射面 T 上，取下毛玻璃放在 G 上，可在毛玻璃上观察到亮衬底的杨氏条纹。若挡去十字图形的横孔，则衬底消失，杨氏条纹的对比度增大，这是散斑测位移全场分析实验中的情况，若挡去十字图形的竖孔，则杨氏条纹消失，只出现一个中心亮斑，周围是明暗随机起伏的光强分布，它实际上是单次曝光散斑图的频谱。

（7）将毛玻璃移到 P 处，在 G 面上放一个可调亮度的狭缝，将狭缝对准杨氏条纹的中央第一级亮纹中心，调节狭缝宽度只让第一级亮纹通过，则在 P 面上将观察到两个图形相加的结果。若用第一套图形可得一和 A 同样大的圆孔但中心有一和 B 同样大的小圆特别亮，若用第二套图形则得十字图形，上下特别亮，如图 3-38 所示。将狭缝对准杨氏条纹中央第一级暗纹中心，只让第一组暗纹通过，则在 P 面上将观察到 A 和 B 相减的结果。若用第一套图形，得一圆环，若用第二套图形则得一横孔，如图 3-39 所示。如果将狭缝在中央一级亮纹和一级暗纹间缓慢连续移动，可观察到两图像相加相减的整个过程。

图 3-38　A、B 图形相加的结果

图 3-39　A、B 图形相减的结果

**2. 散斑法图像微分**

（1）制作待处理的图像。为得到明显的微分效果，用二元图像作为目标，可以在黑色硬纸板上挖各种几何图形的孔来实现，如可挖成矩形、菱形、圆形等。

（2）按图 3-40 所示依次加入光学元件排光路。先不放入狭缝 G，关闭光开关后在输出面 P 上放上全息干板 H，用曝光定时器控制光开关进行第一次曝光，为了便于狭缝滤波以得到较好的相减效果，必须在杨氏条纹间隔保持一定的条件下扩大暗纹宽度和减小亮纹宽度，为此采用三次曝光的方法。第一次曝光后，毛玻璃 D 在自身平面内位移 $\xi_0 = 0.02\text{mm}$，图像 T 在自身平面内位移 $\Delta x_0 = 0.5\text{mm}$，再进行第二次曝光，然后毛玻璃 D 在自身平面内位移 $\xi_0 = 0.02\text{mm}$，最后进行第三次曝光。第一次和第三次曝光时间相同，第二次加倍。

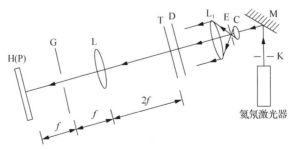

图 3-40　散斑法图像微分光路

（3）对曝光后的全息干板进行常规的显影、定影、水洗、晾干等处理。

（4）取下输入面上的毛玻璃 D 和图像 T，将处理好的全息干板 H 放在原来图像 T 的位置上，频谱面上方狭缝的缝宽约 4mm。在输出面上放置白屏或毛玻璃屏 P 观察微分效果。当狭缝位于第一暗纹处时，可观察到一维微分图像。改变狭缝位置，观察输出图像的变化情况。

（5）调整狭缝到第一暗纹处，仔细调节得到图像最佳的微分效果。关闭光开关，用全息干板置于输出面上换下原来的白屏。用曝光定时器控制光开关曝光并进行常规的暗室处理，记录下图像微分效果。

（6）观察图像的二维微分。以上的实验，由于 $\Delta x$ 发生在图像自身平面内，所以实际上是一维微分，即提取出的知识一维边框。欲得二维微分图像，可令位移发生在与图像垂直方向上，即沿透镜的光轴方向发生位移，以产生微量离焦 $\Delta z$，这时可在像面上得到一个离焦像。将离焦像与准焦像相减，即可得到二维微分图像。用微量离焦 $\Delta z = 2.5mm$ 代替面内位移 $\Delta x_0$，重复上述步骤，比较一维微分和二维微分所得到的不同的微分效果。

## 3.10.5　思考题

（1）从本质上讲，散斑法图像微分与散斑法图像相减有何异同？
（2）为什么采取三次曝光的办法可以扩大杨氏条纹暗纹的宽度？能否采取三次以上的曝光？

# 3.11　光学系统传递函数的测量

## 3.11.1　实验目的

（1）掌握光学传递函数的基本原理；
（2）掌握光学传递函数的测量方法。

## 3.11.2　实验原理

利用光学传递函数（optical transfer function，OTF）来评价光学系统的成像质量，是把物体看作由各种频率的谱组成，也就是把物体的光场分布函数展开成傅里叶级数（物函数为周期函数）或傅里叶积分（物函数为非周期函数）的形式。

假设物体是大量点光源的连续分布，该物体的像为所有点光源像的叠加。由于照明光为非相干光，从各个点光源辐射的光波彼此是不相干的，输出的像是输入平面上各点的像的强度叠加，因此输出的复振幅分布无法计算得到。但在频域中，当物体经过非相干光学系统成像时，可得到

$$G\left(f_x, f_y\right) = H\left(f_x, f_y\right) \cdot F\left(f_x, f_y\right) \tag{3-38}$$

式中，$G\left(f_x, f_y\right)$ 为像的强度分布频谱；$F\left(f_x, f_y\right)$ 为物的强度分布频谱；$H\left(f_x, f_y\right)$ 为非相干光成像的传递函数，它是光强脉冲响应的频谱。显然，当 $H = 1$ 时，表示物和像完全一致，即成像过程完全保真，像包含了物的全部信息，没有失真，光学系统成完善像。由于光波在光学系统孔径光阑上的衍射以及像差，信息在传递过程中不可避免要出现失真，光学传递函数一般随着空间频率的增高而递减，表明系统传递高频信息的能力较差。

光学系统传递函数是以调制传递函数作为模值、以相位传递函数作为相值组合而成的，即

$$\mathrm{OTF}\left(f_x, f_y\right) = \mathrm{MTF}\left(f_x, f_y\right) \cdot \exp\left[-\mathrm{jPTF}\left(f_x, f_y\right)\right] \tag{3-39}$$

式中，$\mathrm{MTF}\left(f_x, f_y\right)$ 表示调制传递函数（modulation transfer function，MTF），不同空间频率的信号在通过光学系统成像后，信号的调制度（或称对比度）会降低。一般来说，空间频率越高，信号在通过光学系统时调制度的衰减就越大。$\mathrm{PTF}\left(f_x, f_y\right)$ 表示相位传递函数（phase transfer function，PTF），不同空间频率的信号在通过光学系统成像后，信号的相位也会发生一定量的改变，且一般情况下的相位变化量与空间频率有关，是空间频率的函数。

调制度 $m$ 定义为

$$m = \frac{A_{\max} - A_{\min}}{A_{\max} + A_{\min}} \tag{3-40}$$

式中，$A_{\max}$ 和 $A_{\min}$ 分别表示光强的极大值和极小值。光学系统的调制传递函数可表示为给定空间频率下像和物的调制度之比

$$\mathrm{MTF}(f_x, f_y) = \frac{m_{\mathrm{o}}(f_x, f_y)}{m_{\mathrm{i}}(f_x, f_y)} \tag{3-41}$$

式中，$m_{\mathrm{o}}(f_x, f_y)$ 表示输出图像的调制度；$m_{\mathrm{i}}(f_x, f_y)$ 表示输入图像的调制度。除零频以外，MTF 的值永远小于 1。$\mathrm{MTF}(f_x, f_y)$ 表示在传递过程中调制度的变化，一般来说 MTF 越高，系统的像越清晰。平时所说的光学传递函数往往是指调制度传递函数，如图 3-41 所示。

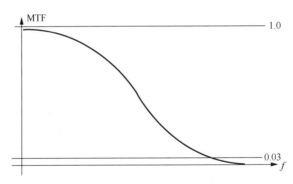

图 3-41　MTF 曲线

由于正弦光栅制作困难且精度不高，常常用矩形光栅作为目标物代替正弦光栅，即对黑白等间距条纹的矩形波测定调制度。本实验用 CMOS 相机对矩形光栅的像进行抽样处理，测定像的归一化的调制度，并观察离焦对 MTF 的影响。该装置实际上是数字式 MTF 仪的模型。

一个给定空间频率下的满幅调制（调制度 $m=1$）的矩形光栅目标函数如图 3-42 所示。如果光学系统生成完善像，则抽样的结果只有 0 和 1 两个数据，像仍为矩形光栅，

如图 3-43 所示。在软件中对像进行抽样统计，其直方图为一对 $\delta$ 函数，位于 0 和 1，如图 3-44 所示。

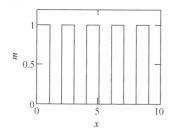

图 3-42　满幅调制的矩形光栅目标函数

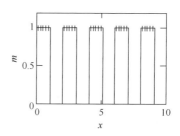

图 3-43　对矩形光栅的完善像进行抽样
（抽样点用"+"表示）

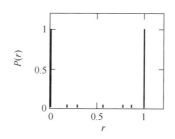

图 3-44　直方图统计

如上所述，由于衍射及光学系统像差的共同效应，实际光学系统的像不再是矩形光栅，如图 3-45 所示，把波形的最大值 $A_{\max}$ 和最小值 $A_{\min}$ 代入公式（3-40）得出像的调制度。对图 3-45 所示图形实施抽样处理，其直方图如图 3-46 所示。找出直方图高端的极大值 $m_{\mathrm{H}}$ 和低端极大值 $m_{\mathrm{L}}$，它们的差 $m_{\mathrm{H}}-m_{\mathrm{L}}$ 近似代表在该空间频率下的调制传递函数 MTF 的值。为了比较全面地评价像质，不但要测量出高、中、低不同频率下的 MTF，从而大体给出 MTF 曲线，还应测定不同视场下的 MTF 曲线[4]。

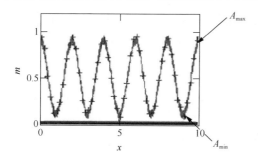

图 3-45　对矩形光栅的不完善像进行抽样
（抽样点用"+"表示）

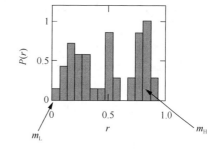

图 3-46　直方统计图

实验所用的变频朗奇光栅示意图案如图 3-47 所示，箭头所指两个光栅的频率是一样的，每一组都有各自的频率。同时也标出了子午方向和弧矢方向。

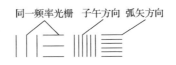

图 3-47　变频朗奇光栅示意图案

### 3.11.3　实验器材

CMOS 相机、变频朗奇光栅、平凸透镜、双凸透镜、背光源、机械调整架、导轨、计算机、配套软件等。

### 3.11.4　实验内容

（1）如图 3-48 所示，安装好实验平台上各器件，打开背光源，相机前安装待测透镜。

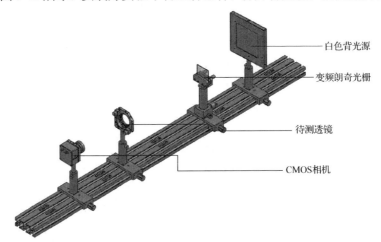

图 3-48　利用变频朗奇光栅测量光学系统 MTF 值实验装配图

（2）调节各光学元件的中心高度，使之同轴。朗奇光栅放置在光路图上的位置，调整光栅位置，使之清晰成像在相机靶面上并让同一频率的水平和垂直光栅同时成像。此时，为了保证实验采集的条纹数据正确性，需要保证朗奇光栅板与相机平行，即水平条纹与相机平行。

（3）保证图像清晰后，采集当前图像，并保存该图像，然后在"朗奇光栅测量 MTF"的子功能模块中点击"读图"按钮，读入刚才采集的图像。

（4）点击"选择采集区域"按钮，确认需要采样的区域像素尺寸（默认为 256×256 的矩形区域），在"截图选择"区域点击所需的截图的图像为"子午方向"或"弧矢方向"，然后根据所选的方向点击"子午方向数据"或"弧矢方向数据"，再点击"截图"。软件会根据当前采集区域自动计算最暗值数据和最亮值数据，该数据表示图像中最暗的灰度和最亮的灰度数值。此数据会保存起来作为下一步计算使用的参数。

（5）点击"波形"选项，可观察步骤（4）采集的区域示意图，点击"子午方向计算"，根据之前采集的暗场数据和亮场数据对条纹光强归一化，观察此时归一化的子午方向条纹的强度分布，与基本原理相印证。此时朗奇光栅条纹经过传播后，成像不再为完整的黑白分明的线对。

（6）点击"子午向直方图"选项，然后点击"计算直方图"，可以观察此时子午向条纹的灰度直方图分布。将"灰度直方图"选勾以去掉，可以任意输入采样数（此参数表示为：根据之前采集的归一化条纹，将归一化后的光强值划分为相同光强范围的区间数目）。然后重新点击"计算直方图"，此时根据采样数，重新计算直方图，并计算此时的 MTF 值。此 MTF 值为当前光学系统在此时的光栅和透镜条件下的 MTF。可通过反复在不同区域采集来计算 MTF 值，以得到平均数据。

（7）重复以上实验步骤，可继续计算弧矢方向 MTF 数值。可通过重复步骤（4），或者直接在屏幕上拖动红色矩形方框，在不同区域采集数据，以保证数据的平均性。获取结果后，点击"保存直方图"按钮可保存直方图。

### 3.11.5　思考题

（1）选择不同频率的光栅，其 MTF 值有何不同？

（2）采用同一频率光栅进行测量时，弧矢方向和子午方向的测量结果是否相同？

# 参 考 文 献

[1] 王仕璠. 信息光学理论与应用[M]. 2 版. 北京：北京邮电大学出版社，2009.

[2] 王仕璠，刘艺，余学才. 现代光学实验教程[M]. 北京：北京邮电大学出版社，2004.

[3] 罗元，胡章芳，郑培超. 信息光学实验教程[M]. 哈尔滨：哈尔滨工业大学出版社，2011.

[4] 朱伟利. 光信息科学与技术专业实验教程[M]. 北京：中央民族大学出版社，2012.

# 第4章 光纤技术综合实验

## 4.1 光纤截止波长测量

### 4.1.1 实验目的

（1）了解单模光纤的工作原理及相关特性；

（2）掌握阶跃型光纤截止波长的测量方法。

### 4.1.2 实验原理

光纤是由纤芯、包层、涂覆层和护套构成的一种同心圆柱体结构，如图 4-1 所示。其中，纤芯位于圆柱体的最内层，是传光的基本通道。纤芯外层是包层，用来将光波约束在纤芯内传播。包层的外表面上有一个黑色的涂覆层，用来吸收外泄的光能。护套则在涂覆层之外构成圆柱体的最外层，起保护作用。

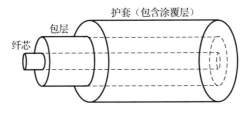

图 4-1 光纤结构示意图

光纤损耗是衡量光纤性能的关键指标之一，它决定了光纤通信系统所能达到的最大无中继距离。光纤损耗是以光波在光纤中传输时单位长度上的衰减量来表示的，通常以 $\alpha$ 表示，单位是 dB/km。若光纤长度为 $L$（单位是 km），光纤的输入光功率为 $P_{in}$，输出光功率为 $P_{out}$，则单位长度的光纤损耗为

$$\alpha = \frac{10}{L} \log \frac{P_{in}}{P_{out}} \tag{4-1}$$

光纤的衰减机理主要有三种：吸收损耗、散射损耗和弯曲损耗。吸收损耗与光纤材料有关，散射损耗则与光纤材料及光纤中的结构缺陷有关，而弯曲损耗是由光纤几何形状的微观和宏观扰动引起。

光纤是一种介质波导，在光纤内传输的导波有各种不同模式。截止波长指的是光纤中只能传导基模的最低工作波长。若工作波长高于截止波长，则高次模截止，仅仅传导基模，此时光纤为单模光纤；若工作波长低于截止波长，则高次模传导，此时光纤为多模光纤。

光纤的实际截止波长与光纤的长度和弯曲状态有关，待测光纤越长，测得的截止波长就越短。光纤弯曲时，在光纤内传输的光有一部分辐射到光纤之外，光纤内导波的强度将发生衰减，并且由弯曲而引起的附加损耗在各模的截止点附近特别显著，而在偏离

截止点稍远处附加损耗却很小。因此，通过测量附加损耗与波长的关系，就可以定出光纤的截止波长（对应于波长最大的那个附加损耗峰）。

## 4.1.3　实验器材

光纤光电子综合实验仪、溴钨灯、光谱分析器、光纤连接线、计算机等。

## 4.1.4　实验内容

（1）溴钨灯电源连接至 LV+输出，缓慢增加 LV+输出电压至 12V。

（2）将溴钨灯的输出光耦合进入单模光纤，单模光纤输出接入光谱分析器，输出狭缝置 2mm。

（3）将实验仪主机背板通信接口用串行通信电缆连接至计算机主机 COM1 口，打开实验仪主机电源后再运行计算机上的测试软件。

（4）保持单模光纤为自然伸展状态，将光谱分析器功率探头输出连接至 PD，设置 OPM 工作模式为 PD/mW，量程（RATIO）置 10nW 挡。

（5）测量单模光纤输出光谱，波长范围 900～1300nm，波长间隔 0.1nm。

（6）将此光谱设为损耗谱计算基准。

（7）将单模光纤按直径 30mm 绕 5 圈，测量此时的单模光纤输出光谱。

（8）求单模光纤弯曲损耗谱，确定单模光纤截止波长。

## 4.1.5　思考题

（1）阶跃光纤和渐变光纤的传光特性有什么不同？

（2）如何通过单模光纤的弯曲损耗谱确定截止波长？

# 4.2　光纤衰减特性测量

## 4.2.1　实验目的

（1）了解光纤衰减特性的测量方法；

（2）掌握光纤时域反射法的工作原理和测量方法。

## 4.2.2　实验原理

### 1. 光纤衰减特性测量方法

衰减是光纤传输特性的重要参量，它的测量是光纤传输特性测量的重要内容之一。衰减直接影响光纤的传输效率。截断法、插入损耗法、后向散射法是目前最基本的光纤衰减特性测量方法。

#### 1）截断法

截断法是测量光纤衰减特性的基准实验方法。在不改变注入条件的前提下，测量通过光纤两横截面的光功率，从而直接计算出光纤衰减。

首先，测量整根光纤长度的输出光功率 $P_2(\lambda)$；然后保持注入条件不变，在离注入端约 2m 处截断光纤，测量此约 2m 长的光纤输出光功率 $P_1(\lambda)$。因为测量是在保持稳态条件下进行的，且 2m 光纤的衰减很小，可以忽略不计，所以这个 $P_1(\lambda)$ 被认为是被测光纤的起端注入光功率。此时，便可根据定义计算出待测光纤的损耗系数。

这种测试方法需要截断光纤，具有破坏性，但测量精度高，可以低于 0.1dB，所以它是光纤衰减测量的一种标准测试方法。它既可以在一个或多个波长上进行，也可以在某一波长范围内测量衰减特性。

2）插入损耗法

插入损耗法的测量原理与截断法类似。在注入条件不变的情况下，首先测出注入器的输出光功率，然后把待测光纤接入，测出它的输出光功率，据此计算出损耗系数。

插入损耗法的测量精度不如截断法高，但是对于被测光纤和固定在光纤端头上的终端连接器具有非破坏性的优点，因而，这一方法适合现场测量，主要用于对链路光缆的测量。插入损耗法不能分析整个光纤长度上的衰减特性，但是，当预知了注入光功率时，可以测量出在变化的环境中光纤衰减连续变化的特征。

3）后向散射法

后向散射法又称为背向散射法，也是一种非破坏性的测量方法。该方法是一种单端测量方法，测量时只需在光纤的一端进行，它通过测量从光纤中不同点后向散射至该光纤输入端的后向散射光功率来测量光纤的衰减，而且一般具有较好的重复性。后向散射法允许对光纤整个长度进行分析，因此不仅可以测量光纤的衰减系数，还能提供沿光纤长度损耗特性的详细情况，甚至可以检测光纤的物理缺陷或断裂点的位置，测定接头的损耗位置，测量光纤的长度。所以这种方法在实验研究、光纤制造、工程现场和维护测试中都是十分有用的。

本次实验就是利用后向散射法搭建实验装置，实现光纤时域反射信号的测量。

2. 光纤时域反射测量法

光纤时域反射测量（optical time domain reflectometer，OTDR）是光纤通信领域非常重要的测量技术。OTDR 首先发射光脉冲进入光纤，光脉冲在光纤内传输时，会由于光纤本身的性质、连接器、接合点、弯曲或其他原因而产生散射和反射，通过对返回光的强度及时间特征进行分析可以测知光纤介质的传输特性。图 4-2 是 OTDR 典型的测试波形。

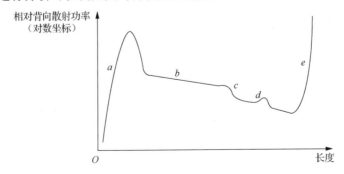

图 4-2　光纤时域反射测量测试波形

$a$ 段：有最高的背向光功率，主要由于耦合设备和光纤前端面引起的较强菲涅耳反射光脉冲。

*b* 段：光脉冲沿具有均匀特性的光纤段传播时的背向瑞利散射曲线。

*c* 点：有明显的突降，主要是由于接头或耦合不完善造成的损耗，或者是由于光纤存在某些缺陷引起的高损耗区。

*d* 点：曲线突然升高，说明该点的反射或散射强烈，在整个线段平滑下降区间出现这种现象，说明该处发生断裂或损伤，并且此处损耗峰的大小反映出损坏的程度。

*e* 段：光纤终端引起的菲涅耳反射脉冲[1]。

由此可见，OTDR 是利用瑞利散射和菲涅尔反射来表征光纤特性的。瑞利散射是由光信号沿着光纤产生无规律的散射而形成，这些背向散射信号表明了光纤导致的衰减（损耗/距离）程度，形成的轨迹是一条向下的曲线。给定光纤参数和波长，瑞利散射的功率与信号的脉冲宽度成比例，脉冲宽度越宽，背向散射功率就越强。瑞利散射的功率还与发射信号的波长有关，波长较短则功率较强。在高波长（超过 1500nm）区，瑞利散射会持续减小，但红外吸收的现象会出现，导致全部衰减值增大。1550nm 波长的 OTDR 具有最低的衰减性能，可以进行长距离的测试，对于高衰减的 1310nm 或 1625nm 波长，OTDR 的测试距离受到限制。

菲涅尔反射是离散的反射，它是由整条光纤中的个别点引起的，例如玻璃与空气的间隙。在这些点上，会有很强的背向散射光被反射回来。OTDR 利用菲涅尔反射的信息来定位连接点、光纤终端或断点，通过发射信号到返回信号所用的时间以及光在玻璃物质中的速度，可以计算出距离。

## 4.2.3　实验器材

1550nm 半导体激光器、1310nm/1550nm 单模光纤耦合器、InGaAs PIN 光电二极管、待测 G.652 光纤、光纤连接线、光纤光电子综合实验仪、示波器等。

## 4.2.4　实验内容

（1）如图 4-3 所示结构连接实验装置，将单模光纤耦合器输出端 PORT4 连接一根 FC/APC-FC/PC 光纤连接线，将待测 G.652 单模光纤末端连接一根 FC/APC-FC/PC 光纤连接线。

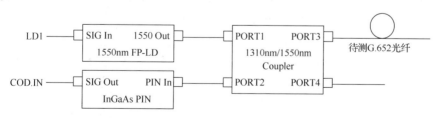

图 4-3　光纤时域反射测量实验装置

（2）将函数信号发生器输出（SIG）连接至半导体激光控制器 LD1 的调制信号输入端（MOD1），同时使用三通将此信号连接至示波器的 CH2 输入用于信号同步。

（3）将模拟接收器的输出信号（COD.OUT）连接至示波器的 CH1 输入，检查无误后打开系统电源。

（4）设置 COD 工作模式为（ARX），量程（RATIO）调至 100μA 挡。

（5）设置 SIG 工作模式为脉冲模式（PUS），输出信号幅度 Vs 调至 5.0V。调节示波器同步 CH1 输入，上升沿出发，观察到稳定的脉冲调制信号。

（6）设置 LD1 工作模式为数字调制模式（ODM），1550nm 激光器工作于 5kHz 脉冲模式下，调节 LD1 驱动电流（Ic）至 40.0mA。

（7）观察光接收机监控信号波形，记录两次反射脉冲前沿之间的时间间隔 $T_R$。

（8）计算单模光纤断点位置（$n=1.46$）。

### 4.2.5　思考题

（1）试画出截断法测量光纤损耗系数的测量框图，并解释测量的具体方法。

（2）分析在测量断点位置时，主要的误差因素有哪些？

# 4.3　光纤色散系数测量

### 4.3.1　实验目的

（1）了解光纤的色散特性；

（2）掌握光纤色散系数的测量方法。

### 4.3.2　实验原理

色散是日常生活中经常会碰到的一种物理现象。一束白光，通过一块玻璃三角棱镜时，在棱镜的另一侧被散开，变成五颜六色的光带，在光学中称这种现象为色散。

当光信号通过光纤时，也会产生色散现象。色散是由于不同成分的光信号在光纤中传输时，群速度不同，产生不同的时间延迟而引起的一种物理效应。如果信号是模拟调制，色散限制了带宽；如果信号是数字脉冲，色散使脉冲展宽，引起相邻脉冲发生重叠，从而限制光纤的传输容量和传输距离。

光纤色散主要包括模式色散、色度色散和偏振模色散。色度色散又分为材料色散和波导色散。对于多模光纤，模式色散是最主要的，材料色散相对较小，波导色散一般可以忽略。对于单模光纤，由于只有一个模式在光纤中传输，所以不存在模式色散，只有色度色散和偏振模色散，而且材料色散是最主要的，波导色散相对较小。

光纤色散特性是影响光纤通信的传输容量和中继距离的一个重要因素。色散大，光脉冲展宽就严重，在接收端就可能因脉冲展宽而出现相邻脉冲重叠，造成误码。为了避免这种情况，只好使码元间隔增大，或传输距离缩短。显然，这就使得传输容量降低，中继距离变短，这是人们所不希望看到的。为此，在高码速的光纤通信系统中，对光纤的色散就要认真考虑了。

光纤色散造成光脉冲波形展宽，这是从时域观点分析的情况；若从频域角度来看，光纤有色散就表示光纤是有一定传输带宽的。因此脉冲展宽和带宽是从不同角度描述光纤传输特性的两个紧密联系的参量。在测量方法上与之对应的有两种方法：一种是相移法，另一种是脉冲时延法。

### 1. 相移法

相移法是测量不同波长正弦波调制的相位移变化，将其转换后得到光波在光纤中传输的相对时延，用指定的拟合公式由相对时延谱导出光纤的波长色散特性，从而计算色散系数的一种方法。

假设光源的调制频率为 $f$（小于光纤的基带频率），经长度为 $L$ 的光纤后，波长为 $\lambda$ 的光相对于波长为 $\lambda_0$ 的光传播时延差为 $\Delta t$，那么从光纤出射端接收的两种光调制波形相位差 $\Delta\psi(\lambda)$ 满足 $\Delta\psi(\lambda) = 2\pi f \Delta t$，即

$$\Delta t = \frac{\Delta\psi(\lambda)}{2\pi f} \tag{4-2}$$

则可以得到每传输 1km 的平均时延差

$$\tau = \frac{\Delta t}{L} = \frac{\Delta\psi(\lambda)}{2\pi f} \cdot \frac{1}{\Delta L} \ (\text{ps/km}) \tag{4-3}$$

只要测出不同波长 $\lambda_i$ 下的 $\Delta\psi_i(\lambda_i)$，计算出 $\tau_i(\lambda_i)$，利用

$$\tau(\lambda) = A + B\lambda^{-4} + C\lambda^{-2} + D\lambda^2 + E\lambda^4 \tag{4-4}$$

拟合这些数据点就可得到 $\tau(\lambda)$ 曲线，其中 $A$、$B$、$C$、$D$、$E$ 为特定常数，由拟合计算确定。由公式（4-4）可导出色散系数曲线 $\sigma(\lambda)$ 为

$$\sigma(\lambda) = \frac{\mathrm{d}\tau}{\mathrm{d}\lambda} = -4B\lambda^{-5} - 2C\lambda^{-3} + 2D\lambda + 4E\lambda^3 \ (\text{ps/(km·nm)}) \tag{4-5}$$

式中，波长以 nm 为单位；时间以 ps 为单位。

### 2. 脉冲时延法

脉冲时延法又称为时域群时延谱法，是直接测量已知长度的光纤在不同波长窄脉冲信号下的群时延，用指定的拟合公式由相对时延谱拟合导出光纤的波长色散特性，并得出光纤色散系数的一种方法。按采用的光源来分，主要有两类装置：一种是采用光纤拉曼光源；另一种是用一组激光器作为光源，通过变换激光器的方法来改变波长。

采用一组激光器作为光源的测量方法，所需设备简单，不需要单色仪，体积较小，动态范围比较大。其测量具体过程如下：首先将波长为 $\lambda_1$ 的激光器的光脉冲以适当的方式耦合进待测光纤，经光纤传输后的出射光耦合到探测器，调整数字延迟线使脉冲信号显示在示波器上。然后改变光源波长为 $\lambda_i$（一般是调换激光器，也可借助改变激光器的环境温度微调波长），由示波器或数字延迟线得出波长为 $\lambda_i$ 和 $\lambda_1$ 的光脉冲峰值之间的相对时延 $\Delta T(\lambda_i)$。最后将所测数据拟合得到 $\tau(\lambda)$ 曲线，求导得到色散系数和波长的关系曲线 $\sigma(\lambda)$[1]。

本实验用脉冲时延法，以 1310nm 激光器和 1550nm 激光器为光源，测量 G.652 单模光纤在 1550nm 波长处的色散系数。

## 4.3.3　实验器材

光纤光电子综合实验仪、1550nm 半导体激光器、1310nm 半导体激光器、

1310nm/1550nm 波分复用器、光纤连接线、示波器等。

## 4.3.4　实验内容

（1）如图 4-4 所示结构连接实验装置，将函数信号发生器输出（SIG）通过三通同时连接至半导体激光控制器 LD1 和 LD2 的调制信号输入端 MOD1 和 MOD2；将半导体激光控制器 LD1 和 LD2 的输出分别连接至 1550nm 半导体激光器和 1310nm 半导体激光器的输入端。

（2）设置 PD1 和 PD2 的工作模式为 ARX，设置 PD1RTO 和 PD2RTO 均为 1mA 挡。

（3）设置 SIG 工作模式为 5kHz 脉冲模式，输出信号幅度 Vs 调至 5.0V。调节示波器同步 CH1 输入，上升沿出发，观察到稳定的脉冲调制信号。

（4）设置 LD1 工作模式为数字调制模式（ODM），1550nm 激光器工作于 5kHz 脉冲模式下，调节 LD1 驱动电流（Ic）至 40.0mA。

（5）设置 LD2 工作模式为数字调制模式（ODM），1310nm 激光器工作于 5kHz 脉冲模式下，调节 LD2 驱动电流（Ic）至示波器的 CH2 波形与 CH1 等幅。

（6）将待测 G.652 光纤从测试光路中断开，使用跳线直接连接两个 WDM，记录此时示波器的 CH2 脉冲波形与 CH1 脉冲波形的时延 $\Delta T_0$。

（7）将待测 G.652 光纤接入测试光路，记录此时示波器的 CH2 脉冲波形与 CH1 脉冲波形的时延 $\Delta T$。

（8）求待测 G.652 光纤在 1550nm 波长处的色散系数。

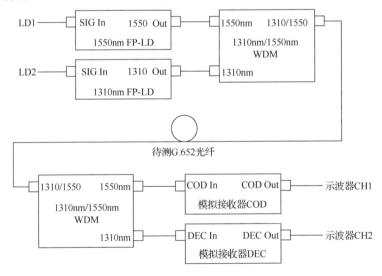

图 4-4　脉冲时延法测量光纤色散系数实验装置图

## 4.3.5　思考题

（1）单模光纤的色散有哪些？
（2）试画出采用相移法实现色散系数测量的实验装置图。

# 4.4　光纤激光器特性参数测量

## 4.4.1　实验目的

（1）了解光纤激光器的工作原理及相关特性；
（2）掌握光纤激光器性能参数的测量方法。

## 4.4.2　实验原理

光纤激光器是近年来发展十分迅速且应用越来越广泛的激光器，其基本结构与其他激光器基本相同，主要由泵浦源、耦合器、掺稀土元素光纤、谐振腔等部件构成。泵浦源由一个或多个大功率激光二极管构成，其发出的泵浦光经过特殊的泵浦结构耦合进入作为增益介质的掺稀土元素光纤，泵浦波长上的光子被掺杂光纤介质吸收，形成粒子数反转，受激发射的波长经谐振腔镜的反馈和振荡形成激光输出。

普通通信用的小功率光纤激光器输出功率一般都在毫瓦量级，多采用单模光纤、端面泵浦，其典型结构如图 4-5 所示。但单模纤芯直径只有 9.0μm，对激光二极管（laser diode，LD）的输出光束有严格的要求，无法承受太高的功率密度，因为强泵浦光耦合在很细的纤芯中会出现严重的非线性效应，从而改变纤芯的光学性能，降低转换效率。

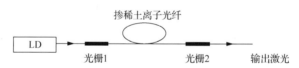

图 4-5　小功率光纤激光器的典型结构

高功率光纤激光器采用双包层光纤。单模纤芯由掺稀土离子的石英材料构成，作为激光振荡通道；内包层由横向尺寸和数值孔径比纤芯大很多、折射率比纤芯小的纯石英材料构成，它是接收多模 LD 泵浦光的多模光纤；因为掺杂激活离子纤芯和接收多模泵浦光的多模内包层是分开的，所以实现了多模光泵浦而单模光输出。为了提高纤芯的吸收效率，内包层的截面形状多采用 D 形、矩形和梅花形。

高功率光纤激光器采用侧面泵浦，光纤侧面引出多个权纤，每个分权可与带尾纤的 LD 耦合形成分点泵浦，不仅极大地提高输出功率，同时又避免由传统端泵带来的一系列热效应问题。应用 D 形内包层的双包层光纤激光器的结构如图 4-6 所示[3]。

光纤调谐激光器常用的调谐方法有旋转光栅、调节腔内标准具角度、利用声光滤波器、电调液晶标准具、可调谐光纤光栅等，调谐范围为几纳米到几十纳米。非光纤调谐器件与光纤之间的耦合将不可避免地增大腔内的插入损耗，从而导致激光器的低斜率效率和高阈值。可调谐光纤光栅是光纤器件，用光纤光栅作为调谐装置能与光纤兼容，可有效克服用非光纤调谐方法所造成的插入损耗问题。本实验使用光纤光栅调谐装置调谐环形腔掺铒光纤激光器的输出波长，实现窄线宽可调谐激光输出。

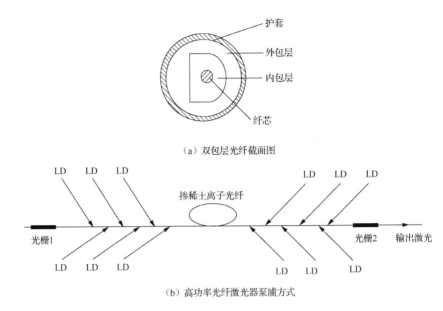

（a）双包层光纤截面图

（b）高功率光纤激光器泵浦方式

图 4-6　应用 D 形内包层的双包层光纤激光器的结构图

## 4.4.3　实验器材

1480nm/1550nm 波分复用器、掺铒光纤、光耦合器、1480nm DFB 激光器、光纤布拉格光栅、光纤连接线、光纤光电子综合实验仪、光谱分析器等。

## 4.4.4　实验内容

### 1. 连接实验装置

如图 4-7 所示，连接实验装置，将实验仪主机背板通信接口用串行通信电缆连接至计算机主机 COM1 口，打开实验仪主机电源后再运行计算机上的测试软件。

### 2. 光纤激光器 $P_o \sim P_p$ 曲线测量

（1）连接光纤激光器输出端至光功率计 OPM，OPM 量程置 1mW 挡。

（2）连接 1480nm 泵浦激光器控制信号至 LD2，设置 LD2 工作模式为恒流模式（ACC），驱动电流（Ic）置为 0。

（3）缓慢增加 1480nm 泵浦激光器输出功率 $P_p$，0~25mW 每隔 1mW 记录一次 OPM 功率数据 $P_o$，绘制光纤激光器 $P_o \sim P_p$ 曲线，求光纤激光器泵浦阈值。

### 3. 光纤激光器输出光谱测量

（1）光纤激光器输出端连接至光谱分析器，输入狭缝设置为 2mm，输出狭缝设置为 0.1mm。

（2）将光谱分析器功率探头输出连接至 PD，OPM 工作模式设置为 PD/mW，量程（RATIO）置 100μW 挡。

（3）设置 LD2 工作模式为恒流模式（ACC），驱动电流（Ic）置为 300mA。

（4）测量光纤激光器输出光谱，波长范围 1540~1580nm，波长间隔 0.1nm。

（5）求光纤激光器峰值波长和线宽。

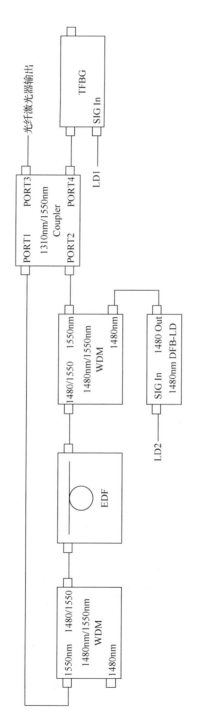

图 4-7　光纤激光器特性参数测量实验装置示意图

### 4.4.5 思考题

（1）光纤激光器与半导体激光器在结构上有什么异同？
（2）光纤激光器的输出波长范围是由什么决定的？

# 4.5 光纤温度传感器参数测量

### 4.5.1 实验目的

（1）了解光纤传感器的工作原理及相关特性；
（2）掌握光纤光栅温度传感器的测量方法。

### 4.5.2 实验原理

#### 1. 光纤传感器

光纤传感器就是利用光纤将待测量对光纤内传输的光波参数进行调制，并对调制过的光波信号进行解调检测，从而获得待测量值的一种装置。光纤传感器系统结构如图 4-8 所示，主要包括光源、传输光纤、传感器探头、光电探测器和信号处理电路等部分。

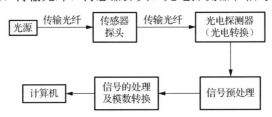

图 4-8　光纤传感器系统的基本组成

按照光纤在传感器中所起的作用，光纤传感器一般可分为以下两大类。
（1）传感型光纤传感器——利用光纤本身的特征把光纤直接作为敏感元件，既感知信息又传输信息（也称为功能型或全光纤传感器）。图 4-9 是利用光纤双光束干涉测量温度的测量原理图。两根单模光纤，一根作为参考臂，另一根作为探测臂。测量时，氦氖激光器发出的激光经过分束器分别输入至两根长度基本相同的单模光纤，参考臂置于恒温箱中，在整个测温过程中，参考臂中传输光的光程始终保持不变。把参考臂光纤和探测臂光纤的输出端合在一起，两束光即会产生干涉，从而出现干涉条纹。当探测臂光纤受到温度场的作用后，长度与折射率发生变化，干涉条纹将产生移动，移动的数量反映出被测温度的变化[2]。

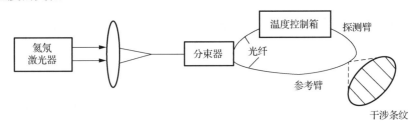

图 4-9　光纤双光束干涉测量原理图

（2）传光型光纤传感器——利用其他敏感元件感知待测量的变化，光纤仅作为光的传输介质，传输来自远处或难以接近场所的光信号（也称为非功能型或混合型传感器）。本实验中采用的光纤光栅温度传感器就是基于这种类型的。

### 2. 光纤光栅温度传感器

在光纤中通过紫外掩模的方法刻入光栅，就得到了光纤光栅。在光纤光栅的众多种类中，应用最广泛的是光纤布拉格光栅。当一束宽带光入射到光纤布拉格光栅时，只有波长满足布拉格反射条件的光会发生反射，其他波长的光则不受影响，直接透过，如图 4-10 所示[3]。

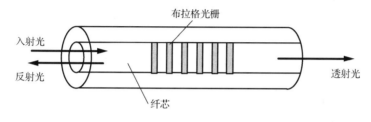

图 4-10　光纤光栅及其工作原理示意图

光纤光栅中最重要的特性指标是布拉格光栅中心反射波长 $\lambda_B$，可以表示为

$$\lambda_B = 2n_{\text{eff}}\Lambda \tag{4-6}$$

式中，$n_{\text{eff}}$ 是光纤光栅的有效折射率；$\Lambda$ 为光栅周期。由此可知，如果物理量能够引起 $n_{\text{eff}}$ 和 $\Lambda$ 变化，就能够引起反射波长 $\lambda_B$ 的变化。因此，可以通过检测布拉格光栅中心反射波长 $\lambda_B$ 的偏移情况来检测外界物理量的变化。这是光纤光栅用于光纤传感的主要工作原理。

当光纤光栅的温度升高时，由于光纤材料的热光效应，其有效折射率会增加。而且由于热胀冷缩效应，光栅周期也会增长，从而使 $\lambda_B$ 向长波长方向移动，波长偏移量 $\Delta\lambda_B$ 为

$$\Delta\lambda_B = (\alpha + \varepsilon)\Delta T \cdot \lambda_B \tag{4-7}$$

式中，$\alpha$ 为光纤材料的热胀系数；$\Delta T$ 为温度变化量；$\varepsilon$ 为热光系数。可以看出，布拉格波长变化 $\Delta\lambda_B$ 与温度变化量 $\Delta T$ 呈线性关系。通过测量布拉格波长的改变，就可以实现温度变化量的测量。

本实验是测量用光纤光栅作温度传感时的定标曲线，即在知道温度变化量、测量得到波长改变量的情况下，确定线性变化的系数，完成温度传感器的定标。

## 4.5.3　实验器材

1550nm 半导体激光器、1310nm/1550nm 光耦合器、光纤布拉格光栅、光纤连接线、光纤光电子综合实验仪、光谱分析器等。

## 4.5.4　实验内容

### 1. 连接实验装置

如图 4-11 所示，连接实验装置，将实验仪主机背板通信接口用串行通信电缆连接至

计算机主机 COM1 口，打开实验仪主机电源后再运行计算机上的测试软件。

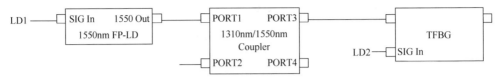

图 4-11　光纤光栅温度传感器实验装置图

2. 光纤光栅反射光谱测量

（1）将 1550nm 半导体激光器光输出连接至 1310nm/1550nm 光耦合器输入端 PORT1，将 1310nm/1550nm 光耦合器输出端 PORT3 连接至光纤光栅温度传感器 PORT1，将 1310nm/1550nm 光耦合器端口 PORT2 连接至 OPM。

（2）将 1550nm 激光器控制端口连接至 LD1，将光纤光栅温度传感器控制端口连接至 LD2。设置 LD2 温度为-10℃，设置 LD1 工作模式为恒流模式（ACC）。待 LD2 温度稳定后缓慢调节 LD1 驱动电流（Ic），使得 OPM 读数最大。注意：LD1 电流不得超过 40mA。

（3）将 1310nm/1550nm 光耦合器端口 PORT2 改接至光谱分析器，输出狭缝置 0.1mm。

（4）将光谱分析器功率探头输出连接至 PD，OPM 工作模式设置为 PD/mW，量程（RATIO）设置为100μW 挡。

（5）测量光纤光栅反射光谱，波长范围 1540～1580nm，波长间隔 0.1nm，记录峰值波长。

3. 光纤光栅温度传感器定标

（1）测量光纤光栅在 30℃下的反射光谱，记录其峰值位置。
（2）求光纤光栅温度传感器定标关系式。

## 4.5.5　思考题

（1）光纤温度传感器的工作原理是什么？
（2）利用光纤光栅传感器如何实现位移测量？试画出测量装置图。

# 4.6　光纤微弯称重系统设计实验

## 4.6.1　实验目的

（1）了解光纤调制技术，掌握光纤微弯传感器工作原理；
（2）掌握光纤微弯传感器测量物体重量的原理。

## 4.6.2　实验原理

光纤调制技术是光纤传感的核心技术，按照信号在光纤中的调制方法来看，光纤传感器可以分为强度调制型、相位调制型、偏振态调制型、频率调制型和波长调制型这五种类型。本实验采用强度调制技术，设计微弯型光纤传感器，其结构如图 4-12 所示。将一根多模光纤夹在两块微弯板之间，微弯板的位移使光纤产生微弯曲变形，从而引起各传播模间的耦合，在光纤中的光波模就会变成耦合模进入包层中。通过检测纤芯中光功率的变化，就能确定微弯板位移量的大小或微弯板受到的压力大小。

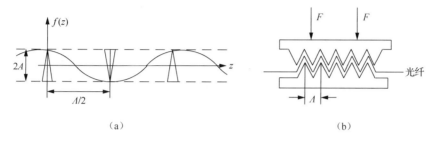

（a）　　　　　　　　　　　　　　　　　　　　（b）

图 4-12　微弯光纤传感器原理图

近似地将把光纤看成正弦微弯，其弯曲函数为

$$f(z) = \begin{cases} A\sin\omega \cdot z, & 0 < z < L \\ 0, & z < 0, z > L \end{cases} \quad (4\text{-}8)$$

式中，$L$ 是光纤产生微弯的区域；$A$ 为其弯曲幅度；$\omega$ 为空间频率。设光纤微弯变形函数的微弯周期为 $\Lambda$，则有 $\Lambda = 2\pi / \omega$。光纤由于弯曲产生的光能损耗系数

$$\alpha = \frac{A^2 L}{4} \left\{ \frac{\sin[(\omega - \omega_c)L / 2]}{(\omega - \omega_c)L / 2} + \frac{\sin[(\omega + \omega_c)L / 2]}{(\omega + \omega_c)L / 2} \right\} \quad (4\text{-}9)$$

式中，$\omega_c$ 称为谐振频率。根据光纤模式耦合理论，如果夹在两块微弯板中间的多模光纤中引起耦合的两个模式的传播常数分别为 $\beta$ 和 $\beta'$，$\Lambda_c$ 为谐振波长，则

$$\omega_c = \frac{2\pi}{\Lambda_c} = \beta - \beta' = \Delta\beta \quad (4\text{-}10)$$

当 $\omega = \omega_c$ 时，这两个模式的光功率耦合特别紧，因而损耗也增大。如果我们选择相邻的两个模式，对于光纤折射率为平方律分布的多模光纤，可得

$$\Delta\beta = \sqrt{2\Delta}/r \quad (4\text{-}11)$$

式中，$r$ 为光纤半径；$\Delta$ 为纤芯与包层之间的相对折射率差。由式（4-10）、式（4-11）可得

$$\Lambda_c = 2\pi r / \sqrt{2\Delta} \quad (4\text{-}12)$$

对于通信光纤，$r = 25\mu m$，$\Delta \leqslant 0.01$，则 $\Lambda_c \approx 1.1mm$。公式（4-9）表明损耗 $\alpha$ 与弯曲幅度的平方成正比，与微弯区的长度成正比。通常，我们让光纤通过周期为 $\Lambda$ 的梳状结构来产生微弯，按公式（4-12）得到的 $\Lambda_c$ 一般太小，实用上可取奇数倍，即 3、5、7 等，同样可得到较高的灵敏度[4]。

## 4.6.3　实验器材

光纤传感器实验模块、反射式光纤、叠插连接线、万用表、光纤微弯组件、导轨、支架、光电创新实验仪主机等。

### 4.6.4　实验内容

（1）将反射式光纤传感器固定在导轨上，反射镜固定在导轨上并调节至与反射式光纤断面同轴并距离 1.5mm 左右。二束光纤分别插入光纤传感器模块上的发射、接收端。注意：反射式光纤为两束，其中一束由单根光纤组成，实验时对应插入发射孔；另一束由 16 根光纤组成，实验时对应插入接收孔。发射孔和接收孔内部已经和发光二极管及光电探测器相接。

（2）微弯变形器固定在导轨上，两根反射式光纤放置在变形器凹槽内。

（3）光电探测器接收到光纤传感器反射光后产生电流，经过两级运算放大器输出到电压表进行显示。

（4）打开电源开关，记录光纤未发生弯曲形变时的电压值。

（5）变形器上放置重物，光纤随之发生弯曲形变，观察电压表显示的变化，关闭电源。

### 4.6.5　思考题

（1）光纤微弯传感可做哪些参数测量？

（2）两束光纤有什么不同？这样设计有什么好处？

# 4.7　光纤位移测量系统设计实验

### 4.7.1　实验目的

（1）了解光纤位移传感器的结构及工作原理；

（2）掌握光纤位移传感器测量位移的方法。

### 4.7.2　实验原理

反射式光纤位移传感器的工作原理如图 4-13 所示。光源 S 发出的光经发射光纤照射到反射面，反射光进入接收光纤，最后的输出由光电探测器 D 接收。当反射面相对于光纤端面的距离 $d$ 发生变化时，反射回接收光纤的光强也会发生变化。在其他参数固定不变的情况下，探测器接收到的光功率取决于距离 $d$。

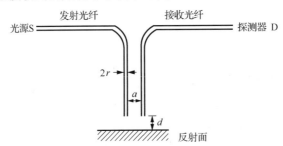

图 4-13　反射式光纤位移传感器工作原理示意图

设两根光纤的距离为 $a$，每根光纤的直径为 $2r$，数值孔径为 NA，待测距离为 $d$，已知从发射光纤端面出射的光能角 $2\theta=2\arcsin \text{NA}$，记 $T=\tan(\arcsin \text{NA})$。反射面的移动方向与光纤探头端面垂直。反射镜面在其背面距离 $d$ 处形成发射光纤的虚像,因此,光强度调制作用是与虚光纤和接收光纤的耦合等效的,如图 4-14 所示。

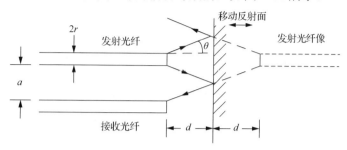

图 4-14　发射光纤与接收光纤光耦合图

从图 4-14 中可以看出,当 $d < a / 2T$ 时,即接收光纤位于发射光纤像的光锥之外,两光纤的耦合为零,无反射进入接收光纤;当 $d \geqslant (a + 2r) / 2T$ 时,即接收光纤位于光锥之内,两光纤耦合最强,接收光强达到最大值,因为这时发射光纤像发出的光锥体面积与接收光纤纤芯端面积 $\pi r^2$ 全部交叠。$d$ 的最大检测范围为 $r / \tan(\arcsin NA)$。

耦合进接收光纤的光功率由发射光纤在被测表面的像发出的光锥与接收光纤相交叠部分的面积决定,此交叠部分如图 4-15(a)所示。交叠部分的面积计算十分复杂,我们可以进行近似处理。由于接收光纤芯径很小,常常把光锥边缘与接收光纤芯交界弧线看成是直线,如图 4-15(b)所示。通过对交叠面简单的几何分析,可以得到交叠面积与光纤纤芯端面积之比,即

$$\alpha = \frac{1}{\pi}\left\{\arccos(1-\frac{\delta}{r}) - (1-\frac{\delta}{r})\sin\left[\arccos(1-\frac{\delta}{r})\right]\right\} \tag{4-13}$$

式中,$\delta$ 为光锥底与接收光纤芯端面交叠扇面的高,它是由 $d$ 决定的,且 $\delta = 2dT - a$[5]。

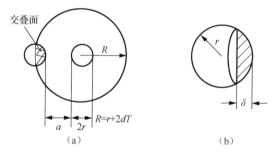

图 4-15　发射光纤与接收光纤交叠面积图

本实验采用的传光型光纤由两束光纤混合后组成,两光束混合后的端部是工作端,亦称探头,由光源发出的光传到端部出射后再经被测体反射回来,由另一束光纤接收,光信号经光电转换器转换成电量,而光电转换器的电量大小与探头和被测物体之间的距离有关,因此可实现位移的测量。

### 4.7.3　实验器材

光纤传感器实验模块、叠插连接线、万用表、反射式光纤、螺旋测微丝杆、光电创

新实验仪主机箱、导轨、支架等。

### 4.7.4　实验内容

（1）将反射式光纤传感器通过自带螺母固定在光纤支架上，端面朝右。两束光纤分别插入光纤传感器模块的发射、接收端。注意：反射式光纤为两束，其中一束由单根光纤组成，实验时对应插入发射孔；另一束由 16 根光纤组成，实验时对应插入接收孔。发射孔和接收孔内部已和发光二极管及光电探测器相接。

（2）螺旋测微丝杆插入右边支架，调节测微丝杆，使测微丝杆顶端光滑反射面与反射式光纤端面接触并同轴心，用固定螺钉将螺旋测微丝杆固定在支架上。

（3）光电探测器接收到光纤传感器反射光后产生电流，经过两级运算放大器进行放大，将放大后电流接入万用表。

（4）打开电源开关，调节调零电位器使电压表显示为零。调节测微丝杆使反射面离开光纤传感器，观察电压表数值变化，如果最大时读数超过 2V 挡量程，可逆时针调节增益调节旋钮，使最大值在 2V 挡量程之内。

（5）每隔 0.1mm 读出电压表数值并记录，画出光纤位移传感器的位移特性曲线，计算在量程 1mm 时的灵敏度和非线性误差。

### 4.7.5　思考题

（1）根据特性曲线，分析反射式光纤位移传感器测量的光强与位移变化的关系。

（2）室内光线对测试数据有什么影响？如何解决？

# 4.8　光纤马赫-曾德尔干涉仪传感实验

### 4.8.1　实验目的

（1）了解光纤马赫-曾德尔干涉仪的工作原理和相关特性；

（2）掌握压电材料电致伸缩系数的测量方法。

### 4.8.2　实验原理

光纤传感器按被测对象的不同，可分为位移、压力、温度、流量、速度、加速度、振动、转动、弯曲、应变、磁场、电压、电流以及化学量、生物医学量等各种光纤传感器。本实验采用光纤相位调制原理制成的马赫-曾德尔干涉型光纤传感器，对压电陶瓷 PZT 在受外压下的微小位移进行测量。

相位调制型光纤传感器首先通过被测量引起光纤内传播的光波发生相位变化，再用干涉测量技术把相位变化转换为光强变化，从而检测出被测量的大小。

光波通过长度为 $L$ 的光纤后，出射光波的相位延迟为

$$\Phi = 2\pi L / \lambda_0 = k_0 nL \tag{4-14}$$

式中，$k_0$ 为光在真空中的传播常数；$\lambda_0$ 为光在真空中的波长；$n$ 为纤芯的折射率。

纤芯折射率的变化和光纤长度的变化都会引起光波相位的变化，即

$$\Delta \Phi = k_0 \left( \Delta n L + \Delta L n \right) \tag{4-15}$$

引起光线长度和折射率变化的因素主要有温度、压力、张力等物理量。目前使用的光电探测器并不能直接感知相位的变化，所以需要采用光纤光波干涉技术，把相位变化转变为光强变化，才能实现对外界物理量的检测。

马赫-曾德尔光纤干涉仪的结构如图 4-16 所示。激光器发出的相干光通过第一个 3dB 耦合器分成两个相等的光束，一束在信号臂光纤 S 中传输，另一束在参考臂光纤 R 中传输，外界信号 $S(t)$ 作用于信号臂。第二个 3dB 耦合器把两束光再耦合，然后又分成两束光经光纤送到两个光电探测器。由于外界信号的作用，两束光具有光程差并发生干涉。两个光电探测器接收到的光强分别为

$$I_1 = I_0 \left( 1 + \alpha \cos \Phi_s \right) / 2 \tag{4-16}$$

$$I_2 = I_0 \left( 1 - \alpha \cos \Phi_s \right) / 2 \tag{4-17}$$

式中，$I_0$ 为激光器发出的光强；$\alpha$ 为耦合系数；$\Phi_s$ 为信号臂和参考臂之间的相位差。可以看出，马赫-曾德尔光纤干涉仪将外界信号引起的相位变化转换为了光强的变化[1]。

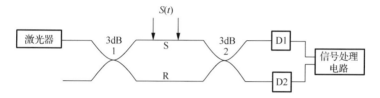

图 4-16　马赫-曾德尔光纤干涉仪结构图

本实验中，将 PZT 用胶水粘在信号臂光纤上，PZT 上引出正负两根引线，接上电源，电压逐步变化，PZT 亦随之伸缩，黏附于 PZT 上的光纤同样变化。这时测量臂光纤中的光程发生变化，PZT 每伸长（或缩短）一个波长，则干涉条纹随之移动一个条纹（即明变暗，暗变明），测出移动条纹数则可求得微小位移 $\Delta L$：

$$\Delta L = \frac{m\lambda}{n} \cdot \frac{1}{1 - \dfrac{n^2}{2} [\mu(p_{11} + p_{12}) + p_{12}]} \tag{4-18}$$

式中，$m$ 为干涉条纹移动数；$n$ 为纤芯折射率（$n=1.458$）；$p_{11}$ 为光纤的光弹系数（$p_{11} = 0.126$）；$p_{12}$ 为光纤的光弹系数（$p_{12} = 0.27$）；$\mu$ 为泊松比（$\mu = -0.4$）。可以看出，根据测出的干涉条纹移动数，就可计算出材料的微小伸长量 $\Delta L$。

每伏电压下 PZT 晶体的相对伸缩系数

$$R = \frac{\Delta L}{L * V} \tag{4-19}$$

式中，$L$ 为被粘贴光纤的长度；$V$ 为加在 PZT 上的电压值。可以看出，测得所加电压及粘在 PZT 上的光纤长，就可算出 $R$。

## 4.8.3　实验器材

1550nm 半导体激光器、M-Z 实验模块、单模光纤耦合器、InGaAs PIN 光电二极管、示波器、光纤连接线、电源线、光纤光电子综合实验仪等。

### 4.8.4　实验内容

（1）根据图4-17连接实验装置，将函数信号发生器输出（SIG）连接至M-Z实验模块，同时将此电压信号输入示波器的CH1。

（2）将InGaAs PIN光电二极管输出连接至COD.IN，COD.OUT连接至示波器CH2。COD模式置于ARX，量程置于100μA挡，检查无误后打开系统电源。

（3）设置SIG工作模式为三角波（TRI），输出频率20Hz，输出信号幅度Vs调至±10V。调节示波器同步CH1输入，上升沿出发，观察到稳定的三角波电压信号。

（4）设置LD1工作模式为恒流模式（ACC），1550nm激光器工作于恒流模式下，调节LD1驱动电流（Ic）至16.0mA。

（5）置示波器CH2于平均值测量状态，微调1550nm激光器驱动电流，寻找合适的工作点，使得示波器CH2所示信号最强，按示波器STOP键停止数据刷新。

（6）读取干涉信号周期数所对应的电压差值，计算PZT线位移量$\Delta L$，进而计算该样品电致伸缩系数。

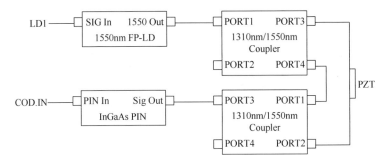

图4-17　光纤马赫-曾德尔干涉仪实验装置图

### 4.8.5　思考题

（1）画出利用光纤马赫-曾德尔干涉仪实现压力测量的光路图，并解释其测量原理。
（2）画出利用相位调制型光纤干涉仪实现转速测量的光路图，并解释其测量原理。

# 4.9　光纤通信系统及波分复用技术

### 4.9.1　实验目的

（1）了解光纤通信的结构和工作原理；
（2）掌握光纤波分复用技术的工作原理。

### 4.9.2　实验原理

光纤通信系统的基本组成如图4-18所示。电发射机把基带信号（即原始电信号）转换为适合信道传输的信号，这个转换如果需要调制，则其输出信号称为已调制信号，然后把这个信号输入光发射机转换为光信号，光载波经过光纤线路传输到接收端，再由光接收机把光信号转换为电信号，电接收机的功能和电发射机的功能相反，它把接收的电信号再次转换为基带信号，恢复用户信息。

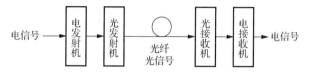

图 4-18　光纤通信系统的基本组成

　　在整个光纤通信系统中，在光发射机之前和光接收机之后的电信号段，光纤通信所用的技术和设备与电缆通信相同，不同的只是由光发射机、光纤线路和光接收机所组成的基本光纤传输系统代替了电缆传输。

　　20 世纪 90 年代，随着数据业务的迅速发展，为了满足数据业务的需求，提高光纤通信系统的传输容量，降低系统成本，人们研制出了波分复用系统。简单来说，波分复用技术就是一项在一根光纤中同时传输多个波长光信号的技术。其基本原理是在发射端将不同波长的光信号组合起来（复用），并耦合到光缆线路上的同一根光纤中进行传输，在接收端又将组合波长的光信号分开（解复用），并做进一步处理，恢复出原信号后送入不同的终端。一个波分复用系统是由光源、合波器（波分复用器）、光纤、光放大器、分波器（波分复用器）和光电检测器共同组成的，如图 4-19 所示。

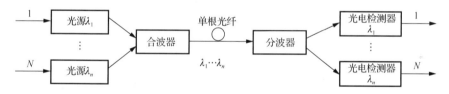

图 4-19　波分复用系统

　　根据波分复用系统所使用的信道波长间隔的不同，可以将波分复用系统分为宽波分复用系统、粗波分复用系统和密集波分复用系统。宽波分复用系统的信道波长间隔为数百纳米，如 1310nm 和 1550nm 的复用。粗波分复用系统的信道波长间隔为 20nm。密集波分复用系统的信道波长间隔为纳米数量级的[6]。本实验采用宽波分复用系统实现语音模拟信号和图像模拟信号的同时传输。

## 4.9.3　实验器材

　　1310nm 半导体激光器、1550nm 半导体激光器、InGaAs PIN 光电二极管、G.652 光纤、光纤连接线、1310nm/1550nm 波分复用器、示波器、微型摄像头、监视器、光纤光电子综合实验仪等。

## 4.9.4　实验内容

　　（1）按图 4-20 所示结构进行实验系统连接，检查无误后打开系统电源。

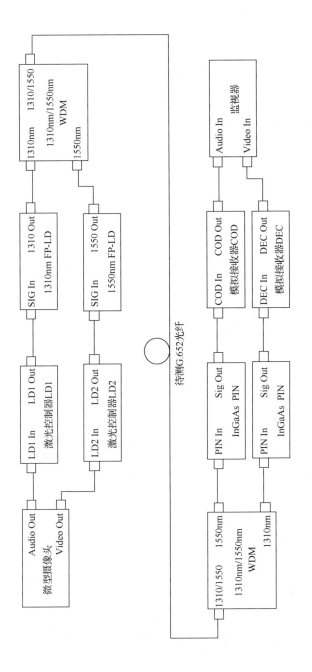

图 4-20 光纤通信及波分复用实验装置示意图

（2）将 1550nm 激光器输出连接至 InGaAs PIN 光电二极管输入，使用模拟调制方式在单模光纤中传输视频信号。

①将微型摄像头的视频输出信号连接至示波器 CH1 输入，观察并记录视频信号波形和幅度。

②设置 LD2 工作模式为模拟调制模式（OAM），1550nm 激光器输出光功率受 6MHz 带宽视频信号调制。

③将模拟接收机输出信号 DEC.OUT 连接至示波器 CH2 输入，调节 LD2 偏置电流（Ic）、模拟接收机增益（PD2RTO）、模拟接收机偏移（VS2），使得光接收机监控信号波形与微型摄像头的视频输出信号波形一致。

④将 DEC.OUT 连接至监视器视频输入端 Video.In，微调 LD2 偏置电流（Ic），使得监视器图像有最小失真。

（3）将 1310nm 激光器输出连接至 InGaAs PIN 光电二极管输入，使用模拟调制方式在单模光纤中传输音频信号。

①设置 LD1 工作模式为模拟调制模式（OAM），1310nm 激光器输出光功率受语音信号调制。

②将模拟接收机输出信号 COD Out 连接至监视器音频输入端 Audio In，调节 LD1 偏置电流（Ic）、模拟接收机增益（PD1RTO）、模拟接收机偏移（VS1），使得监视器声音输出有最小失真。

（4）将两个 WDM 和 2km G.652 单模光纤按图 4-20 所示结构接入实验系统，使用 1550nm 传输视频信号，使用 1310nm 传输语音信号，进行单模光纤波分复用技术实验。

①微调 LD2 偏置电流（Ic），使得监视器图像有最小失真。

②微调 LD1 偏置电流（Ic），使得监视器声音输出有最小失真。

## 4.9.5　思考题

（1）简述脉冲编码调制的原理。

（2）如何使用两套设备在一根单模光纤中进行双向可视电话传输？请画出系统光路。

# 参 考 文 献

[1] 刘宇，朱继华，胡章芳，等. 光纤传感原理与检测技术[M]. 北京：电子工业出版社，2011.

[2] 王庆有. 光电信息综合实验与设计教程[M]. 北京：电子工业出版社，2010.

[3] 钱惠国. 光电信息专业实践训练指导[M]. 北京：清华大学出版社，2014.

[4] 何勇. 光电传感器及其应用[M]. 北京：化学工业出版社，2004.

[5] 崔三烈. 光纤传感原理与应用技术[M]. 哈尔滨：哈尔滨工业大学出版社，1995.

[6] 胡先志. 光器件及其应用[M]. 北京：电子工业出版社，2010.

# 第 5 章　激光原理综合实验

## 5.1　半导体激光器特性参数测量

### 5.1.1　实验目的

（1）了解半导体激光器的工作原理和相关特性；
（2）掌握半导体激光器特性参数的测量方法。

### 5.1.2　实验原理

半导体激光器是以半导体材料作为激光工作物质，以电流注入作为激励方式的激光器。一般固体激光器和气体激光器的发光是能极之间的跃迁产生的，而半导体激光器的发光是能带之间的电子-空穴对复合而产生的。一个典型半导体激光器的基本结构应该由有源区、光反馈装置、频率选择单元和光波导等基本功能部件组成，如图 5-1 所示。有源区是实现粒子数反转分布、光增益的区域，采用双异质结结构可以有效地提高激光器的增益效率。光反馈装置是在光学谐振腔内提供必要的正反馈，以建立稳定的激光振荡。频率选择单元用来选择由光反馈装置决定的所有纵模中的一个模式，光波导用于对所产生的光波在激光器内部进行引导。

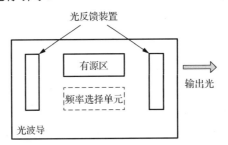

图 5-1　半导体激光器基本结构图

衡量一个半导体激光器性能的主要参数如下。

1. 量子效率

电子-空穴对的复合有两种类型：辐射复合，发出光子；非辐射复合，不发出光子，而是将多余的能量以热的形式散失掉。因此，注入的电子只有一部分对发光有效，通常用内量子效率 $\eta_i$ 来表示辐射复合所占的比例：

$$\eta_i = \frac{每秒产生的光子数}{每秒注入的电子\text{-}空穴对数} \tag{5-1}$$

由于各种损耗的存在，激光器输出的光子数会减少，因而定义外量子效率 $\eta_{ex}$：

$$\eta_{ex} = \frac{每秒发射的光子数}{每秒注入的电子\text{-}空穴对数} \tag{5-2}$$

设激光器发射的光功率为 $P_{ex}$，光子的能量为 $hv$，则激光器每秒发射的光子数为 $P_{ex}/hv$；设正向激励电流为 $I$，电子电荷为 $q$，每秒注入的电子-空穴对数为 $I/q$，所以

$$\eta_{ex} = \frac{P_{ex}/hv}{I/q} \tag{5-3}$$

因为 $hv \approx qU$，所以 $\eta_{ex} = \dfrac{P_{ex}}{IU}$。式中，$U$ 为激光器 PN 结上的正向电压。

**2. 阈值电流**

阈值电流是评定半导体激光器性能的一个主要参数，图 5-2 所示为砷化镓器件正向激励电流与输出光功率之间的关系曲线，每一条曲线转折点所对应的电流即为激光器的阈值电流。从图 5-2 中可以看出，输出功率与热力学温度有关，温度越低，转换效率就越高。在某一温度下，只有当正向激励电流 $I$ 大于阈值电流 $I_{th}$ 时，才能发射出激光，输出光功率急剧上升；当正向激励电流 $I$ 小于阈值电流 $I_{th}$ 时，只能发出荧光，输出光功率很小[1]。

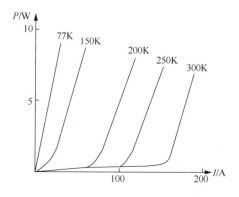

图 5-2　半导体激光器 $P$ - $I$ 特性曲线

本实验采用两段直线拟合法测量半导体激光器的阈值电流，如图 5-3 所示，将阈值前与后的两段直线分别延长并相交，其交点所对应的电流即为阈值电流 $I_{th}$。

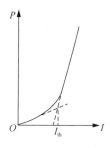

图 5-3　两段直线拟合法测量半导体激光器阈值电流

**3. 光谱特性**

半导体激光器的光谱随激励电流变化而改变。当激励电流小于阈值电流时，发光光

谱是荧光光谱，谱宽一般为几十纳米；而当激励电流大于阈值电流时，发光光谱为激光光谱，谱宽为几纳米。半导体激光器的发射光谱取决于激光器光腔的特定参数，大多数常规的增益或折射率导引器件具有多个峰的光谱，如图 5-4 所示。发光光谱曲线上发光强度最大处所对应的波长为发光峰值波长，光谱曲线上两个半光强点所对应的波长差为谱线宽度，主模强度和边模强度的最大值之比称为边模抑制比。

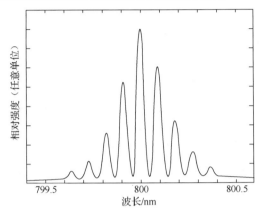

图 5-4　半导体激光器光谱特性曲线

## 5.1.3　实验器材

　　1550nm 半导体激光器、光谱分析器、光纤连接线、电源线、光纤光电子综合实验仪等。

## 5.1.4　实验内容

　　1. 1550nm F-P 半导体激光器阈值电流测量

　　（1）将 1550nm 半导体激光器控制端口连接至主机 LD1，光输出连接至主机 OPM 端口，检查无误后打开电源。

　　（2）设置 OPM 工作模式为 OPM/mW 模式，量程（RATIO）切换至 1mW。

　　（3）设置 LD1 工作模式为恒流驱动（ACC），1550nm 激光器为恒定电流工作模式，驱动电流（Ic）置为 0。

　　（4）缓慢增加激光器驱动电流，0～30mA 每隔 0.5mA 测一个点，作 $P$-$I$ 曲线，并求出 1550nm F-P 半导体激光器阈值电流 $I_{th}$。

　　2. 1550nm F-P 半导体激光器光谱特性测量

　　（1）将 1550nm 半导体激光器输出光信号连接至光谱分析器，输出狭缝置 0.1mm。

　　（2）调节激光器驱动电流（Ic），10～40mA 每隔 5mA 测一次 1550nm FP-LD 输出光谱，波长范围 1500～1600nm，波长间隔 0.1nm。读取不同驱动电流下的峰值波长、线宽、边模抑制比。

## 5.1.5　思考题

（1）半导体激光器与发光二极管在结构上有什么异同？
（2）半导体激光器的粒子数反转分布是如何实现的？

# 5.2　氦氖激光器模式分析

## 5.2.1　实验目的

（1）了解氦氖激光器的工作原理；
（2）理解激光器输出光的横模、纵模模式；
（3）理解共焦球面扫描干涉仪工作原理，掌握其在激光器模式分析中的应用方法。

## 5.2.2　实验原理

### 1. 氦氖激光器的结构

气体激光器是以气体或金属蒸气作为工作物质的激光器。氦氖激光器是在 1960 年年末被研制成功的第一种气体激光器。由于它具有结构简单、使用方便、光束质量好、工作可靠和制造容易等优点，至今仍然是应用最广泛的一种气体激光器。

根据激光器放电管和谐振腔反射镜放置方式的不同，氦氖激光器可分为内腔式、外腔式和半外腔式三种，如图 5-5 所示。对于外腔式和半外腔式结构，在放电管的一端或两端，通过布儒斯特窗片实现真空密封，以减小损耗，并且保证了激光输出是线偏振光。氦氖激光器的工作物质是 Ne 原子，即激光辐射发生在 Ne 原子的不同能级之间。氦氖激光器放电管中充有一定比例的 He 原子，主要是起提高 Ne 原子泵浦速率的辅助作用。

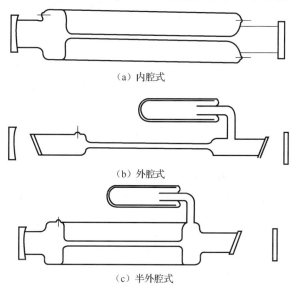

(a) 内腔式

(b) 外腔式

(c) 半外腔式

图 5-5　氦氖激光器的基本结构形式

## 2. 激光器模式分析

只有具有一定的振荡频率和一定的空间分布的特定光束能够在腔内形成"自再现"振荡。通常将光学谐振腔内可能存在的这种特定光束称为腔的模式。不同的谐振腔具有不同的振荡模式,因此选择不同的谐振腔就可以获得不同的输出光束形式。

激光器的振荡模式通常用符号 $\text{TEM}_{mnq}$ 来表示,其中, TEM 表示横向电磁场; $m$、$n$ 为横模的序号,用正整数表示,它描述镜面上场的节线数; $q$ 为纵模的阶数。一般 $q$ 可以很大,而 $m$、$n$ 都很小。

### 1)激光器的纵模

纵模是指沿谐振腔轴线方向上的激光光场分布。在一个谐振腔中,并非所有频率的电磁波都能产生振荡,只有频率满足一定共振条件的光波才能在腔内的来回反射中形成稳定分布和获得最大光强。这个共振条件就是相长干涉条件,即往返一次相位变化 $\Delta\varphi$ 为 $2\pi$ 整数倍

$$\Delta\varphi = \frac{2n_2\pi}{\lambda}2L = q2\pi , \quad q = 0,1,2,\cdots \tag{5-4}$$

从而得到

$$\nu_q = \frac{c}{2n_2L}q \tag{5-5}$$

式中, $n_2$ 为腔内折射率; $q$ 为纵模阶数,由于 $\lambda \ll L$,故 $q$ 一般很大; $\nu_q$ 为 $q$ 阶纵模的振荡频率,相邻两纵模间的频率间隔为

$$\Delta\nu_q = \frac{c}{2n_2L} \tag{5-6}$$

可见,腔长确定后,不管频率为多少,频率间隔都不变。对于一般腔长的激光器,往往同时产生几个甚至几百个纵模振荡,纵模个数取决于激光的增益曲线宽度及相邻两个纵模的频率间隔。实际振荡纵模个数为

$$\Delta q = \left[\frac{\Delta\nu_F}{\Delta\nu_q}\right] + 1 \tag{5-7}$$

式中, [ ] 表示对其内部分取整; $\Delta\nu_F$ 表示激光工作物质的增益线宽。

### 2)激光器的横模

腔内电磁场在垂直于其传播方向的横向平面内存在的稳定的光场分布称为横模。不同的横模对应于不同横向稳定的光场分布和频率。将 $m = n = 0$ 的模式,即 $\text{TEM}_{00}$ 称为基模,它是光斑的最简单结构,模的场集中在反射镜中心。其他的横模称为高阶横模,即在镜面上将出现场的节线(即振幅为 0 的位置)且场分布的"重心"也将靠近镜面的边缘。横模阶数越高,光强分布越复杂且分布范围越大,因而其光束发散角越大。反之,基模 $\text{TEM}_{00}$ 的光强分布图案呈圆形且分布范围很小,其光束发散角最小,功率密度最大,因此亮度最高,而且这种模式的径向强度分布是均匀的[2]。

同一纵模不同横模,其频率也是有差异的。某一个任意的 $\text{TEM}_{mnq}$ 模的频率 $\nu_{mnq}$ 经计算得

$$\nu_{mnq} = \frac{c}{4n_2L}\left\{2q + \frac{2}{\pi}(m+n+1)\arccos\left[\left(1-\frac{L}{r_1}\right)\left(1-\frac{L}{r_2}\right)\right]^{\frac{1}{2}}\right\} \tag{5-8}$$

式中，$r_1$ 和 $r_2$ 分别是谐振腔两反射镜的曲率半径。若横模阶数由 $m$ 增到 $m' = m + \Delta m$，$n$ 增到 $n' = n + \Delta n$，则有

$$\nu_{m'n'q} = \frac{c}{4n_2L}\left\{2q + \frac{2}{\pi}(m+n+1+\Delta m+\Delta n)\arccos\left[\left(1-\frac{L}{r_1}\right)\left(1-\frac{L}{r_2}\right)\right]^{\frac{1}{2}}\right\} \tag{5-9}$$

两式相减，得出不同横模之间的频率差为

$$\Delta\nu_{mnm'n'} = \frac{c}{2n_2L}\left\{\frac{1}{\pi}(\Delta m+\Delta n)\arccos\left[\left(1-\frac{L}{r_1}\right)\left(1-\frac{L}{r_2}\right)\right]^{\frac{1}{2}}\right\} \tag{5-10}$$

### 3. 共焦球面扫描干涉仪的工作原理

共焦球面扫描干涉仪是一种分辨率很高的分光仪器，已成为激光技术中一种重要的测量设备。实验中用它将频率差异很小（几十至几百兆赫兹）、用眼睛和一般光谱仪器不能分辨的所有纵模、横模展现成频谱图来进行观测，在本实验中起着不可替代的重要作用。

共焦球面扫描干涉仪是一个无源谐振腔，结构如图 5-6 所示。由两块球形凹面反射镜构成共焦腔，即两块镜的曲率半径和腔长相等，$R_1 = R_2 = L$。反射镜镀有高反射膜。两块镜中的一块是固定不变的，另一块固定在可随外加电压而变化的压电陶瓷环上，压电陶瓷环的长度变化量与所加电压成正比。当用一定幅度的锯齿波电压调制压电陶瓷环时，驱动一个反射镜做周期性运动，改变腔长 $L$ 从而实现光谱扫描。由于长度的变化量很小，仅为波长数量级，所以不足以改变腔的共焦状态。

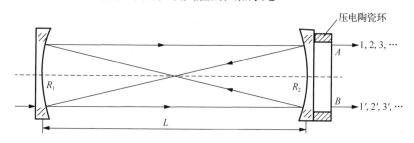

图 5-6　共焦球面扫描干涉仪结构示意图

当一束激光以近光轴方向射入干涉仪后，在共焦腔中经四次反射呈 X 形路径，光程近似为 $4L$。光在腔内每走一个周期都会有部分光从镜面透射出去。如在 $A,B$ 两点，形成一束束透射光 $1,2,3,\cdots$ 和 $1',2',3',\cdots$，这时我们在压电陶瓷上加一线性电压，当外加电压使腔长变化到某一长度 $L_a$，正好使相邻两次透射光束的光程差是入射光中模的波长为 $\lambda_a$ 的这条谱线的整数倍时，即

$$4L_a = k\lambda_a \tag{5-11}$$

模 $\lambda_a$ 将产生相干极大透射，而其他波长的模则相互抵消（$k$ 为扫描干涉仪的干涉序数，是一个整数）。同理，外加电压又可使腔长变化到 $L_d$，使模 $\lambda_d$ 符合谐振条件，极大透射，而 $\lambda_a$ 等其他模又相互抵消。由此可见，透射极大的波长值和腔长值有一一对应关系。只要有一定幅度的电压来改变腔长，就可以使激光器全部不同波长（或频率）的模依次产生相干极大透过，形成扫描。但值得注意的是，若入射光波长范围超过某一限定时，外加电压虽可使腔长线性变化，但一个确定的腔长有可能使几个不同波长的模同时产生相干极大，造成重序。例如，当腔长变化到可使 $\lambda_d$ 极大时，$\lambda_a$ 会再次出现极大，有

$$4L_d = k\lambda_d = (k+1)\lambda_a \tag{5-12}$$

即 $k$ 序中的 $\lambda_d$ 和 $k+1$ 序中的 $\lambda_a$ 同时满足极大条件，两种不同的模被同时扫出，叠加在一起，因此扫描干涉仪本身存在一个不重序的波长范围限制。自由光谱范围（free spectral range，FSR）就是指扫描干涉仪所能扫出的不重序的最大波长差或频率差，用 $\Delta\lambda_{SR}$ 或者 $\Delta\nu_{SR}$ 表示。假如 $L_d$ 为刚刚重序的起点，则 $\lambda_d - \lambda_a$ 即为此干涉仪的自由光谱范围值。经推导可得

$$\Delta\lambda_{SR} = \lambda_d - \lambda_a = \frac{\lambda_a^2}{4L} \tag{5-13}$$

用频率表示，即为

$$\Delta\nu_{SR} = \frac{c}{4L} \tag{5-14}$$

式中，$c$ 为真空中光速。

在模式分析实验中，由于我们不希望出现重序现象，故选用扫描干涉仪时，必须首先知道它的 $\Delta\nu_{SR}$ 和待分析的激光器频率范围 $\Delta\nu$，并使 $\Delta\nu_{SR} > \Delta\nu$ 才能保证在频谱面上不重序，即腔长和模的波长或频率间是一一对应关系。

自由光谱范围还可用腔长的变化量来描述，即腔长变化量为 $\lambda/4$ 时所对应的扫描范围。因为光在共焦腔内呈 X 形，四倍路程的光程差正好等于 $\lambda$，干涉序数改变 1。还可看出，当满足 $\Delta\nu_{SR} > \Delta\nu$ 条件后，如果外加电压足够大，使腔长的变化量是 $\lambda/4$ 的 $i$ 倍时，那么将会扫描出 $i$ 个干涉序，激光器的所有模将周期性地重复出现在干涉序 $k, k+1, \cdots, k+i$ 中，如图 5-7 所示。

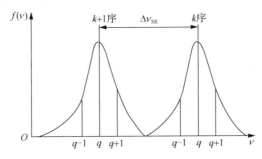

图 5-7　纵模序列示意图

精细常数 $F$ 是用来表征扫描干涉仪分辨本领的参数，被定义为干涉仪的自由光谱范围与最小分辨率极限宽度之比，即在自由光谱范围内能分辨的最多的谱线数目。精细常数的理论公式为

$$F = \frac{\pi R}{1-R} \tag{5-15}$$

式中，$R$ 为凹面镜的反射率。可以看出，$F$ 仅与镜片的反射率有关，但是 $F$ 实际上还与共焦腔的调整精度、镜片加工精度、干涉仪的入射和出射光孔的大小及使用时的准直精度等因素有关。因此精细常数的实际值应由实验来确定：

$$F = \frac{\Delta\lambda_{3R}}{\delta\lambda} \tag{5-16}$$

显然，$\delta\lambda$ 就是干涉仪所能分辨出的最小波长差，我们用仪器的半宽度 $\Delta\lambda$ 代替，实验中就是一个模的半值宽度。从展开的频谱图中可以测定出 $F$ 值的大小。

## 5.2.3 实验器材

十字叉丝板、氦氖半外腔激光器、CCD 相机、氦氖激光器、可变光阑、共焦球面扫描干涉仪、光电探测器、示波器、导轨、支架、计算机、光斑分析软件等。

## 5.2.4 实验内容

1. 激光器横模分析

（1）按照十字叉丝板、氦氖半外腔激光器、CCD 相机的顺序安装实验器材，并调至同轴等高。

（2）使用台灯照亮十字叉丝板，叉丝线朝向半外腔激光器。

（3）通过叉丝板中心小孔，目视氦氖激光器毛细腔。调整叉丝板小孔的位置，可以目视到毛细管另一端腔片上的极亮斑，并将亮斑调整到毛细管中心。

（4）调整半外腔激光器后腔镜旋钮，通过叉丝板小孔可以看见经照亮的十字叉丝板图案反射到半外腔激光器后腔镜表面上的像，调整后腔镜镜架旋钮，将叉丝像交点与毛细管内亮斑重合。

（5）反复调节，直至激光器发光。注意：激光器出光后，禁止在叉丝板小孔处再进行观察。

（6）用光斑分析软件观察光斑形态，确定激光模式。

（7）通过调节安装后腔镜的齿轮齿条平移台来改变激光器腔长，从而改变激光器的模式。

（8）用光斑分析软件测量不同模式下光斑的半径。

2. 激光器纵模分析

（1）按照氦氖激光器、可变光阑、共焦球面扫描干涉仪、光电探测器的顺序安装实验器材，并将所有器件调整至同轴等高。

（2）连接共焦球面扫描干涉仪，将锯齿波检测连接示波器信号源 1，信号输出连接示波器信号源 2。示波器调节设置时，要触发锯齿波（信号源 1）。锯齿波输出接干涉仪探头。

（3）打开各仪器电源，调整示波器触发方式为直流，触发通道为锯齿波检测通道。调整合适的扫描时间与信号幅度。

（4）打开示波器信号探测通道的"信号反向功能"。

（5）调整共焦腔，使得共焦腔内腔镜反射的一个较大散射光斑与一个小亮斑反射在可变光阑上，并与可变光阑基本同心。

（6）微调共焦腔支架旋钮，使得共焦腔后端输出光斑基本重合。

（7）调整探测器位置使得示波器输出的探测信号最强。继续微调共焦腔支架旋钮，使得示波器信号通道探测的信号峰值最窄。

（8）使用示波器的光标测量功能，测量两个序列峰之间的间隔。

（9）保持干涉仪电源的各个旋钮不动，调整示波器显示方法，测量相同纵模序列脉冲间隔。

（10）根据已知被测氦氖激光器腔长为 250mm，计算共焦球面扫描干涉仪的自由光谱范围。

## 5.2.5　思考题

（1）分析激光模式对光斑半径的影响。

（2）实验测得的相邻两个纵模频率间隔与理论值是否一致？

# 5.3　氦氖激光器高斯光束参数测量

## 5.3.1　实验目的

（1）了解高斯光束的特点及特征参数；

（2）掌握高斯光束特征参数的测量方法。

## 5.3.2　实验原理

在可能存在的激光束形式中，最重要、最具典型意义的就是基模高斯光束。若激光器发射的激光为单横模，即只有一种横模模式，通常就是基横模 TEM$_{00}$。无论是方形镜腔还是圆形镜腔，它们所激发基模行波场都一样，基模在横截面上的光强分布为一圆斑，中心处光强最强，向边缘方向光强逐渐减弱，呈高斯分布。因此，将基模激光束称为"高斯光束"。

高阶模激光束的强度花样中虽然存在节线和节圆，但其横截面上光强包络从中心向边缘也是按高斯衰减分布，且当横模阶数确定时，高阶模的光斑半径 $w_m(z)$ 和基模高斯光束光斑半径 $w_0(z)$ 之间有确定的比值关系，因此，认为高阶模激光束的传输规律和基模高斯光束一致，称为高阶模高斯光束。

### 1. 振幅分布及光斑半径

基模高斯光束在横截面内的场振幅分布按照高斯函数的规律从中心（即传播轴线）到振幅下降到中心值的 1/e 处的距离定义为光斑半径，光斑半径随 $z$ 坐标而变，即

$$w(z) = w_0 \sqrt{1 + \left( \frac{\lambda z}{\pi w_0^2} \right)^2} \tag{5-17}$$

式中，$w_0$ 为高斯光束的束腰半径。在共焦腔的焦平面上，束腰半径 $w_0$ 最小，该处称为高斯光束的束腰或光腰，且

$$w_0 = \sqrt{\frac{\lambda L}{2\pi}} = \sqrt{\frac{\lambda f}{\pi}} \tag{5-18}$$

式中，$L$ 为腔长；$f$ 为共焦腔反射镜的焦距。

光斑半径 $w(z)$ 随坐标 $z$ 按双曲线规律扩展，如图 5-8 所示。在传播过程中高斯光束的振幅和强度在横截面内始终保持高斯分布特性，强度集中在轴线附近。

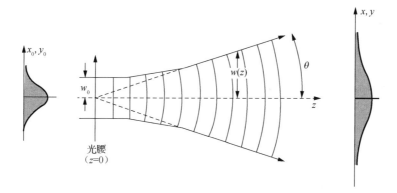

图 5-8　高斯光束光斑半径随坐标位置变化曲线

## 2. 远场发散角

通常以发散角来描述高斯光束的发散度。定义高斯光束的光斑半径随传播距离的变化率为其发散角（全角），以 $\theta_B$ 表示

$$\theta_B = 2\frac{\mathrm{d}w(z)}{\mathrm{d}z} = \frac{2\dfrac{\lambda z}{\pi w_0}}{\sqrt{\left(\dfrac{\pi w_0^2}{\lambda}\right)^2 + z^2}} \tag{5-19}$$

当 $z$ 趋向无穷大时（即 $z \to \infty$），高斯光束的发散角即为双曲线两条渐近线之间的夹角，将其定义为高斯光束的远场发散角，如图 5-9 所示，通常用 $\theta$ 来表示，即

$$\theta = \lim_{z \to \infty} \frac{2w(z)}{z} = \frac{2\lambda}{\pi w_0} \tag{5-20}$$

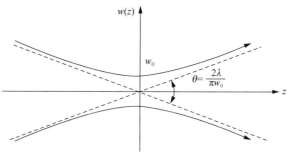

图 5-9　高斯光束远场发散角

　　因此，高斯光束的远场发散角完全取决于其束腰半径的大小。相应计算表明：包含在全角发散角内的功率占高斯基模光束总功率的 86.5%；基模高斯光束的发散角具有毫弧度的数量级，方向性很好。由于高阶模的发散角随着模阶次的增大而增大，所以多模振荡时，光束的方向性要比单基模振荡差。

　　3. 瑞利长度

　　若在 $z = z_R$ 处，高斯光束光斑面积为束腰处最小光斑面积的 2 倍，则从束腰处算起的这个长度 $z_R$ 称为瑞利长度，如图 5-10 所示。

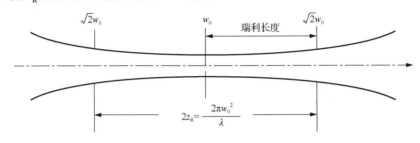

图 5-10　高斯光束瑞利长度

　　在瑞利长度 $z_R$ 位置处，其光斑半径 $w(z_R)$ 为束腰半径 $w_0$ 的 $\sqrt{2}$ 倍，即

$$w(z_R) = \sqrt{2}w_0 \tag{5-21}$$

　　在实用上，常取 $[-z_R, z_R]$ 的范围，即 $2z_R$ 这段长度，为高斯光束的准直距离，表示在这段长度内，高斯光束可近似认为是平行的。所以瑞利长度越长，意味着高斯光束的准直性越好[3]。

### 5.3.3　实验器材

　　氦氖激光器、CCD 相机、氦氖半外腔激光器、可变光阑、衰减片、滤色片、导轨、支架、计算机、光斑分析软件等。

### 5.3.4　实验内容

　　（1）按照氦氖激光器、CCD 相机的顺序搭建光路图，并调至同轴等高。

　　（2）打开光斑分析软件，勾选"二维分布"选项，"自动选取"确定质心位置。

　　（3）将光斑显示方式设置为"伪彩色""二维分布"，取光斑上不同位置点，对比光斑颜色，画出高斯光束能量的分布图。

　　（4）从氦氖激光器出光口开始测量激光光斑半径，并记录半径大小。向远离激光器方向移动一个距离，通过导轨刻度记录移动距离，在此位置测量激光光斑半径。通过以上测量数值计算氦氖激光器的束腰位置、瑞利长度、远场发散角。

　　（5）按照氦氖半外腔激光器、可变光阑、CCD 相机的顺序搭建光路图，将衰减片和滤色片安装在 CCD 相机上，并调至同轴等高。

　　（6）调整氦氖半外腔激光器水平，固定可变光阑的高度和孔径，调节激光器，使出射光在近处和远处都能通过可变光阑。

（7）移动 CCD 相机，通过导轨刻度记录出光口与相机之间的距离和光斑半径，绘制 $w(z)-z$ 曲线。

## 5.3.5 思考题

（1）高斯光束的能量分布有什么特点？
（2）激光的束腰半径与激光器的腔长有什么关系？

# 5.4 氦氖激光器光束变换特性实验

## 5.4.1 实验目的

（1）理解激光光束特性；
（2）掌握高斯光束的变换和测量方法。

## 5.4.2 实验原理

激光与普通光源相比，具有方向性好、单色性好、相干性好、亮度高等优点。绝大多数激光器发出的光束，在投入使用之前，都要通过一定的光学系统变换成所需要的形式。多数激光器应用时输出的是高斯光束，因此高斯光束通过光学系统的变换特性是激光应用的一个最重要的基本问题。高斯光束的变换特性主要包括聚焦、扩束和准直这三个方面，通过薄透镜对基横模高斯光束的作用，来学习用于高斯光束变换的光学系统的近轴光学设计方法。

### 1. 高斯光束通过薄透镜时的变换

高斯光束通过薄透镜时的变换如图 5-11 所示。当一个高斯光束照射到焦距为 $f$ 的薄透镜上时，由于透镜很薄，因此在透镜两边的入射光束和出射光束应该有相同的光强分布，即出射光束的光场分布也是高斯型的，而且出射光束在透镜处的光斑尺寸 $w'$ 应等于入射光束在透镜处的光斑尺寸 $w$，即

$$w' = w \tag{5-22}$$

并且入射和出射的高斯光束在透镜处的波阵面曲率半径 $R$ 和 $R'$ 应满足关系式

$$\frac{1}{R'} = \frac{1}{R} - \frac{1}{f} \tag{5-23}$$

已知入射高斯光束的束腰半径 $w_0$ 和它到透镜的距离 $s$，令 $|z_0| = s$，则入射光束在镜面处的波阵面曲率半径 $R$ 和有效截面半径 $w$ 的表达式为

$$R = s\left[1 + \left(\frac{\pi w_0^2}{\lambda s}\right)^2\right] \tag{5-24}$$

$$w = w_0\sqrt{1 + \left(\frac{\lambda s}{\pi w_0^2}\right)^2} \tag{5-25}$$

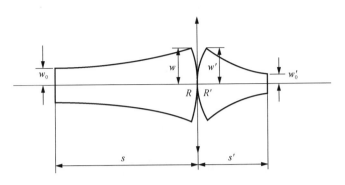

图 5-11　高斯光束通过薄透镜的变换

结合公式（5-22）～公式（5-25）可以确定出射光束在镜面处的波阵面曲率半径 $R'$ 和有效截面半径 $w'$，最终求得出射光束的束腰半径 $w_0'$ 和束腰所在的位置 $s'$

$$w_0'^2 = \frac{w'^2}{1+\left(\dfrac{\pi w'^2}{\lambda R'}\right)^2} \tag{5-26}$$

$$s' = \frac{-R'}{1+\left(\dfrac{\lambda R'}{\pi w'^2}\right)^2} \tag{5-27}$$

综上所述，高斯光束通过薄透镜的变换可以在满足薄透镜假设的基础上，用薄透镜的成像公式进行计算。只是这种计算不像球面波那样，只计算球面波相应点光源的位置，而是不仅计算高斯光束束腰的位置，还要计算其束腰半径。因此，首先要计算出高斯光束传播到薄透镜处时的波阵面曲率半径和光束有效截面半径，再用薄透镜的假设和计算公式，计算出透过薄透镜生成的高斯光束的波阵面曲率半径和有效截面半径，最后由此计算出薄透镜变换出的高斯光束的束腰位置和束腰半径。

2. 高斯光束的聚焦

高斯光束的聚焦通过适当的光学系统减小像方高斯光束的束腰半径，从而达到对其进行聚焦的目的。

（1）当入射高斯光束在透镜处波阵面的曲率半径 $R$ 远远大于透镜焦距 $f$ 时，由于腰部是高斯光束最细的部分，出射光束腰 $w_0'$ 的位置 $s'$ 就是光束聚焦点的位置。将式（5-23）简化为

$$R' = \frac{-f}{1-f/R} \approx -f \tag{5-28}$$

这就说明，在 $R \gg f$ 的条件下，出射光在透镜处的波阵面半径约等于透镜的焦距。将公式（5-22）和公式（5-28）代入公式（5-27），可以得到

$$s' \approx \frac{f}{1+\left(\dfrac{\lambda f}{\pi w^2}\right)^2} \tag{5-29}$$

如果满足条件 $\dfrac{\lambda f}{\pi w^2} \ll 1$，则可以得到

$$s' \approx f\left[1-\left(\frac{\lambda f}{\pi w^2}\right)^2\right] \approx f \qquad (5\text{-}30)$$

由此式可以看出，此时出射光的束腰大约处在透镜的焦点上。

将公式（5-22）、公式（5-28）代入公式（5-26），可以近似得到

$$w_0' \approx \frac{\lambda f}{\pi w} \qquad (5\text{-}31)$$

由此式可以看出，缩短透镜的焦距 $f$ 和加大入射光在透镜镜面处的光斑尺寸 $w$ 都可以达到缩小聚焦点光斑尺寸的目的。

（2）当入射光束的腰到透镜的距离 $s$ 等于透镜焦距 $f$ 时，即

$$s = f \qquad (5\text{-}32)$$

先确定聚焦点的位置 $s'$。将公式（5-32）代入公式（5-24），可以得到

$$R = f\left[1+\left(\frac{\pi w_0^2}{\lambda f}\right)^2\right] \qquad (5\text{-}33)$$

将公式（5-33）代入公式（5-23），整理可得

$$-R' = f\left[1+\left(\frac{\lambda f}{\pi w_0^2}\right)^2\right] \qquad (5\text{-}34)$$

将公式（5-34）代入公式（5-27）并结合公式（5-22）和公式（5-25），得到

$$s' = f \qquad (5\text{-}35)$$

这就说明当入射高斯光束的束腰处于透镜的焦点上时，出射光束正好聚焦在透镜另一侧的焦点上。

将公式（5-32）代入公式（5-25），可以得到

$$w = w_0\sqrt{1+\left(\frac{\lambda f}{\pi w_0^2}\right)^2} \qquad (5\text{-}36)$$

将公式（5-22）、公式（5-34）和公式（5-36）代入公式（5-26），整理后可得

$$w_0'^2 = \left(\frac{\lambda f}{\pi w_0}\right)^2 \qquad (5\text{-}37)$$

即

$$w_0' = \frac{\lambda f}{\pi w_0} \qquad (5\text{-}38)$$

由此式可以看出，入射光的束腰半径越小，聚焦点的光斑尺寸越大。

3. 高斯光束的准直

高斯光束的准直就是要改善光束的方向性，利用光学系统压缩高斯光束的远场发散角，提高能量和传输距离。

高斯光束的远场发散角与光束束腰半径之间的关系为

$$2\theta = \frac{2\lambda}{\pi w_0} \tag{5-39}$$

由此式可以看出，束腰半径越大，远场发散角越小。因此，要缩小光束的发散角，必须设法扩大出射光束的束腰半径。当入射光的束腰处于透镜的焦距附近时，出射光的束腰半径和入射光的束腰半径成反比。因此，要使出射光的束腰半径变大从而得到小的发散角，必须设法缩小入射光束的束腰半径。

可以选择两个透镜来达到准直的目的。第一个透镜是短焦距的凸透镜，利用它先把入射光束的束腰半径由 $w_0$ 缩小到 $w_0'$。第二个透镜是焦距较长的凸透镜，它的焦点正好与 $w_0'$ 的位置重合，于是可以按照公式（5-38）的规律得到出射光束的束腰半径 $w_0''$。由于 $w_0' < w_0$，这样得到的 $w_0''$ 比直接用第二个透镜将 $w_0$ 进行变换所得到的结果要大。由于 $w_0'$ 既处于第一个透镜后面的焦点附近，同时又处于第二个透镜前面的焦点上，因此这两个透镜的距离大约等于它们的焦距之和。这样的装置正好是一个倒置的望远镜系统。

如图 5-12 所示，设透镜 1、2 的焦距分别为 $f_1$、$f_2$，且 $f_1 < f_2$，两透镜之间的距离为 $f_1 + f_2$。根据公式（5-31），第一个透镜将入射光束的束腰半径变为 $w_0'$，其表达式为

$$w_0' \approx \frac{\lambda f_1}{\pi w} \tag{5-40}$$

式中，$w$ 是入射光束在透镜 1 处的光斑尺寸。

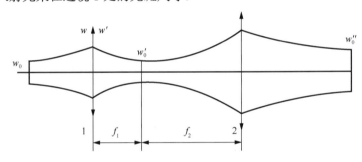

图 5-12　倒置望远镜系统压缩光束发散角

根据公式（5-38），第二个透镜又将 $w_0'$ 变换为 $w_0''$，其表达式为

$$w_0'' = \frac{\lambda f_2}{\pi w_0'} \tag{5-41}$$

将公式（5-40）代入公式（5-41），可以得到

$$w_0'' \approx \frac{f_2}{f_1} w \tag{5-42}$$

根据公式（5-39）可以给出从透镜 2 出射的光束的远场发散角为

$$2\theta'' = \frac{2\lambda}{\pi w_0''} \approx \frac{f_1}{f_2} \frac{2\lambda}{\pi w} \tag{5-43}$$

定义高斯光束通过该透镜系统后光束发散角的压缩比为

$$M' = \frac{2\theta}{2\theta''} = \frac{w_0''}{w_0} \tag{5-44}$$

式中，$2\theta$ 为入射光的远场发散角，将公式（5-39）和公式（5-43）代入公式（5-44）可

以得到

$$M' = \frac{f_2}{f_1}\frac{w}{w_0} = M\frac{w}{w_0} = M\sqrt{1 + \left(\frac{\lambda s}{\pi w_0^2}\right)^2} \tag{5-45}$$

式中，$M = f_2/f_1$ 且 $M > 1$。由于 $w > w_0$，因此有 $M' \geqslant M > 1$，即 $\theta'' = \dfrac{\theta}{M'} < \theta$。这说明出射光束的发散角确实比入射光束的小了，且 $M'$ 越大，准直的效果越好。

4. 激光扩束

激光扩束是指扩大光束的光斑尺寸。一般来说，有两种情况：一种是通过扩大发散角来扩大光斑尺寸，这既可以用凹透镜来实现，也可以用凸透镜来实现。这时要求在透镜焦点处产生一个极小的束腰半径，从而得到发散角很大的高斯光束，实现扩束。另一种是既要求扩大光斑尺寸，又要求有较小的发散角，可以通过倒置的望远镜来实现[4]。

## 5.4.3   实验器材

氦氖半外腔激光器、凸透镜 1（$f = 75\text{mm}$）、凸透镜 2（$f = 150\text{mm}$）、CCD 相机、衰减片、滤色片、导轨、支架、计算机、光斑分析软件等。

## 5.4.4   实验内容

1. 高斯光束的聚焦

（1）依次按照氦氖半外腔激光器、凸透镜（$f = 75\text{mm}$）、CCD 相机的顺序搭建光路图，将衰减片和滤色片安装在 CCD 相机上，并调至同轴等高。

（2）移动透镜改变物距（即束腰到透镜之间的距离），透镜固定后，移动 CCD 相机找到高斯光束经过透镜后的束腰位置，记录此时的物距（即激光器束腰到透镜之间的距离）、像距（即透镜到变换后的束腰位置之间的距离）及束腰半径，多次测量。

（3）将凸透镜换成 $f = 150\text{mm}$，重复步骤（2）。

（4）根据实验数据绘制光斑半径与物距的关系图。

2. 高斯光束的准直

（1）依次按照氦氖半外腔激光器、凸透镜 1（$f = 75\text{mm}$）、凸透镜 2（$f = 150\text{mm}$）、CCD 相机的顺序搭建光路图，并保证两透镜间的距离为两个透镜的焦距的和。将衰减片和滤色片安装在 CCD 相机上，并调至同轴等高。

（2）保持两透镜不动，移动 CCD 相机，观察准直后的高斯光束的光斑半径的变化，判断准直效果。若移动 CCD 相机时，光斑分析软件所示的光斑半径基本不变或变化幅度较小，则表示准直效果好，反之则不好。

（3）在准直效果较好的情况下，移动短焦透镜改变物距，并使两透镜间的距离保持不变，移动 CCD 相机，测量出最小的光斑半径，并根据测量后数据计算准直后高斯光束的理论束腰半径（其中 $w_0 = 0.2954\text{mm}$），与实验测量结果进行比较。

### 5.4.5　思考题

（1）实现高斯光束的聚焦有哪些方法？

（2）在哪些方面的应用中，需要对激光光束进行准直？

# 5.5　固体激光器最佳腔长及透过率选取

## 5.5.1　实验目的

（1）了解半导体激光器泵浦固体激光器的结构和工作原理；

（2）掌握半导体激光器泵浦固体激光器的装调方法；

（3）学会选取半导体激光器泵浦固体激光器最佳腔长和最佳输出透射率。

## 5.5.2　实验原理

固体激光器基本上都是由工作物质、泵浦系统、谐振腔和冷却、滤光系统构成的。工作物质是固体激光器的核心，由绝缘晶体或玻璃等固体材料作为基质，掺入某些掺杂离子（激活离子）构成，其物理性能主要取决于基质材料，而其光谱特性主要由激活离子的能级结构决定。目前已经实现激光振荡的固体工作物质有百余种，激光谱线有数千条，但是最常用的固体工作物质仍然是红宝石、钕玻璃、掺钕钇铝石榴石（$Nd^{3+}$:YAG）三种。

利用半导体激光二极管作为泵浦源的固体激光器是 20 世纪 80 年代中后期固体激光技术领域的一次革命，也是半导体激光器重要的应用之一。针对某些固体工作物质的吸收光谱，选择与其匹配的激光二极管作为泵浦源，可使固体激光器的总效率达到 10%～15%。

半导体激光二极管泵浦固体激光器根据泵浦的耦合方式不同可分为三种结构：直接端面泵浦、光纤耦合端面泵浦和侧面泵浦。

本实验采用光纤耦合端面泵浦方法，将泵浦光经光纤或光纤束耦合到固体工作物质中。先用四维调整镜架将尾纤固定在光路上，然后采用组合透镜对泵浦光束进行整形变换，各透镜表面均镀针对泵浦光的增透膜，使耦合效率高。

光学谐振腔都是由相隔一定距离的两块反射镜组成的。无论是平面镜还是球面镜，也无论是凸面镜还是凹面镜，都可以用共轴球面模型来表示。因为只要把两个反射镜的球心连线作为光轴，整个系统总是轴对称的，两个反射面可以看成是共轴球面。平面镜是半径为无穷大的球面镜。如果其中一块是平面镜，可以将另一块球面镜球心与平面镜垂直的直线作为光轴。平行平面腔的光轴可以是与平面镜垂直的任一条直线。

共轴球面腔的结构可以用三个参数来表示：两个球面反射镜的曲率半径 $R_1$、$R_2$ 和腔长（即与光轴相交的反射镜面上的两个点之间的距离）$L$。如果规定凹面镜的曲率半径为正，凸面镜的曲率半径为负，可以证明，共轴球面腔的稳定条件是

$$0 < (1 - L/R_1)(1 - L/R_2) < 1 \tag{5-46}$$

定义 $g_1 = 1 - L/R_1$，$g_2 = 1 - L/R_2$，则得到共轴球面腔的稳定条件为

$$0 < g_1 \cdot g_2 < 1 \tag{5-47}$$

本实验中平面腔的 $R_1$ 可以认为无穷大，则 $g_1 = 1$。由 $0 < g_2 < 1$ 可知，腔长 $L < R_2$ 时，谐振腔属于稳定腔。同时算出光束束腰位置在晶体的输入平面上，该处的光斑尺寸为

$w_0 = \sqrt{\dfrac{[L(R_2 - L)]^{1/2}\lambda}{\pi}}$。已知 $R_2 = 200\text{mm}$，由此可以算出 $w_0$ 的大小。泵浦光在激光晶体

输入面上的光斑半径应该小于 $w_0$，这样可使泵浦光与基模振荡模式匹配，容易获得基模输出。

## 5.5.3　实验器材

泵浦源、耦合镜、四维调整镜架、指示 LD、Nd:YAG 晶体、反射镜支架、腔镜（$T=3\%$、$T\approx1\%$、$T=8\%$）、红外显示卡、光功率计、导轨等。

## 5.5.4　实验内容

（1）按照图 5-13 所示搭建实验系统，先将所有四维调整架的旋钮调至中心位置。

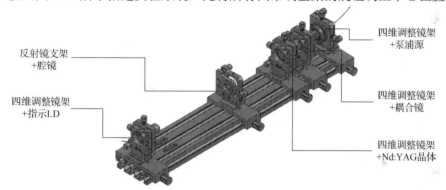

图 5-13　固体激光器最佳腔长及透过率选取实验装置图

（2）将指示 LD 放入并调其准直。将 Nd:YAG 晶体放在指示 LD 前约 80mm 处，调节指示 LD 的水平和竖直旋钮，使指示 LD 的光通过晶体中心；将 Nd:YAG 晶体放在指示 LD 前约 380mm 处，调节指示 LD 的俯仰和偏摆旋钮，使指示 LD 的光通过晶体中心。重复以上步骤，直到指示 LD 可同时在 80mm 和 380mm 处通过晶体中心，此时准直调节完毕，取下 Nd:YAG 晶体。

（3）插入泵浦源，调节泵浦源的四维调整架，使指示 LD 照在泵浦源光纤头中心。

（4）在离泵浦源 150mm 处插入耦合镜，调节竖直和水平方向旋钮，使指示激光穿过透镜组，射在光纤头中心；把耦合镜贴近泵浦源，调节耦合镜调整架的俯仰和偏摆旋钮，使耦合镜的反射光照到指示 LD 的出光口中心。

（5）插入激光晶体，把晶体镀有 808nm 高透膜和 1064nm 高反膜的一面朝向泵浦源，并且调节晶体的俯仰和偏摆，使晶体的反射光照到指示 LD 的出光口中心。

（6）打开泵浦源，将电流调整到 1A 左右，用纸张找出耦合镜后的焦点位置，移动激光晶体，使其前表面处于焦点附近，关闭泵浦源。

（7）插入 $T=3\%$ 输出镜，调节俯仰和偏摆旋钮使输出镜的反射光点反射到指示 LD

的出光口中心。注意：在调出 1064nm 激光前，应关闭指示 LD，并用不透光物体挡光，以免 1064nm 强激光损坏指示 LD。

（8）打开 LD 电源，将电流调整到 1.5～1.7A，微调输出镜的俯仰和偏摆，用红外显色卡在输出镜后观察，直至出现一个小亮斑，即调出 1064nm 激光。

（9）用功率计测量 1064nm 激光功率。微调激光晶体与耦合镜之间的距离，使输出光功率最大。再从泵浦源到输出镜依次微调各光学元件的四维旋钮，使输出功率最大。

（10）改变输出镜的位置，记录不同腔长的输出功率，找出输出功率最大的腔长，此时激光器的腔长即为最佳腔长。

（11）分别更换 $T\approx1\%$ 的"短波通"输出腔镜和 $T=8\%$ 输出腔镜，并保持腔长相同。记录电流为 1.5～1.7A 时的输出功率，找出最佳透过率。

### 5.5.5 思考题

（1）固体激光器的基本组成是什么？各部分的作用是什么？
（2）利用实验得到的数据分析谐振腔参数对激光输出的影响。

# 5.6 LD 泵浦固体激光器功-功转换效率

## 5.6.1 实验目的

（1）理解激光产生的条件；
（2）了解不同激光晶体对激光器功-功转换效率的影响。

## 5.6.2 实验原理

### 1. 激活粒子的能级系统

为了形成稳定的激光，首先必须有能够形成粒子数反转的发光粒子，称之为激活粒子。它们可以是分子、原子或离子。并非各种物质都能实现粒子数反转，在能实现粒子数反转的物质中，也并非是在该物质的任意两个能级间都能实现粒子数反转。要实现粒子数反转必须有合适的能级系统。在实际中，原子的多能级结构往往是很复杂的，而且跃迁特性也不同，为了使问题简化，归纳出两种最具代表性的介质模型，即三能级系统和四能级系统。

### 1）三能级系统

图 5-14 是典型三能级系统的示意图，红宝石激光器就属于三能级系统。在三能级系统中，激光下能级为基态或是靠近基态的能级。$E_1$ 为基态，作为激光的下能级。泵浦源将激活粒子从 $E_1$ 能级抽运到 $E_3$ 能级，$E_3$ 能级的寿命很短（通常约为 $10^{-8}$s），激活粒子很快地经非辐射跃迁方式到达 $E_2$ 能级。非辐射跃迁是指不发射光子的跃迁，它是通过释放其他形式的能量如热能而完成的。$E_2$ 能级的寿命（几毫秒）比 $E_3$ 要长得多，称为亚稳态，并作为激光上能级。只要抽运速率达到一定程度，就可以实现 $E_2$ 与 $E_1$ 两个能级之间的粒子数反转，为受激辐射创造条件。

2）四能级系统

图 5-15 是典型四能级系统的示意图。$E_1$ 是基态，泵浦源将激活粒子从基态抽运到 $E_4$ 能级，$E_4$ 能级的寿命很短，立即通过非辐射跃迁的方式到达 $E_3$ 能级。$E_3$ 能级的寿命较长，是亚稳态，作激光上能级用。而 $E_2$ 能级的寿命很短，热平衡时基本上是空的，因此很容易实现 $E_3$ 和 $E_2$ 两个能级之间的粒子数反转，作激光下能级使用。$E_2$ 能级上的粒子也主要通过非辐射跃迁回到基态。本实验采用的 Nd:YAG 晶体固体激光器正是四能级系统。

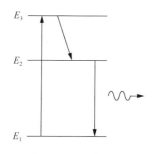
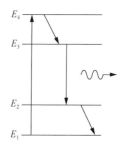

图 5-14　典型三能级系统　　　　　　图 5-15　典型四能级系统

2. 光学谐振腔

处在高能级上的粒子可以通过受激辐射而发出光子，也可以通过自发辐射而发出光子。如果自发辐射占主导地位，那么高能级上的粒子必然主要用于自发辐射，就是一个普通光源。要形成激光，必须使受激辐射成为增益介质中的主要发光过程。这就需要一个光学谐振腔。

最简单的光学谐振腔是在增益介质的两端各加一块平面反射镜。其中一块的反射率 $r_1 \approx 1$，称为全反射镜。光射到它上面时，它把光全部反射回介质中继续放大。另一块反射镜的反射率 $r_2 < 1$，称为部分反射镜。光射到部分反射镜上时，一部分反射回原介质继续放大，另一部分透射出去作为输出激光。把这两块反射镜调整到相互严格平行，并且垂直于增益介质的轴线，这样就组成了一个简单的光学谐振腔——平行平面腔。

放置在两块反射镜之间的增益介质对沿腔轴方向传播的光波进行放大。由于两个镜面的多次反射，沿腔轴方向传播的光会不间断地往返于两镜面之间，使增益介质中的光能密度不断得到加强，从而使增益介质的受激辐射概率远大于自发辐射概率，造成沿腔轴方向的受激辐射占绝对优势。

但此时，谐振腔内还存在着使光子减少的相反过程，称为损耗。损耗有多种原因，如反射镜的透射、吸收和衍射，以及增益介质不均匀造成的折射或散射。显然，只有当光在谐振腔内来回一次所得到的增益大于同一过程中的损耗时，才能维持光振荡。也就是说，要产生激光振荡，必须满足一定的条件，这个条件是激光器实现自激振荡所需要的最低条件，又称为阈值条件。

对半导体激光器泵浦固体激光器而言，存在一个半导体激光器的阈值电流，当泵浦电流大于阈值电流时，输出光才能有效地泵浦固体激光器。

因此，要使受激辐射起主要作用而产生激光，必须满足三个条件：

（1）有提供放大作用的增益介质作为激光工作物质，其激活粒子（原子、分子或离子）有适合于产生受激辐射的能级结构。

（2）有外界激励源，将下能级粒子抽运到上能级，使激光上下能级之间产生足够的粒子数反转。

（3）有光学谐振腔，并使受激辐射的光能够在谐振腔内维持振荡。

本实验中采用 Nd:YAG 和 Nd:YVO$_4$ 晶体来测量半导体泵浦源固体激光器功-功转换效率。功-功转换效率是指激光器输出的激光功率与泵浦源功率之比，用公式可以表示为

$$\eta = \frac{P_1}{P_2} \times 100\% \qquad\qquad (5\text{-}48)$$

式中，$P_1$ 是指输出激光的功率；$P_2$ 是指泵浦源的功率。

### 5.6.3　实验器材

泵浦源、耦合镜、四维调整镜架、指示 LD、Nd:YAG 晶体、Nd:YVO$_4$ 晶体、红外显示卡、反射镜支架、腔镜（$T=3\%$）、光功率计、导轨等。

### 5.6.4　实验内容

（1）按照图 5-16 所示实验装置图搭建光路，先逆时针旋转调节泵浦源旋钮，确保开启电源后输出电流为零。打开泵浦源的电源开关和钥匙开关。缓慢调节电流旋钮，用红外显色卡观察激光。

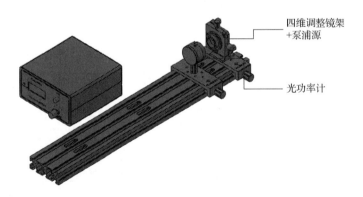

图 5-16　泵浦源特性测量装置图

（2）用光功率计测量泵浦源的激光功率，要确保所有光照射到功率计探头上。记录不同电流下光功率计的示数，找到激光器的阈值电流。

（3）用 Nd:YAG 晶体，参照实验 5.5 的调节方法，调出 1064nm 激光，并把光路调到最佳状态。

（4）在输出镜后放上功率计，从激光器阈值电流开始，每隔 0.2A 测量一组固体激光器系统输出功率，并计算功-功转换效率。

（5）换上 Nd:YVO$_4$ 晶体，重新调整光路，重复步骤（4）并计算功-功转换效率。

### 5.6.5　思考题

（1）比较两种晶体的功-功转换效率并分析原因。

（2）三能级激光系统与四能级激光系统相比较，哪个阈值更高？为什么？

# 5.7　染料调 $Q$ 脉冲固体激光器实验

## 5.7.1　实验目的

（1）掌握固体激光器调 $Q$ 的基本原理；

（2）掌握固体激光器常用的调 $Q$ 方法；

（3）掌握调 $Q$ 激光器性能参数的测量方法。

## 5.7.2　实验原理

激光上能级最大反转粒子数受到激光器阈值的限制，要使上能级积累大量的反转粒子，可以设法通过改变激光器的阈值来实现。具体地说，就是在开始泵浦初期，设法将激光器的振荡阈值调得很高，抑制激光振荡的产生，这样激光上能级的反转粒子数便可积累得很多。当反转粒子数积累到最大时，再突然把阈值调到很低，此时，积累在上能级的大量反转粒子便雪崩式地跃迁到低能级，于是在极短的时间内将能量释放出来，从而获得峰值功率极高的巨脉冲激光输出。

由此可见，改变激光器的阈值是提高激光上能级粒子数积累，从而获得巨脉冲的有效方法。那么改变什么参数可以改变阈值呢？激光器振荡的阈值条件可表示为

$$\Delta n_{\mathrm{t}} \geqslant \frac{g}{A_{21}} \cdot \frac{1}{\tau_{\mathrm{c}}} \tag{5-49}$$

式中，$g$ 是模式数目；$A_{21}$ 是自发辐射概率；$\tau_{\mathrm{c}}$ 是光子在腔内的寿命，且

$$\tau_{\mathrm{c}} = \frac{Q}{2\pi\nu} \tag{5-50}$$

所以

$$\Delta n_{\mathrm{t}} \geqslant \frac{g}{A_{21}} \cdot \frac{2\pi\nu}{Q} \tag{5-51}$$

式中，$Q$ 被称为品质因数，定义为激光器谐振腔内储存的总能量与腔内单位时间损耗的能量之比，即

$$Q = 2\pi\nu_0 \frac{\text{腔内存储的总能量}}{\text{每秒损耗的能量}} = \frac{2\pi nL}{\delta\lambda_0} \tag{5-52}$$

式中，$\nu_0$ 为激光的中心频率；$\lambda_0$ 为真空中激光的中心波长；$L$ 为谐振腔腔长；$n$ 为介质折射率；$\delta$ 为光在腔内传播的单程损耗。从公式（5-51）和公式（5-52）可以看出，当 $\lambda_0$ 和 $L$ 一定时，$Q$ 值与谐振腔的损耗 $\delta$ 成反比，即损耗 $\delta$ 大时，$Q$ 值就低，阈值就高，不易起振；当损耗 $\delta$ 小时，$Q$ 值就高，阈值就低，易于起振。由此可见，要改变激光器的阈值，可以通过改变谐振腔 $Q$ 值（或损耗 $\delta$）来实现。

因为谐振腔的损耗包括反射损耗、吸收损耗、衍射损耗、散射损耗和透射损耗，所

以通过使用不同的方法来控制腔内不同的损耗就形成了不同的调 $Q$ 方法。控制反射损耗的调 $Q$ 方法有机械转镜调 $Q$、电光调 $Q$；控制吸收损耗的调 $Q$ 方法有可饱和吸收染料调 $Q$（以下简称染料调 $Q$）；控制衍射损耗的调 $Q$ 方法有声光调 $Q$ 等。

　　本次实验采用的是染料调 $Q$ 方法，利用某种材料（通常为有机染料）对光的吸收系数会随光强变化的特性来达到调 $Q$ 的目的。由于这种方法中 $Q$ 开关的延迟时间是由材料本身的特性决定的，不直接受人控制，所以又称之为被动调 $Q$ 技术。

　　图 5-17 所示为染料调 $Q$ 装置的示意图。它是在一个固体激光器的腔内插入一个染料盒构成的。染料盒内装有可饱和吸收染料，这种染料对该激光器振荡波长的光有强烈的吸收作用，而且随着入射光的增强，吸收系数在减小。其吸收系数表示为

$$\alpha = \alpha_0 \frac{1}{1 + I/I_s} \tag{5-53}$$

式中，$\alpha$ 是光强为 $I$ 时的吸收系数；$\alpha_0$ 是光强趋于 0 时的吸收系数；$I_s$ 为饱和参量，其值等于吸收系数减小到 $\alpha_0/2$ 时的光强。

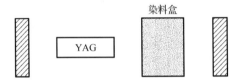

图 5-17　染料调 $Q$ 装置示意图

　　当 $I$ 比 $I_s$ 大很多时，$\alpha$ 逐渐趋近于 0，也就是染料对该波长的光变成透明的了。这一现象称为漂白。装有染料的盒子插入脉冲激光器的腔内后，激光器开始泵浦，但此时腔内光强很弱，染料对该波长的光有强烈吸收，腔内损耗很大，$Q$ 值很低，相当于 $Q$ 开关处于"关闭"状态，不能形成激光。随着泵浦的继续，激光上能级上粒子数得以积累，自发辐射逐渐增强，使得腔内光强增强，染料逐渐被漂白。这一过程相当于腔内 $Q$ 值逐渐升高。当漂白到一定程度，$Q$ 值达到一定数值时，染料盒作为 $Q$ 开关处于"打开"状态，于是激光器产生一个强的激光巨脉冲。

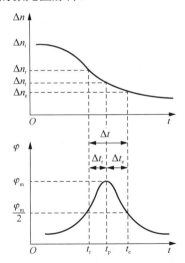

图 5-18　$Q$ 开关过程中反转粒子数密度和光子数密度随时间变化曲线

调 $Q$ 激光器输出的脉冲宽度定义为上升时间 $\Delta t_{\mathrm{r}}$ 与下降时间 $\Delta t_{\mathrm{e}}$ 之和。上升时间 $\Delta t_{\mathrm{r}}$ 是指光子数密度由 $\varphi_{\mathrm{m}}/2$ 升至 $\varphi_{\mathrm{m}}$ 所用时间，下降时间 $\Delta t_{\mathrm{e}}$ 是光子数密度由 $\varphi_{\mathrm{m}}$ 降至 $\varphi_{\mathrm{m}}/2$ 所用时间。光子数密度 $\varphi$ 达到峰值的时刻为 $t_{\mathrm{p}}$，在上升与下降的过程中达到 $\varphi_{\mathrm{m}}/2$ 的时刻分别为 $t_{\mathrm{r}}$ 与 $t_{\mathrm{e}}$，如图 5-18 所示，$\Delta n_{\mathrm{i}}$ 是指反转粒子数的最大值，$t_{\mathrm{p}}$ 时刻对应的反转粒子数密度为 $\Delta n_{\mathrm{t}}$，$t_{\mathrm{r}}$ 与 $t_{\mathrm{e}}$ 时刻对应的反转粒子数密度为 $\Delta n_{\mathrm{r}}$ 与 $\Delta n_{\mathrm{e}}$。

当 $\dfrac{\Delta n_{\mathrm{i}}}{\Delta n_{\mathrm{t}}}$ 增大时，脉冲的前沿和后沿同时变窄，相对来说，前沿变窄更显著。这是因为 $\dfrac{\Delta n_{\mathrm{i}}}{\Delta n_{\mathrm{t}}}$ 越大，腔内净增益系数越大，腔内光子数的增长及反转粒子数的衰减就越迅速，因此脉冲的建立及熄灭过程也就越短；脉冲宽度正比于光子寿命 $\tau_{\mathrm{c}}$，而 $\tau_{\mathrm{c}}$ 又和腔长 $L$ 成正比，所以为了获得窄的脉冲，腔长不宜过长，输出损耗也不宜太小。

重复频率指同一秒内脉冲重复出现的次数，单位是 Hz，它是脉冲重复周期（即两个相邻脉冲之间的时间间隔）的倒数。

$Q$ 开关重复频率直接影响调 $Q$ 激光器的输出特性。当重复频率较高时，因脉冲之间没有足够的时间使激光上能级的反转粒子数达到最大值，所以输出激光的脉冲峰值功率必然下降，而且由于增益减小，脉冲宽度与脉冲形成时间都会增加。当重复频率过低，则由于自发辐射跃迁，部分反转粒子损耗，从而影响器件的效率。

### 5.7.3　实验器材

指示 LD、腔镜、四维调整镜架、五维调整镜架、泵浦源、耦合镜、Nd:YAG 晶体、$Cr^{4+}$:YAG 晶体、反射镜支架、红外显示卡、光功率计、快速探测器、示波器、导轨等。

### 5.7.4　实验内容

（1）参照实验 5.5 的调节方法，调出 1064nm 激光，并把光路调到最佳状态（即输出功率最大）。

（2）按照图 5-19 所示，在激光晶体和输出镜之间插入 $Cr^{4+}$:YAG 晶体，调节 $Cr^{4+}$:YAG 晶体调整架旋钮，使指示 LD 通过晶体中心，反射光照到指示 LD 的出光口中心，用红外显色卡观察是否出现 1064nm 激光，出现激光即完成调 $Q$。若通过调节旋钮调不出激光，可适当调大泵浦源的功率再进行调节。

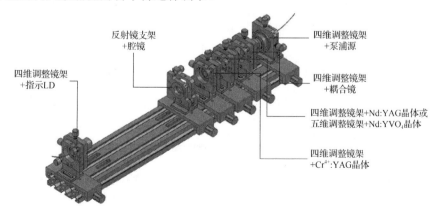

图 5-19　染料调 $Q$ 脉冲固体激光器实验

（3）将快速探测器与示波器连接，并接通电源。

（4）将快速探测器接收激光，调整示波器，观察脉冲信号。改变电流，分别记录不同泵浦功率下调 $Q$ 脉冲的脉宽和重复频率。

### 5.7.5 思考题

（1）分析泵浦功率、调 $Q$ 脉冲重复频率和脉宽之间的关系。

（2）如果采用电光晶体如何实现调 $Q$？试画出实验装置图并分析其实验原理。

# 5.8 激光倍频实验

## 5.8.1 实验目的

（1）了解固体激光器倍频的基本原理；

（2）掌握腔内倍频技术及其意义；

（3）掌握测量激光倍频相位匹配角的方法。

## 5.8.2 实验原理

激光的出现导致光频波段非线性效应被人们发现。非线性光学突破了传统光学中光波电场线性叠加和独立传播的局限性，揭示出介质中光波场之间的能量交换、相位关联、相互耦合、此消彼长的变化过程。非线性光学属于强光与物质相互作用的范畴。

介质在电场的作用下会发生极化，而光波是一种电磁波，当光波通过介质时，介质也会相应地产生极化。极化与电场强度的一次方成正比，也就是说极化随电场线性变化。而当光波强度非常高时，极化会随着电场非线性变化。

介质在外界光波电场 $\bar{E}$ 作用下将引起介质内部的极化，其响应由电极化强度矢量 $P$ 表示。非线性光学意味着，物质对外界光电场的响应不是其振幅的线性函数。介质的电极化强度 $P$ 可写成其电场强度 $\bar{E}$ 的高次函数：

$$P(E) = \varepsilon_0 \chi^{(1)} E + \varepsilon_0 \chi^{(2)} EE + \varepsilon_0 \chi^{(3)} EEE + \cdots \tag{5-54}$$

式中，第一项是电极化的线性项，$\chi^{(1)}$ 称为线性（一阶）电极化率；从第二项开始各项都是非线性极化项，其中 $\chi^{(2)}$、$\chi^{(3)}$ 分别称为二阶、三阶电极化率。

把公式（5-54）中的二次非线性项用 $P^{(2)}$ 表示，它与电场强度的关系为

$$P^{(2)} = \varepsilon_0 \chi^{(2)} E^2 \tag{5-55}$$

若有角频率为 $\omega$ 的单色光入射到该非线性介质上，则电场强度可表示为

$$E = E_0 \cos \omega t \tag{5-56}$$

由此可以得到

$$P^{(2)} = \varepsilon_0 \chi^{(2)} E^2 = \varepsilon_0 \chi^{(2)} E_0^2 \cos^2 \omega t = \frac{\varepsilon_0}{2} \chi^{(2)} E_0^2 (1 + \cos 2\omega t) \tag{5-57}$$

式中，右边括号内第一项代表"直流"项，即不随时间变化的极化强度。由于这一项的存在，在介质的两表面分别出现正、负面电荷，形成与入射光强 $E_0^2$ 成正比的恒定的电位差，这个效应称作光整流。右边括号内第二项代表频率等于基频 2 倍的电偶极矩，它

将辐射二次谐波即倍频光，这个效应称为光学倍频。

要想得到真正的强倍频光，还必须满足相位匹配的条件。

如图 5-20 所示，在相位匹配（即相位失配量 $\Delta k = 0$）的情况下，小信号倍频效率随着晶体长度的增加呈二次函数规律增加；当存在一定相位失配（即 $\Delta k \neq 0$）的情况下，倍频效率随着晶体长度增加呈现出周期变化的规律，最大倍频效率发生在晶体长度 $l_c = \pi / \Delta k$ 时，$l_c$ 为非线性倍频的相干长度。出现这一现象的原因是不同光波的群速度与相速度不同，使得晶体内发生相干相消的作用，限制了倍频效率的提高。当相位匹配时，不同光波的群速度和相速度相同，可以使倍频光得到相干叠加，增强倍频效率。因此，相位匹配是实现有效频率转换的必要条件[5]。只有当晶体对应的入射光和倍频光的折射率相等时，才能实现相位匹配。但是，对一般光学物质而言，通常波长越短，折射率越大，不能满足相位匹配条件。

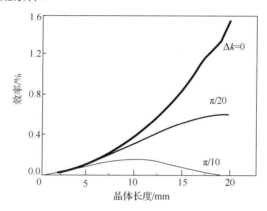

图 5-20　不同相位失配量对倍频效率的影响

双折射相位匹配是目前广泛应用的相位匹配方式，它是利用非线性光学晶体的双折射特性来满足相位匹配条件的。在异常折射率小于正常折射率的晶体中，以基波为寻常光波，以高次谐波为异常光波，适当选择基波的传输方向，就可以实现基波和高次谐波之间的相位匹配。

一般来讲，倍频晶体既可以放在激光谐振腔之外，也可以放在激光谐振腔内。这两种方式分别称为腔外倍频和腔内倍频。对于基频光重复频率低而峰值功率很高的情形，通常采用腔外倍频方式；而在基频光重复频率高而峰值功率较低时，一般采用腔内倍频方式。腔内倍频的转换效率较高，本实验采用腔内倍频方式。

## 5.8.3　实验器材

指示 LD、耦合镜、四维调整镜架、五维调整镜架、泵浦源、腔镜、KTP 晶体、$Nd:YVO_4$ 晶体、Nd:YAG 晶体、反射镜支架、红外显示卡、光功率计、导轨等。

## 5.8.4　实验内容

（1）参照实验 5.5 的调节方法，调出 1064nm 激光，并把光路调到最佳状态（即输出功率最大）。

（2）如图 5-21 所示，在激光晶体和输出镜之间插入 KTP 晶体，调节 KTP 晶体调整架旋钮，使指示激光通过晶体中心，反射光照到指示 LD 的出光口中心，出现绿光即完成倍频（倍频 KTP 晶体没有正反方向）。

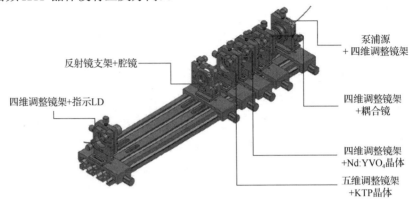

图 5-21　激光倍频实验装置图

（3）旋转 KTP 晶体，用功率计测量不同角度下的输出功率，得出最佳的相位匹配角。

（4）换上 Nd:YAG 晶体，重复上述步骤（2）、（3），并记录实验结果。

### 5.8.5　思考题

（1）对比两种晶体的倍频效果，并分析原因。

（2）如何理解最佳相位匹配角？

# 5.9　激光谐振腔设计实验

## 5.9.1　实验目的

（1）了解激光器的基本组成和设计要点；

（2）理解激光谐振原理，掌握激光谐振腔的设计方法。

## 5.9.2　实验原理

根据激光产生的条件，激光器通常由三部分组成，即激光工作物质、泵浦源和光学谐振腔，如图 5-22 所示。激光器的结构与电子振荡器类似，包括放大元件、正反馈系统、谐振系统和输出系统。在激光器中，可以实现粒子数反转的工作物质就是放大元件，而光学谐振腔就起着正反馈、谐振和输出的作用。

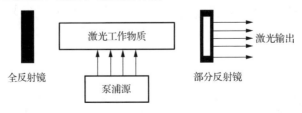

图 5-22　激光器的组成

1. 激光工作物质

激光工作物质是指用来实现粒子数反转并产生光的受激辐射放大作用的物质体系，也称为激光增益介质。激光工作物质可以是固体（晶体、玻璃等）、气体（原子气体、离子气体、分子气体）、半导体和液体（有机或无机液体）等材料。不同激光器中，激活粒子可能是原子、分子、离子，各种物质产生激光的基本原理是类似的。

固体工作物质一般是将具有适当能级结构和发光能力的所谓杂质金属离子，掺入晶体类或玻璃类基质材料中而成的，其中掺入的杂质金属（通常为过渡金属或稀土金属）离子起到光的受激发射作用，并被称为产生激光的工作粒子。

气体工作物质可以由单种气体组成，但在更多情况下则是由多种气体混合组成。在后一情况下，只有一种成分的气体粒子（可以是原子、离子或分子）起粒子数反转和产生受激发射作用；而其他成分的气体粒子，对实现和维持上述工作气体粒子的粒子数反转，起着不同程度上的辅助作用（如激励能量的传递或激光跃迁低能级上粒子数的去空）。

半导体工作物质可以是结型半导体材料，也可以是单晶型块状半导体材料。这一类材料是依靠一定的激励方式，在导带与价带的特定区域间，实现非平衡载流子粒子数反转和产生受激光发射作用的。

液体工作物质通常包括无机液体材料和有机染料液体材料两类。前一类是将特定的金属化合物溶于适当的溶液中，产生受激发射作用的是所掺入的特定杂质金属粒子；后一类则是将有机染料溶于适当的有机溶剂中，产生受激发射作用的是有机染料分子。

激光工作物质应尽可能在其工作粒子的特定能级间实现较大程度的粒子数反转，并使这种反转在整个激光发射作用过程中尽可能有效地保持下去。激光工作物质决定了激光器能够辐射的激光波长，激光波长由物质中形成激光辐射的两个能级间的跃迁确定。

2. 泵浦源

泵浦源的作用是对激光工作物质进行激励，将激活粒子从基态抽运到高能级，以实现粒子数反转。根据工作物质和激光器运转条件的不同，可以采取不同的激励方式和激励装置，常见的有以下四种。

1）光学激励（光泵浦）

光泵浦是利用外界光源发出的光来辐照激光工作物质以实现粒子数反转的。几乎所有的固体激光器、液体激光器以及个别的半导体和气体激光器均采用此种激励方式。

在实际激光器中，光泵浦系统通常是由激励光源和聚光器两部分组成的。激励光源一般采用发光能力较强的气体放电光源（高压氙灯、氪灯等）或卤钨灯光源。这些光源的发光一般具有连续的发光光谱，或者在连续光谱背底上附加有分立的较强的发光谱线，因此适用于对具有较宽吸收谱带或吸收谱线分布的工作物质进行激励。由于激励光源的发光是空间各向分布的，因此需采用适当形式的聚光器装置，以使光源发出的光能尽可能多地进入工作物质内部。

由于激光器的出现，提供了高亮度、高定向的光辐射，因此也可以利用一种激光器发出的激光去激励另外一种激光器的工作物质以产生新的激光作用。此方法只适用于对具有较窄和强吸收谱线（带）的工作物质的激励。例如，利用半导体激光器输出去激励石榴石激光器，利用氮分子激光器输出去激励染料激光器等。

2）气体放电激励

气体放电激励是常见气体激光器普遍采用的一种激励方式，它有两种工作模式：一种是工作粒子受到电子碰撞而直接受到激励，在气体放电作用下，部分气体电离后产生的自由电子在激励电场作用下获得较大的动能，高速运动的电子在与气体工作粒子发生碰撞的过程中，可以失去自己的一部分能量而使后者跃迁到较高的激励能级，从而有可能在工作粒子特定的能级间实现粒子数反转。另一种是间接激励，电子先与辅助气体的粒子碰撞使后者获得激发能量，然后处于激发态的辅助气体粒子再与工作气体粒子相碰撞，把激发能量传递给后者，从而使工作粒子受到激励。在某些情况下，对工作粒子的这种间接激励过程（或称能量共振转移过程），比电子直接激励过程更为主要，例如氦氖激光器就是采用这种激励方式的一种典型实例。

3）化学反应激励

化学反应激励是利用在激光工作物质内部发生的化学反应过程来实现粒子数反转的，它是针对某些工作物质（主要是气体工作物质）所采用的一种特殊激励方式。化学反应激励对工作粒子的激励作用是依靠反应本身放出的化学能，因此原则上可以不需要其他的能源输入，而且产生激光运转的效率也较高。但实际上，为了创造一定的条件来产生特定的化学反应，除提供参加化学反应的工作物质外，还需通过一定方式来引发化学反应，常用的有光泵引发、放电引发和化学引发等方式，通常引发所需要的能量都是很小的。

4）热激励

处于热平衡状态的物质体系的温度越高，则处于较高能级上的粒子数就越多，但不管温度升高到何种程度，只要物质始终处于热平衡状态，则较高能级上的粒子数始终小于较低能级上的粒子数，因此，仅仅依靠普通的加热方法，得不到粒子数反转。如果使物质在极短的时间（远小于其达到热平衡所需的弛豫时间）内，突然升温或突然降温，则由于体系处于非热平衡状态，考虑到粒子在其不同能级上的激发特性不同，因此在原则上有可能在特定的能级之间实现粒子数反转。例如，通过某种加热方式使工作物质体系温度升高，从而使较多的粒子到达高能级；然后再通过某种方式（如高温气体绝热膨胀的方式），使热弛豫时间较短的某些较低能级上的粒子迅速去空，而热弛豫时间较长的某些较高能级上的粒子得以积累保存，从而实现粒子数反转[6]。

3. 光学谐振腔

光学谐振腔的作用首先是增加激光工作介质的有效长度，使得受激辐射过程有可能超过自发辐射而成为主导；同时提供光学正反馈，使激活介质中产生的辐射能够多次通过介质，并且使光束在腔内往返一次过程中由受激辐射所提供的增益超过光束的损耗，从而使光束在腔内得到放大并维持自激振荡。

谐振腔可以对腔内振荡光束的方向和频率进行限制，以保证输出激光的高单色性和高方向性。通过调节光学谐振腔的几何参数，还可以直接控制光束的横向分布特性、光斑大小、振荡频率和光束发散角等。

在所有的谐振腔中，最简单和最常用的是由两个球面镜构成的开放式光学谐振腔。

如果光线在谐振腔内往返任意多次而不会横向逸出腔外,这样的谐振腔就称为稳定腔。反之,如果任一束光线都不可能永远存在于腔内,经过有限次往返后必将横向逸出腔外,则称为非稳腔。如果腔内存在某些特定的近轴光线可以往返传播而不逸出,即介于稳定腔和非稳腔之间,则称为临界腔。光学谐振腔的结构和激光输出的稳定性之间有着密切的联系,共轴球面腔的稳定条件 $0 < g_1 \cdot g_2 < 1$。

## 5.9.3 实验器材

十字叉丝板、氦氖半外腔激光器、CCD 相机、腔镜( $R = 500\text{mm}$ 、 $R = 1000\text{mm}$ 、 $R = 2000\text{mm}$ )、可变光阑、衰减片、滤色片、导轨、支架、计算机、光斑分析软件等。

## 5.9.4 实验内容

(1)将氦氖半外腔激光器的后腔镜分别换成 $R = 500\text{mm}$ 、 $R = 1000\text{mm}$ 、 $R = 2000\text{mm}$ 的腔镜,测量激光光斑半径,并计算高斯光束参数。

(2)选定任意一种曲率半径的腔镜,通过调节安装腔镜的齿轮齿条移动台来改变激光器腔长,测量光斑半径,并计算高斯光束参数。

(3)改变激光的 $F$ 参数,测量光斑半径,并计算高斯光束参数( $F = \dfrac{R^2}{L\lambda}$ , $R$ 为后腔镜半径, $L$ 为谐振腔腔长)。

## 5.9.5 思考题

(1)分析实验数据,关于光学谐振腔的设计,能得到怎样的结论?
(2)设计一款激光器,除了需要考虑光学谐振腔,还需要考虑什么因素?

# 参 考 文 献

[1] 潘英俊,邹建. 光电子技术[M]. 重庆:重庆大学出版社,2000.
[2] 蓝信钜. 激光技术[M]. 3 版. 北京:科学出版社,2010.
[3] 陈鹤鸣,赵新彦. 激光原理及应用[M]. 2 版. 北京:电子工业出版社,2013.
[4] 陈家璧,彭润玲. 激光原理及应用[M]. 北京:电子工业出版社,2011.
[5] 耿爱丛. 固体激光器及其应用[M]. 北京:国防工业出版社,2014.
[6] 赫光生,雷仕湛. 激光器设计基础[M]. 上海:上海科学技术出版社,1979.

# 第6章　显示与照明技术综合实验

## 6.1　光源照度测量实验

### 6.1.1　实验目的

（1）了解辐射度学和光度学的基本参量；

（2）掌握光源照度的测量方法。

### 6.1.2　实验原理

光波是一种电磁波，即变化的电场和磁场相互激发，形成变化的电磁场在空间传播。辐射度学与光度学是研究电磁辐射特性的一门学科。

辐射度学是测量电磁波所传递的能量或测量与这一能量特征相关的其他物理量的科学技术，它适用于整个电磁波谱，主要用于 X 光、紫外光、红外光以及其他非可见光的电磁辐射。基本的辐射度学参量是辐射功率或辐射通量，表示辐射能的大小，单位是瓦（W）。

而光度学则适用于波长在 380～780nm 范围内的电磁辐射——可见光波段，光度学参量是描述电磁辐射能引起人眼刺激大小的度量，是与人眼视见度有关的生物物理量。光度学的基本参量是光通量，单位是流明（lm）。

#### 1. 光量

光量（光谱光能 $Q_v$）是指光的能量，又称光能，它是光通量 $\Phi_v$ 对时间的积分，单位是 $lm \cdot s$。

$$Q_v = \int_0^t \Phi_v \mathrm{d}t \tag{6-1}$$

因此，光量是光源在某段时间内发出光的总和。

#### 2. 光通量

光通量 $\Phi_v$ 又称为光功率，是指光源在单位时间内所发出的光量，它是电磁辐射在可见光范围内的辐射通量。光通量和辐射通量之间的关系可以表示为

$$\Phi_v = K_m \int_{380}^{780} \Phi_e(\lambda) V(\lambda) \mathrm{d}\lambda \tag{6-2}$$

式中，$\Phi_e(\lambda)$ 为电磁辐射的辐射通量；$V(\lambda)$ 是视见函数；$K_m$ 是最大视感度，它表示人眼在明视条件下，在波长为 555nm 时，光辐射所产生的光视效能，按照国际温标 IPTS-68 理论计算 $K_m = 6831\,\mathrm{lm/W}$。

3. 发光强度

发光强度 $I_v$ 定义为点光源在给定方向的单位立体角中发射的光通量，单位是坎德拉 cd= lm / sr 。

$$I_v = \frac{\mathrm{d}\Phi_v}{\mathrm{d}\Omega} \tag{6-3}$$

如果光源是各向同性的，即光源在所有方向上的发光强度都相同，则光源的光通量 $\Phi_v = 4\pi I_v$ 。

4. 光亮度

光源在某给定方向上的光亮度 $L_v$ 是光源在该方向的单位投影面积 $\mathrm{d}S$ 、单位立体角 $\mathrm{d}\Omega$ 中发射的光通量，单位是 cd / m² 或者 lm/(sr · m²) 。

$$L_v = \frac{\mathrm{d}^2\Phi_v}{\mathrm{d}\Omega \mathrm{d}S \cos\theta} \tag{6-4}$$

式中， $\theta$ 为给定方向与光源面元法线方向之间的夹角。

5. 出射度

光出射度 $M_v$ 是指单位面积光源所辐射的光通量，单位是勒克斯 lx= lm / m² 。

$$M_v = \frac{\mathrm{d}\Phi_v}{\mathrm{d}s} \tag{6-5}$$

6. 照度

照度 $E_v$ 是指投射到单位面积的光通量，或者说是接收光的面元上单位面积被辐射的光通量，用于指示光照的强弱和物体表面积被照明程度，单位是 lx。如果辐射光通量为 $\mathrm{d}\Phi_v$ ，接收面元的面积为 $\mathrm{d}A$ ，则可得

$$E_v = \frac{\mathrm{d}\Phi_v}{\mathrm{d}A} \tag{6-6}$$

当均匀点光源向空间发射球面波时，点光源在传输方向上某点的照度与该点到点光源距离的二次方成反比，即

$$E_v = \frac{\mathrm{d}\Phi_v}{\mathrm{d}\Omega R^2} = \frac{I_v}{R^2} \tag{6-7}$$

式中， $I_v$ 为光强； $R$ 为接收面与光源之间的距离[1]。

## 6.1.3  实验器材

光纤白光源、白光 LED 光源、导轨、支架、照度计等。

## 6.1.4  实验内容

（1）打开光纤白光源，预热后旋至一定功率。
（2）调整照度计位置，尽量接收到所有光。
（3）读出照度计读数并记录。

（4）每隔 1mm 记录一次照度计读数。

（5）改变光纤白光源输出光功率的大小，重复步骤（2）～（4）。

（6）将光纤白光源换成高亮 LED 光源，重复步骤（1）～（5）。

### 6.1.5 思考题

（1）随着光源和照度计之间距离的增大，照度计的读数是如何变化的？

（2）随着光源光强的增大，在测量距离相同的情况下，照度计的读数是如何变化的？

# 6.2 光源电光转换效率测量实验

## 6.2.1 实验目的

（1）理解电光转换效率的概念；

（2）掌握光源的电光转换效率测量方法。

## 6.2.2 实验原理

电光转换效率是评价一个光源性能的重要指标。电光源由电源驱动，输出光通量 $\Phi_v$ 与输入电功率 $P_1$ 之比通常称为电光源的电光转换效率，也称电光源的流明效率或发光效率，用 $\eta$ 表示，单位是 lm/W，即

$$\eta = \frac{\Phi_v}{P_1} \tag{6-8}$$

但是加在光源上的电功率并不完全变成可见光，其中有相当一部分是转化成其他形式的能量（比如热能），所以

$$\eta = \frac{\Phi_v}{P_1} = \frac{K_m \int_{380}^{780}\Phi_e(\lambda)V(\lambda)\mathrm{d}\lambda}{P_1} = \frac{\int_{380}^{780}\Phi_e(\lambda)\mathrm{d}\lambda}{P_1}\frac{K_m \int_{380}^{780}\Phi_e(\lambda)V(\lambda)\mathrm{d}\lambda}{\int_{380}^{780}\Phi_e(\lambda)\mathrm{d}\lambda} = \eta_v K \tag{6-9}$$

式中，$\eta_v = \dfrac{\int_{380}^{780}\Phi_e(\lambda)\mathrm{d}\lambda}{P_1}$，表示可见辐射通量在输入功率 $P_1$ 中所占的比例；$K = \dfrac{K_m \int_{380}^{780}\Phi_e(\lambda)V(\lambda)\mathrm{d}\lambda}{\int_{380}^{780}\Phi_e(\lambda)\mathrm{d}\lambda}$ 是指当 $\eta_v = 1$（即输入功率全部转换成可见光）时光源的发光效率。

显然，$K$ 是由光源在可见光区的光谱能量分布情况决定的。由于各种类型的光源在可见光区都有自己独特的光谱能量分布形式，所以不同光源的 $K$ 值是不同的，电光转换效率也是不同的。

对照明光源来说，总是希望 $\eta$ 要高。黑体辐射的总辐射是按照 4 次方的关系极快地随温度升高而增加的，而峰值辐射的波长会随着温度的升高逐渐向短波移动。当黑体温度为 6500K 时，可见光区域的辐射在辐射能中所占的比例最大，大约是 43%，电光转换效率接近 90lm/W。但是当黑体温度进一步升高时，由于峰值波长移向短波，有更多的辐射落在紫外区域，因此总的辐射尽管仍然在增加，但是可见光所占的比例却开始减少，

电光转换效率反而下降。对实际光源来说，提高光效的途径是：选择适当的发光物质，创造适宜的条件，使更多的辐射落在可见光区域，特别是 $V(\lambda)$ 大的地方，也就是波长接近 555nm 处[2]。

## 6.2.3　实验器材

光纤白光源、高亮白光 LED 光源、导轨、支架、照度计、白屏等。

## 6.2.4　实验内容

### 1. 光纤白光源电光效率测量

（1）将白屏放置在距离光源一定位置的地方。调整白屏位置使白屏接收到的光斑与照度计的接收面积相等或小于照度计接收面积，测量光斑尺寸，计算光斑面积并记录。

（2）将白屏取下，在白屏处放置照度计。调整照度计位置使照度计接收面处于白屏所在位置，读取照度计显示数值，记录数据。

（3）根据照度计读数与光斑面积计算光纤白光源的电光转换效率。

### 2. LED 光源电光效率测量

（1）将光源换成白光 LED，将白屏置于距离 LED 灯一定距离的位置。调整白屏位置使白屏接收到的光斑与照度计的接收面积相等或小于照度计接收面积，测量光斑尺寸，计算光斑面积并记录。

（2）将白屏换成照度计，调节照度计位置使接收面处于白屏所在位置，读取照度计数值，记录数据。

（3）根据照度计读数与光斑面积计算 LED 的电光转换效率。

## 6.2.5　思考题

（1）试总结影响电光转换效率的因素有哪些？
（2）评价 LED 效率的参数还有哪些？

# 6.3　光谱光视效能曲线测量实验

## 6.3.1　实验目的

（1）理解光视效能的概念；
（2）掌握光谱光视效能曲线的测量方法。

## 6.3.2　实验原理

人眼的视网膜上布满了大量的感官细胞，即柱状细胞和锥状细胞。柱状细胞灵敏度高，它能感受微弱光刺激；锥状细胞感光灵敏度低，但它可以对红、绿、蓝三种不同颜色产生响应，因而能够很好地区别颜色和辨别被视物的细节。

人眼在可见光范围内的感光灵敏度是不一样的，对绿光最灵敏，而对红、蓝光灵敏度较低。国际照明委员会（Commission Internationale de I'Eclairage，CIE）根据实验结果，确定人眼对不同波长光的相对灵敏度，称为光谱光视效能[1]，如图 6-1 所示[3]。

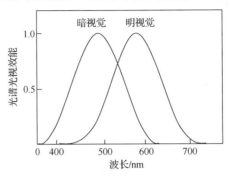

图 6-1　光谱光视效能曲线

　　光度量与辐射度量之间的关系可以用光视效能来表示。光视效能描述某一波长的单色光辐射通量可以产生多少相应的单色光通量，即光视效能 $K(\lambda)$ 定义为同一波长下测得的光通量与辐射通量之比：

$$K(\lambda)=\frac{\Phi_v(\lambda)}{\Phi_e(\lambda)}=K_mV(\lambda) \tag{6-10}$$

单位是流明/瓦特（lm/W）。

　　同时，人眼的感光灵敏度还随着环境亮度的改变而变化。图 6-1 中，右侧的曲线是明视觉（即光亮度大于 $10cd/m^2$）条件下的光谱光视效能曲线，此时人眼的敏感波长处于光谱光视效能曲线的峰值处，即波长 555nm 处。在明视觉条件下，正常人的眼睛都能感受到颜色。左侧的曲线是暗视觉（即光亮度小于 $0.001cd/m^2$）条件下的光谱光视效能曲线，此时人眼的敏感波长蓝移了 48nm，在波长 507nm 处。在暗视觉条件下，世界是无色的。位于明、暗视觉亮度条件之间的都是中间视觉亮度条件，且具有从明到暗向短波长方向移动的特点，对应的是图 6-1 中两条曲线之间的一系列曲线。

### 6.3.3　实验器材

　　高亮三色 LED 光源、导轨、支架、照度计、白屏等。

### 6.3.4　实验内容

　　（1）将白屏放置在距离光源一定位置的地方，将光源开关拨至红光挡。调整白屏位置使白屏接收到的光斑与照度计的接收面积相等或小于照度计接收面积，测量光斑尺寸，计算光斑面积并记录。

　　（2）将白屏取下，在白屏处放置照度计，调整照度计位置使照度计接收面处于白屏所在位置。读取照度计显示数值，记录数据。

　　（3）将 LED 开关拨至绿光挡，重复步骤（1）、（2）。

　　（4）将 LED 开关拨至蓝光挡，重复步骤（1）、（2）。

　　（5）计算每种波长光的相对亮度（相对亮度=照度/光斑面积），验证光视效能曲线。

## 6.3.5　思考题

（1）根据实验结果思考，人眼对哪个颜色的光更加敏感？
（2）试总结影响光视效能曲线的因素有哪些？

# 6.4　LED 电学参数测量实验

## 6.4.1　实验目的

（1）掌握 LED 的发光原理；
（2）掌握 LED 的电学参数测量方法。

## 6.4.2　实验原理

利用半导体 PN 结或类似结构把电能转换为光能的器件称为 LED。由于这种发光是由注入的电子和空穴复合而产生的，所以也称为注入式电致发光。

LED 发光芯片结构是一个典型的分层结构，如图 6-2 所示，芯片两端是金属电极，底部是衬底材料，中间是由 P 型层和 N 型层构成的 PN 结，发光层位于 P 型层和 N 型层之间，是发光的核心区域，P 型层、N 型层和发光层通过在衬底材料上以特殊工艺外延生长而得。芯片工作时，P 型层和 N 型层提供发光所需的空穴和电子，它们被注入发光层发生复合发光。

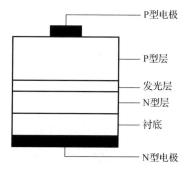

图 6-2　LED 芯片结构示意图

LED 发光的波长（光的颜色）是由形成 PN 结的材料决定的。当它处于正向工作状态（即两端加上正向电压），电流从 LED 阳极流向阴极时，半导体晶体就发出从紫外到红外不同颜色的光线，光的强弱与电流有关。电子和空穴之间的能量（带隙）越大，产生的光子的能量就越高。光子的能量反过来与光的颜色对应，可见光的频谱范围内，蓝色光、紫色光携带的能量较多，桔色光、红色光携带的能量较少。不同的材料具有不同的带隙，从而能够发出不同颜色的光。

伏安特性是 LED 最主要的电学性能参数，是指通过 PN 结的电流随电压变化的特性，它是衡量 PN 结性能、PN 结制作优劣的重要标志。完整的伏安特性参数应包括正向电流、正向电压、反向电流和反向电压，LED 必须在合适的电流、电压驱动下才能正常工作。

通过 LED 伏安特性测试，可以获得 LED 的最大允许正向电压、正向电流及反向电压、反向电流，此外也可以测定 LED 的最佳工作电功率。

1）正向电流 $I_F$

正向电流（forward current）一般称为额定正向电流，实际上就是根据器件特征推荐的正常工作电流。一般 $\phi5$ LED 为 20mA，也有电压较高的 InGaN 器件或芯片较小的器件，推荐正常工作电流为 15mA 或 10mA。大光通量器件（包括"食人鱼"和"Snap"）推荐工作电流为 40mA、70mA 或 150mA。SMD LED 则电流较小，为 20mA、10mA 或者更小，但中功率 SMD LED 如 3014、2835、5050 等，则可以在 160mA 的电流下工作。芯片大小为 $1mm^2$ 的功率 LED 一般推荐工作电流是 350mA。测量仪器通常采用恒流可调。

2）正向电压 $V_F$

正向电压（forward voltage）是指指定正向电流下，器件两端的正向电压值。所取的正向电流一般都比较大，处于器件工作的大信号区，如取 10～30mA。正向电压能表示结的体电阻及欧姆接触串联电阻高低，它可以在一定程度上反映电极制作的好坏。合格器件的 $V_F$ 通常应小于 2V。对磷化镓器件来说，这一电压值可以相应高 0.5V 左右，铟镓氮器件则更高，可在 3～3.7V。

3）反向电流 $I_R$

反向电流（reverse current）是指给定反向电压下流过器件的反向电流值。测量时，将一个电压为给定值的稳压源加在器件两端，并在其间串联一个低内阻微安表，即可直接读取反向电流。通常电压给定值取 5V。

4）反向电压 $V_R$

反向电压（reverse voltage）是指指定反向电流下器件两端所产生的电压降。一般反向电压没有数值定义。无论电压多大，只要是反向的，就是反向电压。但有一个表示器件反向耐压高低的参数，叫反向击穿电压 $V_B$（breakdown reverse voltage）。当 $V_R < V_B$ 时，通过 LED 的电流很小；而当反向电压增大到 $V_B$ 以上时，反向电流会急剧增加直至烧毁二极管。

测量反向击穿电压时，可以采用一个恒流源，注入一规定的反向电流，再用一个高输入阻抗的电压表并接在器件两端，这时测得的电压就是 $V_B$。合格器件的 $V_B$ 值通常应大于 5V，但一般均在 10～25V[3]。

## 6.4.3　实验器材

直流稳压电源、白光 LED、三色 LED、照度计、导轨、支架等。

## 6.4.4　实验内容

### 1. 正向特性测试

（1）将 APS3005S 恒流源的正负极接在 LED 测试灯头上，启动恒流源，调节电源使 LED 发光，然后预热 3min，注意不要将电压调节得过高。

（2）恒流源电源调节回"0"值，将照度计靠近 LED 灯头，然后转动微调电流旋钮，记录不同电压下对应的电流值和照度值，并绘制正向伏安特性曲线，读取阈值电流。照度计示数开始变化时的电流值为阈值电流。

2. 反向特性测试

（1）将 APS3005S 正负极交换，电压值从 0V 开始缓慢增加电压，将电压值从 0V 调整至 30V（根据不同灯头的额定电压确定），观察 LED 是否有击穿现象。

（2）将电源接线调换，加载正常工作电压，观察 LED 是否能正常工作。注：白色 LED 的反向击穿电压较低，约为 20V。

## 6.4.5　思考题

（1）测量反向击穿电压的意义是什么？
（2）试根据 PN 结的性质解释 LED 的正向和反向电特性。

# 6.5　LED 光度学参数测量实验

## 6.5.1　实验目的

（1）掌握 LED 的光度学性能参数；
（2）掌握测量 LED 发光强度空间分布和半强度角的方法。

## 6.5.2　实验原理

1. 平均光强

光强是描写 LED 光度学特性最重要的参量。对一般光源而言，光强的测定都是在远场条件下进行的，光源和探测器之间的距离比光源发光面的尺寸大得多，且探测器的直径远比测量距离小。然而，在进行 LED 光强测量时，测量距离仅几厘米，探测器接收面的尺寸也不是很小，这样测得的将是光强的平均值，而且这一平均值与测量的几何条件有关。由于各个实验室测量的条件不同，因而在所得的结果之间没有可比性。

为了能在精确定义的实验条件下描述 LED 的光强特性，国际照明协会对 LED 平均光强规定了两种标准测量条件 A 和 B，如图 6-3 所示。D 为被测 LED 器件；G 为电流源；PD 包括光电探测器 $D_1$；$D_2$ 和 $D_3$ 为用于消除杂散光的光阑，不应限制探测立体角。

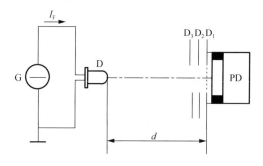

图 6-3　LED 平均光强测量原理图

条件 A 规定，LED 的前端面和光电探测器接收面之间的距离 $d$ 为 316mm，条件 B

规定两者的距离 $d$ 为 100mm，要求 LED 的机械轴垂直通过探测器接收面中心。两种条件下，光电探测器接收面的面积均为 100mm²，响应的接收面直径为 11.3mm。这样，A、B 两种条件下接收面对 LED 所张的立体角分别为 0.001sr 和 0.01sr，相应的平面角则为 2° 和 6.5°。需要注意的是，此时的 LED 不能当成点光源来处理，因此这两种条件下测得的平均光强的结果可能存在很大的差异，不能代表最大光强值。

### 2. 发光强度角分布

由于光源发光的各向异性，发光强度在各个方向是不同的。发光强度的角分布是用来描述器件在空间各个方向上的光强分布的，主要取决于器件的封装形式和封装透镜的几何参数。测量原理图如图 6-4 所示。

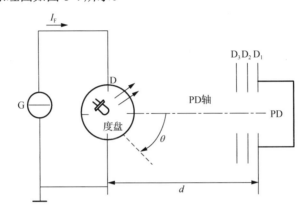

图 6-4  LED 发光强度角分布测量原理图

给被测 LED 器件加上规定的工作电流，调整被测器件 D 的机械轴与光电探测器的轴线重合，即 $\theta = 0°$，测量此时光电探测器的信号，把这个值设置为 $I_0 = 100\%$。从 0° ～ ±90° 旋转度盘，光电测量系统测量各个角度时的发光强度值，得到相对强度 $I/I_0$ 与 $\theta$ 之间的关系，即 LED 发光强度角分布图，优先采用极坐标图来表示。在该图上分别读取半最大强度点对应的角度 $\theta_1$ 和 $\theta_2$，即可得到半强度角 $\Delta\theta = |\theta_2 - \theta_1|$ [3]。

## 6.5.3  实验器材

直流稳压电源、白光 LED、转台、照度计、导轨、支架等。

## 6.5.4  实验内容

（1）根据图 6-4 所示的 LED 发光强度角分布测量原理，连接好实验装置。

（2）将 LED 安装在有转台的滑块上，将探测器放在距离 LED 100mm 处。

（3）给被测器件加上规定的工作电流，调整被测器件 LED 的机械轴与光探测器轴重合，使得照度计读数最大，把这个最大值设置为 $I_0 = 100\%$。

（4）顺时针旋转度盘，强度每降低 10% 记录一次角度，得到相对强度与 $\theta_1$ 之间的关系。

（5）逆时针旋转度盘，强度每降低 10% 记录一次角度，得到相对强度与 $\theta_2$ 之间的关系。

（6）半强度角 $\Delta\theta$ 即为强度降低到 50%时的 $\theta_1$ 和 $\theta_2$ 之间的夹角，计算 LED 的半强度角 $\Delta\theta = |\theta_2 - \theta_1|$，并画出发光强度角分布曲线图。

## 6.5.5　思考题

（1）根据发光强度角分布曲线图，分析光强与旋转角度之间的关系。
（2）根据实验结果，得到的 LED 半强度角为多少？

# 6.6　LED 色度学参数测量实验

## 6.6.1　实验目的

（1）学习积分球的工作原理；
（2）理解 LED 各个色度学参数的意义。

## 6.6.2　实验原理

### 1. 色度学

光源发出的光由于光谱功率分布的差异，呈现出各种不同的颜色。色度学则是专门研究眼睛对颜色的响应程度的一门学科。色度学的参数较多，主要有光谱分布曲线、峰值波长、主波长、光谱辐射带宽、色温、相关色温、显色指数、三刺激值等。

### 1）光谱分布曲线

光谱分布曲线是指发光的相对强度（能量）随波长变化的分布曲线。器件的光谱分布与发光材料的种类、性质以及发光机构有关，而与器件几何形状和封装方式等无关。光谱分布曲线的发光强度最大处对应的波长称为峰值波长 $\lambda_p$，辐射功率的半强度功率点对应的波长范围称为光谱辐射带宽 $\Delta\lambda$，如图 6-5 所示。

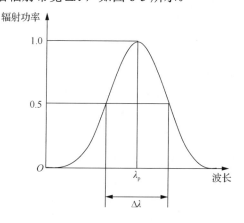

图 6-5　LED 光谱分布曲线

### 2）主波长

任何一个颜色都可以看成是用某一个光谱色按一定比例与参考白光相混合而匹配出来的颜色，这个光谱色就是颜色的主波长。颜色的主波长相当于人眼观测到的颜色的色调。

3）色温和相关色温

光源的光辐射所呈现的颜色与在某一温度下黑体辐射的颜色相同时，黑体的温度被称为该光源的色温，用绝对温度 $K$ 表示。由于一种颜色可以由多种光谱分布产生，所以色温相同的光源相对光谱功率分布不一定相同。

当光源发出光的颜色与黑体在某温度下辐射的颜色接近时，黑体温度就被称为该光源的相关色温。

4）显色性

光源的颜色含有色表和显色性两方面的含义。色表是指人直接观察光源时所看到的颜色，显色性是指光源的光照射到物体上所产生的客观效果。表明光源发射的光对被照物颜色正确反映的量被称为显色指数，用 $R_a$ 表示，是光源对 8 个色样显色指数的算术平均值。

$$R_a = \frac{1}{8}\sum_{i=1}^{8} R_i \tag{6-11}$$

式中，$R_i$ 是光源对 8 个色样中任何一种的显色指数。该显色指数 $R_i$ 由下式计算得到：

$$R_i = 100 - 4.6\Delta E_i \tag{6-12}$$

式中，$\Delta E_i$ 为色样在被测光源与标准光源下该样品的色差。由此可见，如果被测光源照射到物体上的效果与标准光源照射时一样，则认为该光源显色性好，显色指数高，$R_a = 100$ [3]。

5）三刺激值

所有颜色的光都可由某 3 种单色光按一定的比例混合而成，但这 3 种单色光中的任何一种都不能由其余两种混合产生，这 3 种单色光称为三原色。三原色有很多选择方法，人们通常用红（R）、绿（G）、蓝（B）作为三原色。

匹配某种颜色所需的三原色的量称为该颜色的三刺激值。三刺激值不是用物理单位而是用色度学单位来衡量的，有可能为负值。对于既定的三原色，每种颜色的三刺激值是唯一的，因而，可以用三刺激值来表示颜色。

2. 积分球

积分球是一个内壁涂有白色漫反射材料的空腔球体，又称光度球、光通球等，如图 6-6 所示。球壁上开一个或几个窗孔，用作进光孔和放置光接收器件的接收孔。积分球的内壁应是良好的球面，通常要求它相对于理想球面的偏差应不大于内径的 0.2%。球内壁上涂以理想的漫反射材料，也就是漫反射系数接近于 1 的材料。常用的材料是氧化镁或硫酸钡，将它和胶质黏合剂混合均匀后，喷涂在内壁上，氧化镁涂层在可见光谱范围内的光谱反射比都在 99%以上。为获得较高的测量准确度，积分球的开孔比应尽可能小。开孔比定义为积分球开孔处的球面积与整个球内壁面积之比。

积分球的主要功能是作为光收集器，被收集的光可以用作漫反射光源或者被测光源。积分球的基本原理是光通过进光孔进入积分球，经过多次反射后非常均匀地散射在积分球内部。积分球可用于测量各种光源的光通量、色温、光效等参数，也可以用来测量某表面的总体反射率、颜色测量等。

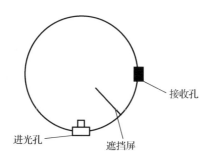

图 6-6  积分球结构图

### 6.6.3  实验器材

积分球、光谱分析仪、三色 LED、白光 LED，导轨、支架等。

### 6.6.4  实验内容

（1）将积分球的进光孔尽量靠近 LED 灯头，用光纤将光谱分析仪与积分球相连。注：请勿用手触摸光纤端面，用后请及时将光纤封装好。

（2）打开实验软件，选取"文件"选项，从新建选项中找到"颜色测量"，单击左键。

（3）选择"新建绝对辐射颜色测量"，单击"接受"。

（4）选择"当前扫描"，下一步选择"从文件获取绝对补偿"，读入相应的补偿文件。

（5）选择"使用积分球"，单击软件界面的暗灯泡，获取暗光谱（注意，此时 LED 处于熄灭状态）。

（6）模式选择"辐射"，Observer 选择"2-degree"，Illuminant 选择"E"，单击"接受"。

（7）加电压分别使三色 LED 发光，观察光谱分布曲线，并从属性栏读取 LED 的相应参数。

（8）加电压使白光 LED 发光，观察光谱分布曲线，并从属性栏读取 LED 的相应参数。

### 6.6.5  思考题

（1）属性栏读取的 LED 参数物理意义是什么？

（2）对于不同的 LED 光源，得到的光谱分布曲线是否与理论相一致？

# 6.7  利用反射光谱测定印刷品颜色

### 6.7.1  实验目的

（1）了解色彩描述系统；

（2）掌握利用反射光谱测量颜色的原理。

## 6.7.2　实验原理

定量地表示颜色称为表色，表示颜色的数值称为表色值。为了表示颜色而采用的一系列规定和定义所形成的体系称为表色系统。目前的表色系统主要有显色系统和混色系统两种。

### 1. 显色系统

显色系统是根据色彩的心理属性，即色相、明度、饱和度或彩度进行系统的分类排列的。显色系统以某种顺序对色彩要素进行分类，首先定义色相，这是颜色的基本特征，用以判断物体颜色是红、绿、蓝等不同种类的颜色，物体的色相取决于光源的光谱组成和物体表面选择性吸收后所反射（透射）的各波长辐射的比例对人眼所产生的感觉；其次定义明度，对于某一色调按相对明亮感觉分类，就是人眼所感受到的色彩明暗程度；最后定义饱和度，它表示离开相同明度中性灰色的程度。以显色系统表示的表色值称为显色值，可以采用与其三属性相对应的一系列数值来表示。

孟塞尔表色系统是最具有代表性的显色系统，它按目视色彩感觉等间隔的排列方式，采用色卡表示色彩的色相、明度、饱和度三种属性。色卡用圆筒坐标进行配置，纵轴表示明度 V，圆周方向表示色相 H，半径方向表示饱和度 C。孟塞尔表色系统为了标识颜色，把明度、饱和度和色相分别均分为 10 份、10 份、100 份，要求得某试样的孟塞尔标号，只要找出和待测颜色一致的色卡即可。当色卡色和待测色不一致时，可在已有的色卡之间用视觉估计进行插补，可达到小数点后 1 位。孟塞尔表色系统简单、直观，但是色卡数目有限，表色值精度较低。

### 2. 混色系统

由于显色系统存在的不足，人们迫切需要一种精度更高、对人依赖性低的色彩定量描述系统，因此人们提出了混色系统。它以采用光的混色实验求出的为了与某一颜色相匹配所必要的色光混合量作为基础并对色彩进行定量描述。混色系统又称为三色表色系统，用三个值表示色刺激。把色刺激的光谱分布称作色刺激函数。三刺激值是由色刺激函数这种物理量和人眼的心理上的光谱响应值组合而求出的，因此是一种心理物理量。我们把表示色刺激特性的三刺激值的三个数值称为色度值，把用色度值表示的色刺激称为心理物理色。因此作为混色系统的表色值可用色度值。

1）1931 CIE-RGB 表色系统

1931 年，CIE 规定三原色光的选取必须如下：红原色波长为 700.0nm，绿原色波长为 546.1nm，蓝原色波长为 435.8nm。用上述三原色匹配等能量白光时，三刺激值相等，即 1：1：1，并且此时三原色光的相对亮度比例为 1.0000：4.5907：0.0601，辐射量之比为 72.0966：1.3791：1.0000。

2）1931 CIE-XYZ 系统

由于 1931 CIE-RGB 表色系统的三刺激值存在负值，既不便于计算，又难以理解，因此在此基础上，用坐标变换方法，选用三个理想中的原色 $X$、$Y$、$Z$ 来代替实际的三原色，从而将 CIE-RGB 系统中的光谱三刺激值和色度坐标均变换为正值。变换关系式如下：

$$\begin{bmatrix} X \\ Y \\ Z \end{bmatrix} = \begin{bmatrix} 2.7689 & 1.7517 & 1.1302 \\ 1.0000 & 4.5907 & 0.0601 \\ 0.0000 & 0.0565 & 5.5943 \end{bmatrix} \begin{bmatrix} R \\ G \\ B \end{bmatrix} \qquad (6\text{-}13)$$

3）均匀表色系统 1976 CIE-Lab

由于人眼对色度改变的灵敏度随色光坐标不同变化很大,利用 XYZ 表色体系去控制配色时所允许的误差存在缺点。因为色度图上色度点间的距离与人眼感觉到的颜色差别不一定相对应。均匀表色系统则可以使色彩设计和复制更精确、更完美,使色彩的转换和校正尺度或比例更合理,减少由于空间的不均匀带来的复制误差。

CIE-Lab 颜色空间是利用 $L^*$、$a^*$、$b^*$ 三个不同的坐标轴,指示颜色在几何坐标图中的位置和代号。它是基于一种颜色不能同时既是绿又是红、既是蓝又是黄的理论建立起来的。$L^*$ 表示颜色明亮的程度;$a^*$ 表示红色在颜色中占有的成分、$-a^*$ 表示红色的补色（绿色）在颜色中占有的成分;$b^*$ 代表颜色中黄色的成分,$-b^*$ 表示颜色中黄色的补色（蓝色）占有的成分。任何颜色的色彩变化都可以用 $a^*$、$b^*$ 数值来表示,任何颜色的层次变化都可以用 $L^*$ 数值来表示,因此,用 $L^*$、$a^*$、$b^*$ 三个数值就可以描述自然界中的任何色彩。

CIE-Lab 是一种均匀的颜色空间,在这种颜色空间里,在不同位置不同方向上相等的几何距离在视觉上有对应相等的色差,把易测的空间距离作为色彩感觉差别量。因此,均匀表色系统能使色彩复制技术优化,使颜色匹配和色彩复制的准确性加强。

本实验采用的反射式光纤呈 Y 字形,其中 6 根光纤与光纤光源连接,用作照明。一根光纤连接光谱仪用作探测。探测端光纤束由 7 根芯径 200μm 的光纤组成,6 根光纤围绕一份光纤圆周排布,光纤芯径均为 200μm。

按照国标《物体色的测量方法》（GB/T 3979—2008）物体色的测量方法的要求,在物体颜色测试前需要使用标准白板进行标定。本实验选用的标准白板为白色漫反射材料 PTFE 制成,可以应用于对漫反射率要求很高的领域。

## 6.7.3 实验器材

光纤白光源、反射式光纤、光谱分析器、参考白板、导轨、支架、夹具、计算机等。

## 6.7.4 实验内容

（1）根据实验装置示意图（图 6-7）连接各个器件。反射式光纤中端面六芯的连接光源,另一端连接光谱仪 SMA905 接口。

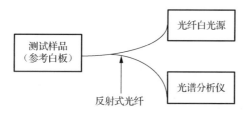

图 6-7 利用反射式光纤探测物体颜色实验装置示意图

（2）反射式光纤的探头使用 V 型夹持器夹紧后探头朝下夹持在 360°支杆架上，搭建光路完成后，打开 SpectraSuite 软件连接光谱仪。

（3）将白参考片放置在测试样品位置，单击"文件""新建""颜色测量""新建反射幅度测量"。

（4）将反射式探头垂直对准白板，并开启光源进行白色参考数据标定。

（5）完成明环境标定之后，关闭照明光源，进行暗环境标定。

（6）光源选择为 D65，进入颜色测量主界面。

（7）将反射探头对准待测物体方向，距离约 20mm，即可开始测量。若光谱不太理想可以调节"平均次数""平滑度""去除噪声"等参数来设置光谱曲线的相关参量，直到得到需要的理想光谱。

（8）选择不同的色卡进行测量，将实验结果记录在表 6-1 中。

表 6-1  实验测试数据

| 色卡序号 | 三刺激值 $X$、$Y$、$Z$ | $L^*$、$a^*$、$b^*$ | $x$、$y$、$z$ |
|---|---|---|---|
|  |  |  |  |
|  |  |  |  |
|  |  |  |  |
|  |  |  |  |

### 6.7.5　思考题

（1）本实验利用反射光谱测量出的各种色卡的颜色成分具有怎样的特征？与色彩模型建立原理是否相一致？

（2）试画出选择其他的照明和观察模式进行印刷品的颜色测量时的实验装置示意图。

# 6.8　利用等离子体光谱测定气体成分

## 6.8.1　实验目的

（1）理解光谱的概念；

（2）掌握利用等离子体光谱测定气体成分的原理。

## 6.8.2　实验原理

随着温度的升高，一般物质依次表现为固体、液体和气体，它们统称物质的三态。当气体温度进一步升高时，其中许多，甚至全部分子或原子将由于激烈的相互碰撞而离解为电子和正离子。这时物质将进入一种新的状态，即主要由电子和正离子（或是带正电的核）组成的状态。这种状态的物质被称为等离子体，是物质的第四态。看似"神秘"的等离子体，其实是宇宙中一种常见的物质，在恒星（如太阳）、闪电中都存在等离子体，它占了整个宇宙的 99%。在自然界中，炽热的火焰、光辉夺目的闪电以及绚烂壮丽的极光等都是等离子体作用的结果。

目前，直接测量等离子体的仪器分为两大类：一大类是测量等离子体的密度和温度，方法又分两种，一种是根据落到传感器上的带电粒子产生的电流来推算，如法拉第筒、减速势分析器和离子捕集器，另一种是探针，通过在探针上加不同电压引起的电源变化推算；另一大类是测量等离子体的特征谱线（光谱法），使用光纤探测等离子体信号，通过光谱分析仪进行数据采集和分析。

产生等离子体的方法有很多种，例如热致电离、气体放电、高能粒子轰击、激光照射等方法都能使气体电离成为等离子体。常见的大气压气体放电形式有电晕放电、电弧放电、介质阻挡丝状放电（dielectric barrier discharge，DBD）、辉光放电等。电晕放电产生活性粒子的效率太低且不均匀；电弧放电能量密度太高，很容易损伤薄的或者比较脆的工件；DBD 放电持续时间太短（纳秒量级），而且这种微放电或丝状放电也不均匀，容易导致被处理材料表面凹痕或针眼。相比于上述几种形式的放电等离子体，辉光放电有着较好的均匀性，产生时所需的能量面密度较小，而且将辉光放电维持在电离态时的能量效率高。

辉光球发光是低压气体（或叫稀疏气体）在高频强电场中的放电现象。玻璃球中央有一个黑色球状电极，另一个电极在无穷远的空间。球的底部有一块震荡环氧电路板，通过电源变换器将 12V 低压直流电转变为高频电压加在电极上，产生高频电场，结构如图 6-8 所示。电源天线的作用是把驱动电路产生的高频电压输入放电腔。弹性导电丝的作用是使激励信号均匀分布于玻璃内胆，使放电束在放电腔内分布比较均匀。

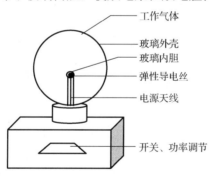

工作气体
玻璃外壳
玻璃内胆
弹性导电丝
电源天线
开关、功率调节

图 6-8　辉光球结构

腔内掺入氦、氖、氩、氪、氙、氮、氢等气体，稀薄气体受到高频电场的电离作用而光芒四射。气体种类不同可以配出不同的色光，腔内气体压强不同，所产生的辉光颜色也不同。辉光球工作时，在球中央的电极周围形成一个类似于点电荷的场。当用手（人与大地相连）轻轻触摸玻璃球表面时，人体即为另一电极，球周围的电场、电势分布不再均匀对称，气体分子在极间电场中激发、碰撞、电离、复合而产生辉光，辉光在手指的周围变得更为明亮。

等离子体中的大量带电粒子处于复杂的运动状态，因而辐射出大量多种形式的电磁波，其波长范围相当广阔，从微波开始，有红外光、可见光、紫外光直到射线。这些辐射有的是线光谱，有的是连续光谱，辐射过程跟等离子体内部状态有密切关系。因而通过对等离子体辐射光谱的测量分析，可以获得等离子体密度、温度以及离子成分等重要参数。本实验就是通过对辉光球放电后产生的光谱进行分析，确定腔内的气体成分。

### 6.8.3　实验器材

光谱分析仪、光纤连接线、辉光球、积分球、导轨、支架、计算机等。

### 6.8.4　实验内容

（1）参照实验实物图图 6-9，开启光谱仪，开启辉光球。

图 6-9　等离子体检测系统实物图

（2）将光纤使用光纤卡具贴近积分球。注意：不能让光纤端面与积分球接触，否则容易导致光纤端面污损。

（3）调整光谱分析仪积分时间为 10ms 左右，使得最大光强在 3000 左右。

（4）使用软件自带的测量功能测量各条特征谱线的波长值。

（5）根据各种惰性气体特征谱线，查表判断其主要气体成分。

### 6.8.5　思考题

（1）根据实验结果，分析气体成分。

（2）分析实验中所采用的积分球的作用。

## 6.9　阴极射线显像管特性参数测量

### 6.9.1　实验目的

（1）了解阴极射线显像管的基本结构及工作原理；

（2）了解电子枪及电子透镜的工作原理和控制方法；

（3）掌握阴极射线显像管相关性能参数的测量方法。

### 6.9.2　实验原理

阴极射线管（cathode ray tube，CRT）曾是电视的核心部件，但随着液晶显示器（liquid crystal display，LCD）和其他平板显示器的兴起，CRT 已经大规模地退出了消费市场。

由于 CRT 电视曾长期占领过显示市场的各个领域，除了其体积大、质量重外，显示质量也是一流的，后来发展起来的光电显示器都以接近或赶超 CRT 的显示性能为目标。

CRT 显示器使用电子枪发射高速电子，由垂直和水平的偏转线圈控制电子的偏转角度，高速电子击打屏幕上的荧光物质使其发光，通过电压来调节电子束的功率，就会在屏幕上形成明暗不同的光点，形成各种图案和文字。CRT 显示器的基本结构如图 6-10 所示，它主要由电子枪、玻璃管壳、荧光屏、偏转线圈四部分组成。

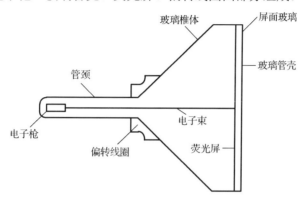

图 6-10　CRT 显示器的基本部件

其中，电子枪用来产生电子束，以轰击荧光屏上的荧光粉发光。在 CRT 中，为了在屏幕上得到亮而清晰的图像，要求电子枪产生大的电子束电流，并且能够在屏幕上聚成细小的扫描点（直径约 0.2mm）。此外，由于电子束电流受电信号的调制，电子枪应有良好的调制特性。在调制信号控制过程中，扫描点不应有明显的散焦现象。

四级电子枪的简易结构如图 6-11 所示，它由灯丝、阴极、栅极、加速极（第一阳极）、聚焦极（第三阳极）和高压阳极（第二阳极和第四阳极）组成。

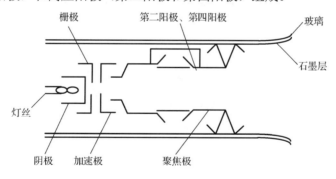

图 6-11　四级电子枪结构示意图

CRT 在阴极电压一定时，栅极、阴极之间的电压 $E_{gk}$ 与阴极束电流 $I$ 之间的关系曲线称为调制曲线，如图 6-12 所示，满足

$$I = K\left(E_{gk} - E_{gk0}\right)^{\gamma} \tag{6-14}$$

式中，$K$ 为比例系数，与电子枪有关；$E_{gk0}$ 为截止栅压；$E_{gk}$ 为实际的栅偏压；$\gamma$ 是表征显像管特性的一个参数，一般为 2.2～3。

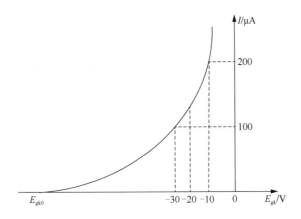

图 6-12　显像管调制特性曲线

栅极电压越小，束电流越小，当栅极电压到达一定值时，束电流为零，此时的栅压称为截止栅偏压（截止电压），荧光屏因束电流等于零而无光；反之，栅极电压逐渐提高，束电流按指数曲线上升，荧光屏的亮度也随之增加。由于 $\gamma$ 的存在，亮度、灰度等级变化失真，黑色压缩，白色扩张，因此重现图像时，需要进行 $\gamma$ 校正放大处理，使发送和接收综合特性成为线性。由截止电压到电子束流为 $100\sim150\mu A$ 的栅阴极电压范围称为最大调制量。显像管的最大调制量越小，所需的视频信号峰峰值也越小。可见，最大调制量越小越好。值得注意的是，最大调制量会随着加速极电压降低而减小，但是加速极电压降低会使屏幕亮度下降。

CRT 显示器的性能指标主要包括像素、亮度、分辨率、点距、刷新率等。

1. 像素

像素是指屏幕能独立控制其颜色与亮度的最小区域。它是由光点直径的大小所决定的，光点直径越小，像素越小。

2. 亮度

亮度是指显示器荧光屏上荧光粉发光的总能量与其接收的电子束能量之比，所以某一点的光输出正比于电子束电流、高压及停留时间三者的乘积。简单来说，亮度就是控制荧光屏发亮的等级，要求荧光屏各部分的亮度均匀。

3. 分辨率

分辨率是指显示器屏幕的单位面积上基本像素点的个数，它反映了显示器分辨图像细节的能力，通常以能分辨清楚的线数多少来表示。分辨率越高，能分辨清楚的线数就越多，屏幕上所能呈现的图像也就越精细。

4. 点距

点距是指荧光屏上两个邻近的同色荧光点的直线距离，即两个红色（或绿色、蓝色）像素单元之间的距离。点距越小越好，点距越小，显示器显示图形越清晰细腻，显示器的档次越高，不过对于显像管的聚焦性能要求也就越高。

5. 刷新率

刷新率是指显示屏幕刷新的速度，它的单位是 Hz。刷新率越低，图像闪烁和抖动得越厉害，眼睛观看时疲劳得越快。刷新率越高，图像显示就越自然、越清晰[4]。

## 6.9.3 实验器材

CRT 实验模块、光电二极管 Si-PD、CCD 摄像机、光纤光电子综合实验仪、支架、电源线等。

## 6.9.4 实验内容

（1）将 CRT 实验模块置于光学平台之上，将光电二极管 Si-PD 正对显像管屏幕固定，要求 Si-PD 受光面距离显像管屏幕 30mm 左右。CCD 也固定于光学平台之上，盖上镜头盖。

（2）按以下要求连接线路：

①将 CCD 视频输出连接至 CRT 视频输入（VIDEO）；

②将 CRT 阴极电压输入（K）连接至主机高压信号源输出（HV+）；

③将 CRT 阴极电流输出（$I_K$）连接至主机光电信号检测器输入端口 PD；

④将 CRT 电源输入（+12V、GND）分别连接至主机直流电源输出（LV+、GND）。

（3）接通 CCD 电源，打开主机电源，按以下要求设置参数：

①设置 PD 工作模式为直流电流计模式 PD/AM，量程（RATIO）切换至 1mA；

②由 17V 开始增加阴极电压 $E_{gk}$，每隔 1V 测一个点，直至 45V 结束，记录各电压下的阴极电流 $I$（忽略符号），作 $I$ - $E_{gk}$ 曲线，即 CRT 调制特性曲线，求截止栅偏压和最大调制量（对应 $I$ 为 $0 \sim 100\mu A$）。

（4）将主机信号检测器输入 PD 改接至 Si-PD 电流输出，PD 量程（RATIO）切换至 100μA，由 45V 开始降低阴极电压 $E_{gk}$，每隔 1V 测一个点，直至 17V 结束，记录各电压下的屏幕亮度 $I_p$，作 $I_p$ - $E_{gk}$ 曲线。

（5）将主机高压信号源输出 HV+改接至 CRT 聚焦极电压输入 A3，聚焦极电压先调至 0V。取下 CCD 镜头盖，调整镜头光圈并对焦，使在 CRT 屏幕上的图像最为清晰。由 0V 开始增加聚焦极电压，至 200V 结束，观察 CRT 分辨率的变化。

## 6.9.5 思考题

（1）测量截止栅压的意义是什么？

（2）影响 CRT 分辨率的参数有哪些？

# 6.10 液晶显示器特性参数测量

## 6.10.1 实验目的

（1）了解液晶显示技术的物理基础和工作原理；

（2）掌握液晶显示器件特性参数的测量方法。

## 6.10.2　实验原理

### 1. 液晶显示器的结构和工作原理

利用液晶的各项电光效应，把液晶对电场、磁场、光线和温度等外界条件的变化在一定条件下转换成为可视信号制成的显示器，就是 LCD。液晶显示器的种类很多，根据液晶驱动方式分类，可分为扭曲向列（twist nematic，TN）型、超扭曲向列（super twist nematic，STN）型和薄膜晶体管（thin film transistor，TFT）型 3 大类，以应用产品数量来看，近 10 亿台 LCD 应用产品中，TN 型产品占 7 成左右，STN 型占 2.5 成，TFT 型占 0.5 成。本实验中采用的是 TN 型液晶显示器，其基本结构如图 6-13 所示。

从图 6-13 中可以看出，液晶显示器是一个由上下两片导电玻璃制成的液晶盒，玻璃片内侧镀有透明的氧化铟锡（ITO）导电薄膜，主要作用是使外部电信号加到液晶上。盒内充有正性液晶，四周用密封材料（一般为环氧树脂）密封，但在一侧封接边上留有一个开口，该开口称为液晶注入口。液晶材料即是通过该注入口在真空条件下注入的。注入后，用树脂将开口封好，再在此液晶盒前后表面呈正交（或者平行）地贴上前后偏光片，即完成了一个完整的液晶显示器件。

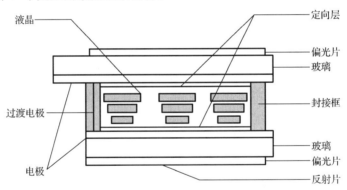

图 6-13　TN 型液晶显示器结构图

作为 TN 型液晶显示器件，在液晶盒内表面还应制作上一层定向层。该定向层经定向处理后，可使液晶分子在液晶盒内，在前后玻璃基板表面呈沿面平行排列，而在前后玻璃基板之间液晶分子又呈 90° 扭曲排列。反射型液晶显示器件下偏光片后还贴有反射片，这样，光的入射和观察都是在液晶盒的同一侧。

由于这种 TN 型排列盒的扭矩远远大于可见光波长，所以垂直地入射到玻璃基板上的线偏振光在通过液晶盒的过程中，其偏振方向将沿着液晶分子扭曲方向刚好旋转 90°。如果液晶盒的上下偏光片平行，则光线不能通过；如果液晶盒的上下偏光片垂直，则光线可以通过，如图 6-14（a）所示。

一旦对 90° 扭曲排列的液晶盒施加电压，在电场处的液晶分子的长轴就开始向电场方向倾斜，其他分子的长轴还是沿着平行于电场的方向排列，从而导致 90° 旋光性的消失。这种状态下，液晶盒在两块平行偏光片之间时，光线能通过；而放在两块垂直偏光片之间时，光线就不能通过。这与不施加电场的情况完全相反，如图 6-14（b）所示。

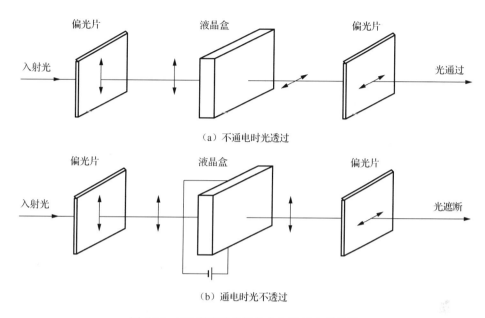

（a）不通电时光透过

（b）通电时光不透过

图 6-14　TN 型器件分子排布与透过光示意图

　　对于白底黑字型的液晶显示器，上下偏光片是正交放置的，即偏光轴相互垂直，入射自然光经上偏光片后，变成平面偏振光。在液晶盒未施加电场时，偏振光将顺着分子的扭曲结构扭转 90°，振动的方向变成和检偏器（下偏光片）的偏光轴一致，因此可顺利通过检偏器呈亮视场，处于非显示态。而当驱动电路将驱动的信号电压加到需要显示的有关电极时，该部分液晶分子扭曲结构消失，丧失了旋光能力。从起偏器出射的偏振光偏振方向未经改变就到达检偏器，由于其偏振方向与检偏器光轴方向垂直，偏振光无法透过检偏器。这样，该显示电极部分就变得不透明，呈现出暗视场，处于显示态。而当电压信号撤除以后，液晶分子受到定向层的作用，恢复原来的扭曲排列，显示器又变得透明。

　　对于黑底白字型的液晶显示器，上下偏光片的偏光轴方向相互平行，这样，在未加电压信号时，显示器处于不透光的"暗"状态，加电压后为透明的"亮"状态。除了"亮""暗"两种状态外，若采用适当的液晶和合适的电压，也可显示中间色调，即在"全亮"与"全暗"之间产生连续变化的灰度级。

　　**2. 液晶显示器的特性参数**

　　**1）阈值电压**

　　液晶显示器显示亮度（光透过率或反射率）的变化达到最大变化量的 10%时（不包含跳变），施加的驱动电压的有效值称为阈值电压 $U_{th}$，如图 6-15（a）所示。低于此电压时，透射光强度几乎不发生变化（很小）；高于此值时，透射光强度开始逐渐增大，变化较快。$U_{th}$ 的数值越小，则显示器的工作电压越低。

　　**2）饱和电压**

　　液晶显示器显示亮度（光透过率或反射率）的变化达到最大变化量的 90%时（不包含跳变），施加的驱动电压的有效值称为饱和电压 $U_s$，如图 6-15（b）所示。当外加电压高于此电压值时，透射光的强度几乎不随外加电压变化，标志着显示器得到最大或最小对比度的外加驱动电压有效值。$U_s$ 小则易获得良好的显示效果，功耗低。

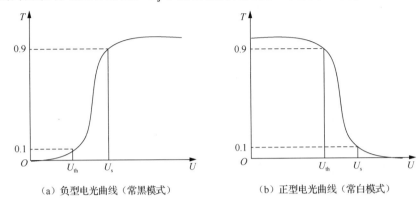

（a）负型电光曲线（常黑模式）　　　　　　　（b）正型电光曲线（常白模式）

图 6-15　液晶显示器件的电光曲线

3）对比度

液晶显示器是被动发光型器件，不能用亮度去标定显示效果，只能用对比度 $C_r$ 表征，其定义为

$$C_r = \frac{T_{max}}{T_{min}} \tag{6-15}$$

式中，$T_{max}$ 表示液晶盒的最大透过率；$T_{min}$ 表示液晶盒的最小透过率。由于 LCD 的背光源始终处于全亮状态，为了得到全黑画面，液晶模组必须把由背光源而来的光完全阻挡，但总会有漏光发生，造成 LCD 对比度的降低。一般来讲，人眼可以接受的对比度约为250∶1。

4）陡度

陡度是用来衡量电光特性曲线变化陡峭程度的，通常用陡度因子 $\gamma$ 来表示：

$$\gamma = \frac{U_s}{U_{th}} \tag{6-16}$$

5）响应时间

响应时间是指液晶显示器各像素点对输入信号反应的速度，此值越小越好。如果响应时间太长，就可能使液晶显示器在显示动态图像时有尾影拖曳的感觉。通常用上升时间 $t_r$ 和下降时间 $t_f$ 之和来描述响应时间，响应时间应该在 20～30ms。$t_r$ 指反射率（或透射率）从 10%增加到 90%所需要的时间（负型电光曲线），$t_f$ 指反射率（或透射率）从 90%减少到 10%所需要的时间（正型电光曲线）[5]。

## 6.10.3　实验器材

635nm 半导体激光器、光电二极管 Si-PD、LCD、起偏器、检偏器、电源线、光纤光电子综合实验仪、支架等。

## 6.10.4　实验内容

（1）按照 635nm 半导体激光器、起偏器、LCD、检偏器、光电二极管 Si-PD 的顺序依次放置并固定各光学器件，各器件通光孔等高同轴。

（2）将 635nm 半导体激光器控制端口连接至主机半导体激光控制器输出（LD1）。

（3）将 TN 液晶盒驱动电压输入连接至主机函数信号发生器输出（SIG）。

（4）将 Si-PD 光电二极管电流输出连接至主机光电信号检测器输入（PD）。

（5）设置 LD1 工作模式为恒流模式（ACC），调节 LD1 驱动电流（Ic）至 20.0mA。

（6）设置 SIG 工作模式为方波输出（SQU），输出信号频率 Fs 调至 32Hz，输出信号幅度 Vs 调至 0V。

（7）设置 OPM 工作模式为直流电流计模式（PD/AM），量程（RATIO）切换至 1mA。

（8）暂时移开液晶盒，微调各器件位置，使激光光束照射到 Si-PD 受光面的中心。将起偏器光轴调至与水平面成 45°夹角。观察 PD 输出，将检偏器光轴调至与起偏器平行。将液晶盒重新固定到位。

（9）由 0V 开始增加液晶盒驱动电压 $U$，每隔 0.2V 测一个点，直至 5V 结束，记录各电压下的探测器电流 $I$，数据归一化后作 $T$-$U$ 曲线，即 LCD 电光特性曲线，求阈值电压 $U_{th}$、饱和电压 $U_s$、最大对比度 $C_{max}$。

## 6.10.5　思考题

（1）液晶显示器可以利用液晶的哪些电光效应制成？简述其工作原理。

（2）分析液晶显示器的阈值电压和饱和电压对其应用有何意义？

# 6.11　等离子体显示器特性参数测量

## 6.11.1　实验目的

（1）了解辉光放电与等离子体显示器件的物理基础；

（2）掌握辉光放电与等离子体显示器件相关特性参数的测量方法。

## 6.11.2　实验原理

等离子体显示器（plasma display panel，PDP）出现于 20 世纪 60 年代，是所有利用气体放电而发光的平板显示器的总称，属于冷阴极放电管，利用加在阴极和阳极间的电压，激励气体等离子产生辉光放电来显示图像。图 6-16 是普遍采用的三电极表面放电 AC-PDP 一个基本单元的结构示意图。

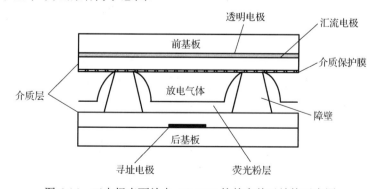

图 6-16　三电极表面放电 AC-PDP 的基本单元结构示意图

## 1. 前后基板

基板玻璃是 AC-PDP 各个部件的载体，除了要求其表面平整外，彩色 AC-PDP 基板玻璃的热稳定性对 AC-PDP 的性能质量起着非常重要的作用。为了提高 AC-PDP 基板的热稳定性，基板目前广泛采用 PDP 专用的钠钙玻璃，要求玻璃应变点的温度高，热膨胀系数与电极和介质材料相匹配。

## 2. 显示电极

为了减少对荧光粉发出可见光的阻挡，显示电极一般采用复合式的电极结构，即显示电极由较宽的透明电极和较细的金属电极构成。透明电极可采用氧化铟锡薄膜和氧化锡薄膜，要求可见光透过率高、电导率高、刻蚀性能优良、与玻璃基板的附着力强。为了使透明电极在长时间的工作中导电性能保持不变，可在透明电极上加做一条金属电极，即汇流电极，常用厚膜 Ag 电极，要求导电性能好、与透明导电薄膜附着力强、宽度较窄（小于 $10\,\mu m$）。

## 3. 寻址电极

AC-PDP 的数据信号加在寻址电极上，用来对矩阵单元进行寻址放电。常用的寻址电极材料为厚膜 Ag 电极，要求其导电性能好，与基板玻璃的附着力强。实际上，显示电极与寻址电极是正交的，一对显示电极与一条寻址电极的交叉区域就是一个放电单元。

## 4. 介质层

在 AC-PDP 中，前后基板的电极上都涂覆有介质层，介质材料的选择应根据所使用的电极材料以及对绝缘性、透过率等的要求来选取。由于电极间加有较高的电压，对于前基板的介质层，要求可见光的透过率高、耐电压、击穿强度高；对于后基板的介质层，要求反射率高、与玻璃的附着牢固。

## 5. 介质保护膜

在显示电极上的介质层抗离子溅射能力较差，需在介质层上再覆盖一层抗溅射和二次电子发射系数高的保护膜层，通常为 MgO 薄膜。这样，可以延长显示器的寿命，增加工作电压的稳定性，并且能够显著降低器件的着火电压，减少放电的时间延迟。要求介质保护膜二次电子发射系数高、表面电阻率及体电阻率高、耐粒子的轰击、与介质层的膨胀系数相接近、放电的延迟小。

## 6. 荧光粉层

荧光粉层的作用是将紫外线转变为可见光实现彩色显示。要求发光效率高、色彩的饱和度高、厚度均匀。

## 7. 放电气体

用于产生紫外辐射，要求着火电压低、真空紫外光谱辐射强度高、可见光强度低。

8. 障壁

在 AC-PDP 的器件中，障壁的作用主要有两点：一是保证两块基板间的放电间隙，确保一定的放电空间，防止相邻单元之间的串扰；二是障壁的侧面可以提供一个额外的沉积荧光粉的表面，增加荧光粉的面积，从而增加亮度。对障壁的要求是高度一致、形状均匀，障壁宽度应尽可能窄，以增大单元的开口率，提高器件的亮度。制作障壁的材料一般选用低熔点的玻璃，其热膨胀系数应与基板玻璃相匹配。

电流通过气体的现象称为气体放电或导电，这是等离子体显示器工作过程中的一个重要组成部分。图 6-17 所示为气体放电的典型伏安特性曲线。

*AB* 段：在低电压区，电流小，一般低于 $10^{-8}$ A，并且随电压增加缓慢，是非自持放电区，电流依靠空间存在的自然辐射照射阴极所引起的电子发射和使空间气体电离产生的电荷形成，这是许多气体放电器件能工作的"源"。

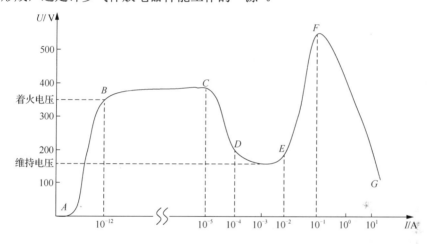

图 6-17   气体放电的伏安特性曲线

*BC* 段：当外加电压达到某一特定电压，气体放电启动，进入汤生放电区，为自持的暗放电。这个特定电压被称为着火电压 $U_f$，通常超过 100V。在汤生放电区，电流随外加电压显著地增长，但 PDP 电压保持不变，直到发生辉光。如果电流未受限制，放电将自然地发展成辉光放电。在辉光区，电子的主要来源不再是直接电离，而是由于离子轰击阴极产生的二次发射。

*CD* 段：PDP 的电压随电流增加而下降，从着火电压一直下降到维持电压，当电压降低到低于维持电压时，辉光停止。称这一段为亚正常辉光放电区。

*DE* 段：电流陡增，极间电压几乎稳定，PDP 电压维持不变。称这一段为正常辉光放电区，实际上是被离子轰击发射二次电子的面积不断增加的过程。

*EF* 段：外加电压继续增加，PDP 电压随电流增加而增加，进入反常辉光放电区。PDP 希望工作在正常辉光放电向反常辉光放电过渡的区域，好处是极间电压几乎稳定，放电已覆盖整个电极表面。放电发光较强，又不至于损伤阴极。所以显示电极之间的气体放电可以等效成一个可变电阻，不放电时电阻无穷大。

*FG* 段：放电电流急速增大，发生弧光放电，这是在任何气体放电器件中都不容许

发生的，否则，电极将被烧毁，所以必须在 PDP 放电回路中串入限流元件[4]。

### 6.11.3　实验器材

PDP 实验模块、光电二极管 Si-PD、电源线、支架、光纤光电子综合实验仪等。

### 6.11.4　实验内容

（1）将辉光放电管固定于光学平台之上，将光电二极管 Si-PD 正对放电管固定，要求 Si-PD 受光面与显像管屏幕距离小于 25mm。

（2）使用转接端子串联连接主机高压电源输出 HV+、PD、放电管。

（3）打开主机电源，设置 OPM 工作模式为直流电流计模式（PD/AM），量程（RATIO）切换至 10mA。

（4）由 0V 开始缓慢增加驱动电压 $U$，同时观察 PD 输出，当放电电流出现明显增大时，记录此时的阳极电压，此即着火电压 $U_f$。

（5）将驱动电压调至 200V，由 200V 开始降低驱动电压，同时记录放电电流（忽略符号），每隔 0.2mA 测一个点，直至放电电流为零或不再减小。辉光放电管阳极内部已串联 10kΩ 负载电阻，代入此数据，计算各放电电流所对应的极间电压，作辉光放电区内的伏安特性曲线。

（6）改接线路，主机高压电源输出 HV+直接连接至放电管，光电二极管 Si-PD 输出连接至 PD，重复上一过程，记录各放电电流所对应的输出光强，作辉光放电区内的 $P$-$I$ 特性曲线。

### 6.11.5　思考题

（1）简述等离子体显示的工作原理。
（2）根据实验结果绘制的辉光放电特性曲线分析气体放电过程。

# 6.12　DLP 投影显示系统特性参数测量

### 6.12.1　实验目的

（1）了解数字式微反射镜器件的基本结构及工作原理；
（2）掌握微反射镜器件性能参数的测量方法。

### 6.12.2　实验原理

美国得克萨斯仪器公司（TI）开发的数字式微反射镜器件（digital micromirror device，DMD）是在单片半导体寻址电路芯片上集成了能够高速动作的数字光开关的反射型矩阵，它是将电子学、机械、光学功能集成在单片半导体芯片上的微光学机电系统（micro-optical electro mechanical system，MOEMS）。

一块 DMD 是由成千上万个微小的、可倾斜的铝合金镜片组成的，图 6-18 是 DMD 上一个微镜的侧视图。每个镜片都被固定在隐藏的轭上，扭力铰链结构连接轭和支柱，扭转片会以铰链为轴旋转,直到旋转片接触到着陆电极。扭转片的偏转角由扭转片与下面电极之间的间隙和扭转片从转轴到着陆点的长度决定,在设计芯片时就已经确定了,可以用数字开关量来控制。早期产品中,偏转角为±10°,新产品为±12°。扭转片的旋转方向由转轴下的一对地址电极上的地址电压 $\psi_{地址}$ 和 $\bar{\psi}_{地址}$ 决定,这一对地址电压波形由其下方的存储单元来控制[4]。

　　将 DMD 与适当的光源及投影光学系统组合,可以构成 DMD 光开关,其原理如图 6-19 所示。投影透镜放置在微镜处于未扭转平面位置法线的上方。通常入射光以 20° 角入射到微镜上,当扭转片顺时针旋转 10° 时,反射光刚好能进入投影透镜,相应像素显示明亮色,即微透镜处于开通状态;当扭转片逆时针转过 10° 时,反射光沿法线 40° 方向出射,偏离了投影透镜,相应像素为黑色,即微镜处于关闭状态。微镜在脉冲电压作用下,起着快速光开关的作用。利用二进制权重脉冲宽度调变可以得到灰阶效果,如果使用固定式或旋转式彩色滤镜,再搭配一块或三块 DMD 芯片,即可得到彩色显示效果。

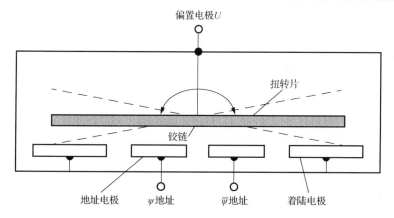

图 6-18　DMD 单个微镜结构侧视图

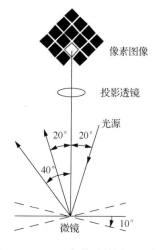

图 6-19　DMD 光学开关原理示意图

　　使用以 DMD 为基础的投影装置,可将数字化的输入数据直接转换成光的数据输出,即生成高速变化的光脉冲序列(脉冲群),该脉冲群经过 D/A 转换,最终生成图像被人眼识别。据此，从光源到人眼把图像全部以数字形式表现出来的可能性成为现实，人们将这种功能定义为数字化光处理（digital light processing，DLP）。DLP 技术可以对微镜产生的单色反射光进行调制。在 DLP 系统中，数字电输入信号转换为数字光输出信号，颜色是由精确计时决定的，不随时间与温度的变化而变化。

### 6.12.3　实验器材

635nm 半导体激光器、刻度尺、微反射镜、光纤光电子综合实验仪、电源线、支架等。

### 6.12.4　实验内容

（1）按图 6-20 所示结构放置各光学器件，注意使微反射镜与刻度尺之间有足够的距离。调节各支架高度至各光学器件等高。

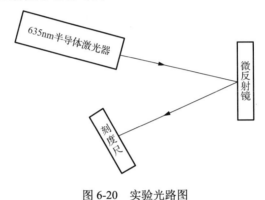

图 6-20　实验光路图

（2）将 635nm 半导体激光器控制电缆连接至 LD1，设置 LD1 工作模式为 ACC，设置驱动电流 Ic 为 20mA。

（3）连接微反射镜驱动端至 HV+ 和 HV-，设置 HV 输出电压为 0V。

（4）调节激光器和微镜的位置及角度，使得激光光束照射到微镜中心，同时反射到刻度尺中心。

（5）改变 HV 的电压，从 0V 到 30V 每隔 0.5V 测一个点，记录相应的驱动电压 $U$ 和光斑位置 $d$。

（6）由光斑位置 $d$ 计算偏转角度 $\theta$，作微反射镜 $\theta$-$U$ 关系曲线。

### 6.12.5　思考题

（1）简述 DMD 的工作原理。

（2）本实验搭建的系统在 DLP 投影显示系统中有什么作用？

## 6.13　有机发光器件特性参数测量

### 6.13.1　实验目的

（1）了解有机发光显示器件的基本结构及工作原理；

（2）掌握有机发光二极管性能参数的测量方法。

## 6.13.2  实验原理

有机材料大部分导电性较差,属于绝缘体的范畴。有机材料在电场特别是强电场作用下的发光现象,被称为有机电致发光(organic electroluminescence,OLE)。随着有机材料掺杂导电的实现,有机电致发光器件普遍采用载流子注入的方式,即电子和空穴分别从阴极、阳极注入,然后在有机材料中复合发光,其工作原理与半导体发光二极管类似,所以也称为有机发光二极管(organic light emitting diode,OLED)。

OLED 的基本结构是两个电极夹着一层或几层有机薄膜,如图 6-21 所示为单有机层结构的 OLED。一般阳极采用高透过率和逸出功的 ITO,然后采用真空蒸发、旋转涂覆、喷墨打印等工艺制作一层有机薄膜,最后制作金属阴极。在这种单有机层结构中,要求有机材料既能传输空穴,又能传输电子,还要有良好的发光特性[4]。

尽管单有机层 OLED 器件结构简单,但很难找到一种既具有高辐射效率,又能传输正负载流子的有机材料。另外,采用单层有机材料也很难控制载流子复合发光的区域,当复合发光位置靠近电极的区域,就会产生光的相消干涉,从而降低器件的发光效率,这种现象称为电极淬灭。所以人们普遍采用多层有机薄膜,分别负责载流子的注入、传输和复合发光,其结构如图 6-22 所示。

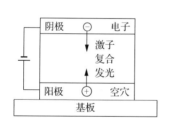

图 6-21  单有机层 OLED 的基本结构

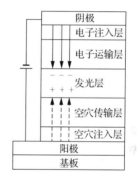

图 6-22  多有机层 OLED 的基本结构

在一定电压驱动下,电子和空穴分别从阴极和阳极注入电子和空穴注入层,电子和空穴分别经过电子和空穴注入层、传输层迁移到发光层,并在发光层中相遇,形成激子并使发光分子激发,后者经过辐射弛豫而发出可见光。辐射光可从阳极一侧观察到,金属电极同时也起了反射层的作用。

为提高电子的注入效率,OLED 阴极材料应选用功函数尽可能低的材料,功函数越低,发光亮度越高,使用寿命越长。既可以使用 Ag、Al、Li、Mg、Ca、In 等单层金属阴极,也可以将性质活泼的低功函数金属和化学性能较稳定的高功函数金属一起蒸发形成合金阴极,如 Mg∶Ag(10∶1),Li∶Al(0.6%Li)等。合金阴极可以提高器件的量子效率和稳定性,同时能在有机膜上形成稳定坚固的金属薄膜。

为提高空穴的注入效率,要求阳极的功函数尽可能高。作为显示器件还要求阳极具有良好的导电性和化学稳定性,在可见光区透明度高,一般采用的有 Au、透明导电聚合物(如聚苯胺)和 ITO 导电玻璃,常用 ITO 玻璃。

另外，空穴传输层材料需要具有高的空穴迁移率和热稳定性，与阳极形成小的势垒，能真空蒸镀形成无针孔缺陷的薄膜。电子传输层材料要求有较高的电子迁移率、玻璃转变温度和热稳定性，能形成均匀、无微孔的薄膜，为非晶结构，避免光散射或晶体产生衰变[6]。

## 6.13.3　实验器材

OLED 模块、光电二极管 Si-PD、光纤光电子综合实验仪、电源连接线、支架等。

## 6.13.4　实验内容

（1）将 OLED 模块固定于光学平台之上，将 OLED 控制端连接至主机 LD1 输出。

（2）将 OLED 电压输入端连接至主机 LV 输出。

（3）将 OLED 电流信号输出连接至主机 PD 输入。

（4）打开主机电源，设置 OPM 工作模式为直流电流计模式（PD/AM），量程（RATIO）切换至 10mA。

（5）从 0V 到 12V 每隔 0.5V 测一个点，记录相应的 OLED 电压 $U$ 和电流 $I$，作 OLED $I$-$U$ 特性曲线。

（6）将光电二极管 Si-PD 正对 OLED 固定，要求 Si-PD 受光面距离 OLED 显示屏 10mm。将 Si-PD 输出信号连接至主机 PD 输入，PD 量程（RATIO）切换至 1mA。

（7）从 0V 到 12V 每隔 0.5V 测一个点，记录相应的输出光功率信号 $P$，作 OLED 的 $P$-$I$ 特性曲线。

## 6.13.5　思考题

（1）简述 OLED 的发光过程。

（2）分析根据实验结果绘制的两条 OLED 特性曲线。

# 参 考 文 献

[1] 浦昭邦，赵辉. 光电测试技术[M]. 2 版. 北京：机械工业出版社，2012.

[2] 周太明，周祥，蔡伟新. 光源原理与设计[M]. 2 版. 上海：复旦大学出版社，2009.

[3] 方志烈. 半导体照明教程[M]. 北京：电子工业出版社，2014.

[4] 应根裕，王健. 光电显示原理及系统[M]. 北京：清华大学出版社，2015.

[5] 孙士祥，王永，陈羽. 液晶显示技术[M]. 北京：化学工业出版社，2013.

[6] 高鸿锦，董友梅. 液晶与平板显示技术[M]. 北京：北京邮电大学出版社，2007.